高分子化学学习指南

乌 兰 吴 尚 编著

科 学 出 版 社

北 京

内 容 简 介

本书是高等学校高分子化学课程的教学指导用书。全书共 9 章,内容包括绪论、缩聚和逐步聚合、自由基聚合、自由基共聚合、聚合方法、离子聚合、配位聚合、开环聚合和聚合物的化学反应,涵盖了高分子化学课程的各个部分。每章包括三部分内容:知识点归纳、典型例题和测试题,题型涉及基本概念题、填空题、简答题和计算题等,并在每章末附有参考答案。

本书可作为高等学校高分子材料与工程及相关专业的本、专科学生学习高分子化学课程的教学指导用书,也可供相关教师参考。

图书在版编目(CIP)数据

高分子化学学习指南 / 乌兰,吴尚编著. —北京:科学出版社,2015.6
ISBN 978-7-03-044410-3

Ⅰ.①高⋯ Ⅱ.①乌⋯ ②吴⋯ Ⅲ.高分子化学-高等学校-教学参考资料
Ⅳ.O63

中国版本图书馆 CIP 数据核字(2015)第 110733 号

责任编辑:丁 里 / 责任校对:蒋 萍
责任印制:徐晓晨 / 封面设计:迷底书装

科 学 出 版 社 出版
北京东黄城根北街 16 号
邮政编码:100717
http://www.sciencep.com

北京厚诚则铭印刷科技有限公司 印刷
科学出版社发行 各地新华书店经销

*

2015 年 6 月第 一 版   开本:720×1000 1/16
2017 年 5 月第四次印刷   印张:13 3/4
字数:300 000

定价:39.00 元
(如有印装质量问题,我社负责调换)

前　言

　　高分子化学是高等学校高分子材料相关专业学生必修的一门专业基础课程。然而,学生普遍反映在学习该课程时所涉及的概念、内容繁多,缺少一本与教学内容相近的学习参考书,特别是大部分学生都觉得可供练习的习题太少,不便于复习和巩固所学知识。针对这些问题,作者根据多年讲授高分子化学课程的教学经验和教学研究,编写了这本学习辅导书。

　　本书是面向高分子材料各相关专业本科生学习高分子化学课程的辅导用书,每章分为三部分——知识点归纳、典型例题和测试题。知识点归纳是对该课程教学中的众多概念、原理和规律进行了梳理、归纳,精炼和浓缩了课程的主要内容。典型例题是按照每章的知识要点,以简答题及计算题的形式出现,并进行了详细解答。测试题主要有名词解释、填空题、简答题、计算题等多种形式,方便学生对所学知识进行自测检查。

　　全书共9章,其中第1~4章和第9章由吴尚编写,第5~8章由乌兰编写,全书的统稿、审定、部分解题和校对工作由杨全录完成。

　　在本书编写过程中,参考了大量的中外教科书,李培栋、王明明、张银潘、孙燕霞、麻啊龙、赵浩伟、刘旺旺、何双宏等协助完成了部分文字录入工作,在此一并致谢。

　　鉴于作者的学术水平有限,书中难免存在疏漏和不妥之处,敬请同行和读者指正。

作　者

2015 年 3 月

目　　录

第 1 章 绪 论

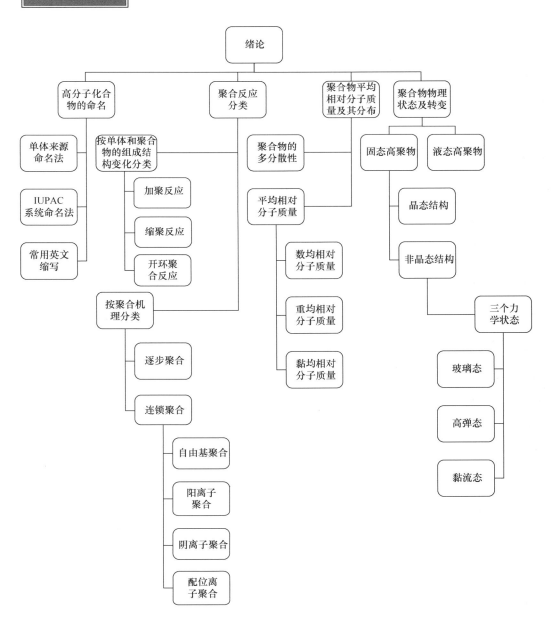

1.1　高分子的基本概念

高分子化学：研究高分子化合物合成和化学反应的一门科学。

高分子化合物：由众多原子或原子团主要以共价键结合而成的相对分子质量为 $10^4 \sim 10^7$，甚至更高的化合物。

单体：能通过聚合反应形成高分子化合物的低分子化合物，即合成聚合物的原料。

结构单元：在大分子链中出现的以单体结构为基础的原子团（由一种单体分子通过聚合反应而进入聚合物重复单元的那一部分）。

重复单元：聚合物中组成和结构相同的最小单位。重复单元或结构单元类似大分子链中的一个环节，故俗称链节，可用～表示。

单体单元：与单体的化学组成完全相同，只是化学结构不同的结构单元（电子结构有所改变）。

聚合度（DP）：高分子链中重复单元的重复次数，以 X_n 表示。可用于衡量聚合物分子大小。

均聚物：由一种单体聚合而成的高分子。

共聚物：由两种或两种以上的单体聚合而成的高分子。

1.2　高分子化合物的分类和命名

1.2.1　聚合物的分类

（1）按高分子主链结构分类可分为：

a. 碳链聚合物：大分子主链完全由碳原子组成的聚合物。

b. 杂链聚合物：聚合物的大分子主链中除碳原子外，还有氧、氮、硫等杂原子。

c. 元素有机聚合物：聚合物的大分子主链中没有碳原子，主要由硅、硼、铝和氧、氮、硫、磷等原子组成。

d. 无机高分子：主链与侧链均无碳原子的高分子。

（2）按用途分可分为：塑料、橡胶、纤维三大类，如果再加上涂料、胶黏剂和功能高分子则为六大类。

a. 塑料：具有塑性行为的材料。塑性是指受外力作用时，发生形变，外力取消后，仍能保持受力时的状态。塑料的弹性模量介于橡胶和纤维之间，受力能发生一定形变。软塑料接近橡胶，硬塑料接近纤维。

b. 橡胶：具有可逆形变的高弹性聚合物材料。在室温下富有弹性，在很小的外力作用下能产生较大形变，除去外力后能恢复原状。橡胶属于完全无定形聚合物，它的玻璃化转变温度（T_g）低，相对分子质量往往很大，大于几十万。

c. 纤维：聚合物经一定的机械加工（牵引、拉伸、定型等）后形成细而柔软的细丝，形成纤维。纤维具有弹性模量大、受力时形变小、强度高等特点，有很高的结晶能力，相对分子质量小,一般为几万。

(3) 按来源分为:天然高分子(纤维素、蛋白质、淀粉等)、合成高分子(聚酯、聚酰胺等)、半天然高分子(改性淀粉、醋酸纤维素)等。

(4) 按分子的形状分为:线形高分子、支化高分子、交联(或称网状)高分子。

(5) 按单体分为:均聚物、共聚物、高分子共混物(又称高分子合金)。

(6) 按聚合反应类型分为:缩聚物、加聚物。

(7) 按热行为分为:

a. 热塑性聚合物:聚合物大分子之间以物理力聚集而成,加热时可熔融,并能溶于适当溶剂中。热塑性聚合物受热时可塑化,冷却时则固化成型,并且可以如此反复进行。

b. 热固性聚合物:许多线形或支链形大分子由化学键连接而成的交联体形聚合物,许多大分子键合在一起,已无单个大分子可言。这类聚合物受热不软化,也不易被溶剂所溶胀。

(8) 按相对分子质量分为:高聚物、低聚物、齐聚物、预聚物。

1.2.2 命名

1. 单体来源命名法

(1) 由一种单体经加聚获得的聚合物,常在其单体名称前冠以“聚”字,就成为聚合物的名称,如聚乙烯、聚苯乙烯等。

(2) 由两种不同单体缩聚生成的聚合物,除在名称之首冠以“聚”字外,还在名称中反映出经缩聚反应生成的主链中的特征基团。例如,由对苯二甲酸和乙二醇缩聚得到的酯称为聚对苯二甲酸乙二醇酯,尼龙-66 即为聚己二酰己二胺。

(3) 由两种不同单体聚合生成的聚合物,且其聚合物结构又不很明显(多数是热固性塑料),后缀“树脂”两字来命名。取单体简名,在后面加“树脂”。例如,苯酚与甲醛聚合生成酚醛树脂。

(4) 由两种烯类单体共聚合所得共聚物的命名是在两种单体名称间连以短线,并冠以“聚”字,如聚苯乙烯-丙烯腈(也可称为苯乙烯-丙烯腈共聚物)等。

(5) 对于合成橡胶,往往从共聚单体中各取一字,后缀“橡胶”两字来命名,如丁(二烯)苯(乙烯)橡胶等。

2. IUPAC 系统命名法

(1) 确定重复结构单元。

(2) 按规定排出重复结构单元中的二级单元顺序:规定主链上带取代基的碳原子写在前,含原子最少的基团先写。

(3) 给重复结构单元命名:按小分子有机化合物的 IUPAC 命名规则给重复结构单元命名。

(4) 给重复结构单元的命名加括号,并冠以前缀“聚”。

3. 常用英文缩写

PMMA：聚甲基丙烯酸甲酯(polymethyl methacrylate)。

ABS：丙烯腈(acrylonitrile)-丁二烯(butadiene)-苯乙烯(styrene)共聚物。

SBR：丁苯橡胶(styrene-butadiene rubber)。

EPR：乙丙橡胶(ethylene-propylene rubber)。

EVA：乙烯(ethylene)-乙酸乙烯(vinyl acetate)共聚物。

1.3　聚 合 反 应

由低分子单体合成聚合物的反应总称聚合反应。

1.3.1　按单体-聚合物结构变化分类

(1) 缩聚：官能团单体缩合反应多次重复结果形成聚合物的过程，兼有缩合出低分子和聚合成高分子的双重含义，反应产物称为缩聚物。

(2) 加聚：烯类单体 π 键断裂后加成而聚合起来的反应，反应产物称为加聚物。加聚反应无副产物。

(3) 开环聚合：环状单体 σ 键断裂而后聚合成线形聚合物的反应。

1.3.2　按聚合机理分类

(1) 逐步聚合：无活性中心。单体分子或其二聚体、三聚体、多聚体间通过多次缩合反应逐步形成高相对分子质量聚合物的反应。在低分子转变成聚合物的过程中，反应是逐步进行的，即每一步反应的速率和活化能大致相同(大部分的缩聚反应)。

逐步聚合特征：

a. 聚合体系由单体和相对分子质量递增的中间产物所组成。

b. 单体通常是含有官能团的化合物。

c. 相对分子质量随时间逐步增大，单体转化率在开始时即可很高。

d. 转化率很高时，相对分子质量才达到较高数值。

(2) 连锁聚合：反应需要活性中心。反应中一旦形成单体活性中心，就能很快传递下去，瞬间形成高分子。平均每个大分子的生成时间很短(绝大多数烯类单体的加聚反应)。连锁聚合需活性中心，根据活性中心的不同可分为自由基聚合、阳离子聚合、阴离子聚合和配位离子聚合。

连锁聚合特征：

a. 聚合过程由链引发、链增长和链终止等基元反应组成，各步反应速率和活化能差别很大。

b. 链引发是活性中心的形成，单体只能与活性中心反应而使链增长，活性中心的破坏就是链终止。

c. 反应体系中只存在单体、聚合物和微量引发剂,没有相对分子质量递增的中间产物。

d. 相对分子质量随时间没有变化或者变化不大,而转化率随时间而增大。

活性阴离子聚合:快引发、慢增长、无终止(活性聚合)。聚合物的相对分子质量随单体转化率呈线性增加。

1.4　相对分子质量及其分布

相对分子质量是影响强度的重要因素,聚合物强度随着聚合度的增大而增加。

1.4.1　平均相对分子质量

平均相对分子质量:相对于一般低分子化合物都具有确定的相对分子质量而言,一般合成聚合物都不是由具有相同相对分子质量的大分子组成,而是由许多相对分子质量大小不等的同系物分子组成的混合物。因此,高分子化合物的相对分子质量只是这些同系物相对分子质量的统计平均值。

(1) 数均相对分子质量:某体系的总质量 m 被分子总数所平均。

$$\overline{M}_n = \frac{m}{\sum n_i} = \frac{\sum n_i M_i}{\sum n_i} = \frac{\sum m_i}{\sum (m_i/M_i)} = \sum x_i M_i$$

(2) 重均相对分子质量,又称质均相对分子质量,采用光散射法测得:

$$\overline{M}_w = \frac{\sum m_i M_i}{\sum m_i} = \frac{\sum n_i m_i^2}{\sum n_i M_i} = \sum w_i M_i$$

以上两式中 x_i 和 w_i 分别为 i 聚体的摩尔分数和质量分数。

(3) 黏均相对分子质量:用黏度法测得的聚合物的相对分子质量:

$$\overline{M}_v = \left[\frac{\sum m_i M_i^\alpha}{\sum m_i} \right]^{1/\alpha} = \left[\frac{\sum n_i M_i^{\alpha+1}}{\sum n_i M_i} \right]^{1/\alpha}$$

三种相对分子质量大小依次为 $\overline{M}_w > \overline{M}_v > \overline{M}_n$。

1.4.2　相对分子质量分布

多分散性:聚合物通常是由一系列相对分子质量不同的大分子同系物组成的混合物,这种相对分子质量的不均一性称为相对分子质量的多分散性。

相对分子质量分布:由于高聚物一般是由不同相对分子质量的同系物组成的混合物,因此它的相对分子质量具有一定的分布,相对分子质量分布一般有相对分子质量分布指数和相对分子质量分布曲线两种表示方法。

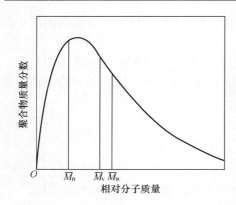

1. 相对分子质量分布指数

定义为：$\overline{M}_w / \overline{M}_n$ 的值，可用来表征分布宽度。对于相对分子质量均一的体系，$\overline{M}_w = \overline{M}_n$，即 $\overline{M}_w / \overline{M}_n = 1$。

2. 相对分子质量分布曲线

数均相对分子质量处于分布曲线顶峰附近（图1-1）。

图 1-1　相对分子质量分布曲线

1.5　大分子微结构

大分子的微结构包括结构单元的本身结构、结构单元相互键接的序列结构、结构单元在空间排布的立体构型等。

（1）线形大分子内结构单元有头头、头尾和尾尾键接。

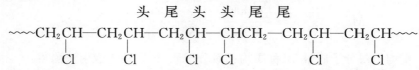

（2）大分子链上结构单元中的取代基在空间可能有不同的排布方式，形成手性构型和几何构型两类。

a. 手性构型又分为等规（全同）构型、间规（间同）构型、无规构型，如图1-2所示。

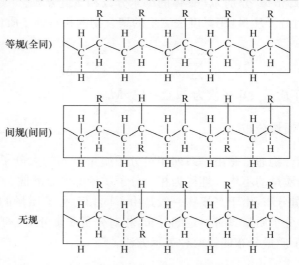

图 1-2　聚丙烯大分子的立体异构现象（R＝CH₃）

b. 几何构型是由大分子链中的双键引起的,双键无法旋转,因此有顺式和反式聚合物。

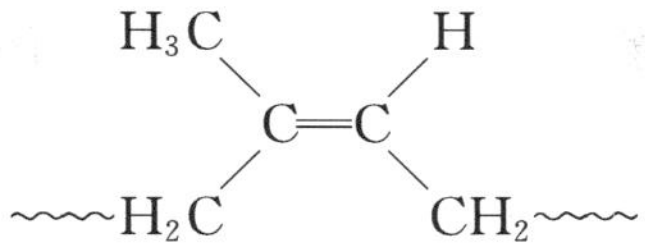

顺式 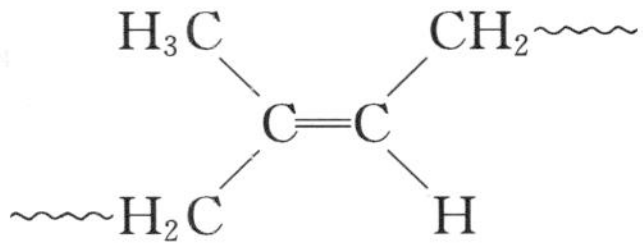　　　　　　　　　　　反式

1.6 线形、支链形和交联大分子

大分子有三种基本的形状:线形、支链形和交联,如图 1-3 所示。

线形或支链形大分子以物理力聚集成聚合物,可溶于适当溶剂中,加热时可熔融塑化,冷却时则固化成型,这类聚合物称为热塑性聚合物。支链形聚合物不容易结晶,高度支化甚至难溶解,只能溶胀。酚醛树脂、醇酸树脂等在树脂合成阶段,需要控制原料配比和反应条件,使其停留在线形或少量支链的低分子预聚物阶段,成型时,经加热,再使其中潜在官能团继续反应成交联结构而固化,这类聚合物则称为热固性聚合物。

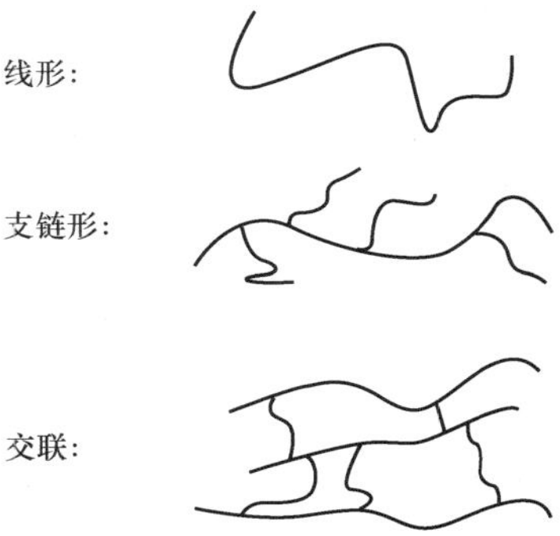

交联聚合物可以看作许多线形大分子由化学键连接而成的体形结构,交联程度浅的结构受热还可软

图 1-3 线形、支链形、交联

化但不再熔融,适当溶剂可使其溶胀但不溶解,交联程度深的体形结构不软化、不溶解、不溶胀,形成刚性固体。

1.7 凝聚态和热转变

1.7.1 凝聚态结构

高分子之间以次价键(范德华力)聚集,由于相对分子质量很大,总的次价键力超过共价键力,因此高分子只有固态和液态,没有气态。

聚合物的凝聚态将涉及固态结构多方面的行为和性质,如混合、相分离、结晶和其他相转变等行为,强度、弹性、大分子取向等性能。温度和溶剂对这些行为和性质都有影响。

聚合物的凝聚态可粗分为非晶态和晶态两种。

还有一类结构特殊的液晶高分子。这种高分子受热熔融或被溶剂溶解后,失去固态的刚性,转变成液体,但仍保存有序结构,呈各向异性,形成兼有晶体和液体的双重性质的过渡状态。

1.7.2　玻璃化转变温度和熔点

无定形和结晶热塑性聚合物低温时都呈玻璃态,受热至某一较窄(2~5℃)温度,则转变成橡胶态或柔韧的可塑状态,这一转变温度称为玻璃化转变温度 T_g,代表链段能够运动或主链中价键能扭转的温度。

晶态聚合物继续受热,则出现另一热转变温度——熔点 T_m,这代表整个大分子容易运动的温度。玻璃化转变温度是非晶态塑料的使用上限温度,熔点则是晶态塑料的使用上限温度。

相对分子质量是表征大分子的重要参数,而玻璃化转变温度和熔点则是聚合物凝聚态的重要参数。

玻璃化转变温度可在膨胀计内由聚合物比体积-温度曲线的斜率变化求得,也可以用机械曲线仪来测定。

在大分子中引入芳杂环、极性基团和交联是提高玻璃化转变温度和耐热性能的三大重要措施,高分子合成阶段,除相对分子质量和微结构外,玻璃化转变温度和熔点是表征聚合物的必要参数。

1.8　高分子的力学性能参数

弹性模量:以起始应力除以相对伸长率来表示,即应力-应变曲线的起始斜率,如图 1-4 所示。

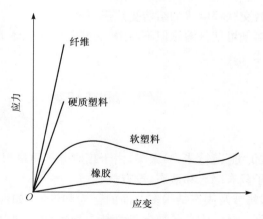

图 1-4　聚合物的应力-应变曲线

抗张强度:使试样破坏的应力(N/cm^2)。

断裂伸长率:试样在拉断时的位移值与原长的比值,以百分数(%)表示。

1.9　高分子化学发展简史

15 世纪　美洲玛雅人用天然橡胶做容器、雨具等生活用品。

1839 年　美国人古德伊尔(Goodyear)发现天然橡胶与硫磺共热后明显地改变了性能,使它从硬度较低、遇热发黏软化、遇冷发脆断裂的不实用的性质变为富有弹性、可塑性的材料。

1869 年　美国人海厄特(Hyatt)把硝化纤维、樟脑和乙醇的混合物在高压下共热,制造出了第一种人工合成塑料"赛璐珞"。

1887 年　法国人夏杜内(Chardonnet)伯爵用硝化纤维素的溶液进行纺丝,制得了第一种人造丝。

1909 年　美国人贝克兰(Baekeland)用苯酚与甲醛反应制造出第一种完全人工合成的塑料——酚醛树脂。

1920 年　德国人施陶丁格(Staudinger)发表了论文《关于聚合反应》,提出:高分子物质是由具有相同化学结构的单体经过化学反应(聚合),通过化学键连接在一起的大分子化合物,高分子或聚合物一词即源于此。

1926 年　瑞典化学家斯维德贝格等设计出一种超离心机,用它测量出蛋白质的相对分子质量,证明高分子的相对分子质量确实是从几万到几百万。

1926 年　美国化学家西蒙(Semon)合成了聚氯乙烯,并于 1927 年实现了工业化生产。

1930 年　聚苯乙烯(PS)发明。

1932 年　施陶丁格总结了自己的大分子理论,出版了划时代的巨著《高分子有机化合物》,成为高分子化学作为一门新兴学科建立的标志。

1935 年　杜邦公司基础化学研究所有机化学部的卡罗瑟斯(Carothers)合成出聚酰胺-66,即尼龙。尼龙在 1938 年实现工业化生产。

1930 年　德国人用金属钠作为催化剂,用丁二烯合成出丁钠橡胶和丁苯橡胶。

1940 年　英国人温费尔特(Whinfield)合成出聚酯纤维(PET)。

1940 年　德拜(Debye)发明了通过光散射测定高分子物质相对分子质量的方法。

1948 年　弗洛里(Flory)建立了高分子长链结构的数学理论。

1953 年　德国人齐格勒(Ziegler)与意大利人纳塔(Natta)分别用金属络合催化剂合成了聚乙烯与聚丙烯。

1955 年　美国人利用齐格勒-纳塔催化剂聚合异戊二烯,首次用人工方法合成了结构与天然橡胶基本一样的合成天然橡胶。

1956 年　兹瓦克(Szwarc)提出活性聚合概念。高分子进入分子设计时代。

1971 年　沃勒克(Wolek)发明可耐 300℃高温的凯芙拉(Kevlar)。

20 世纪 70～90 年代　高分子化学更趋成熟。阳离子活性聚合、基团转移聚合、活性自由基聚合、等离子聚合等新的聚合方法和新型嵌段共聚物、新型接枝共聚物、星状聚合物、树枝状聚合物、超支化聚合物、含富勒烯(C_{60})聚合物等新结构的聚合物不断出现和发展。

2000 年　　为表彰在导电高分子的发展方面所作的贡献,日本科学家白川英树(Shirakawa)、美国科学家黑格(Heeger)和麦克迪尔米德(MacDiarmid)获得诺贝尔化学奖。

典型例题

例 1-1　写出下列高分子的重复单元的结构式:(1) PE;(2) PS;(3) PVC;(4) POM;(5) 尼龙;(6) 涤纶。

解　(1) —CH_2—CH_2—　　　(2) —H_2C—CH—　　　(3) —CH_2—CH—

(phenyl group under (2), Cl under (3))

(4) —O—CH_2—　　　　　　(5) —$NH(CH_2)_6NHCO(CH_2)_4CO$—

(6) —OCH_2CH_2O—$\overset{O}{\overset{\|}{C}}$—⟨benzene⟩—$\overset{O}{\overset{\|}{C}}$—

例 1-2　写出以下聚合物按 IUPAC 系统命名法的名称。

(1) $\text{┤}NH\text{—}⟨\text{苯基}⟩\text{—}NHCO\text{—}⟨\text{苯基}⟩\text{—}CO\text{├}_n$

(2) $\text{┤}OCH_2CH_2\text{├}_n$　　　(3) $\text{┤}CH_2\text{—}\underset{COOC_2H_5}{\overset{CH_3}{C}}\text{├}_n$

(4) $\text{┤}CH_2\text{—}CH(OH)\text{├}_n$　　(5) $\text{┤}CH_2C(Cl)\text{=}CHCH_2\text{├}_n$

解　(1) 聚[亚胺基苯基亚胺基苯二酰]

(2) 聚[氧化次乙基]

(3) 聚[1-(乙氧基羰基)-1-甲基乙烯]

(4) 聚[1-羟基乙烯]

(5) 聚[2-氯-2-次丁烯基]

例 1-3　写出合成下列聚合物的单体和聚合反应式。

(1) 聚苯乙烯　　　(2) 聚丙烯　　　(3) 聚四氟乙烯　　　(4) 丁苯橡胶

(5) 顺丁橡胶　　　(6) 聚丙烯腈　　　(7) 涤纶　　　　　(8) 尼龙-610

(9) 聚碳酸酯　　　(10) 聚氨酯

解　(1) $n\,H_2C\text{=}CH$ ⟶ $\text{┤}H_2C\text{—}CH\text{├}_n$

(phenyl groups below)

(2) $n\,H_2C\text{=}CH$ ⟶ $\text{┤}H_2C\text{—}CH\text{├}_n$

CH_3　　　　　　　　CH_3

(3)　$n\overset{\underset{\displaystyle F}{|}}{\underset{\underset{\displaystyle F}{|}}{C}}{=}\overset{\underset{\displaystyle F}{|}}{\underset{\underset{\displaystyle F}{|}}{C}}{-} \longrightarrow \left[\begin{matrix}F\\|\\C\\|\\F\end{matrix}{-}\begin{matrix}F\\|\\C\\|\\F\end{matrix}\right]_n$

(4)　$n\mathrm{H_2C}{=}\mathrm{CH}{-}\mathrm{CH}{=}\mathrm{CH_2} + m\mathrm{H_2C}{=}\underset{\displaystyle \text{（苯基）}}{\mathrm{CH}} \longrightarrow$

$\left[\mathrm{CH_2}{-}\mathrm{CH}{=}\mathrm{CH}{-}\mathrm{CH_2}\right]_n\left[\mathrm{CH_2}{-}\mathrm{CH}\right]_m$

(5)　$n\,\mathrm{H_2C}{=}\mathrm{CH}{-}\mathrm{CH}{=}\mathrm{CH_2} \longrightarrow \left[\underset{\displaystyle\mathrm{H}}{\overset{\displaystyle\mathrm{H_2C}}{\underset{\displaystyle C}{}}}{=}\underset{\displaystyle\mathrm{H}}{\overset{\displaystyle\mathrm{CH_2}}{\underset{\displaystyle C}{}}}\right]_n$

(6)　$n\mathrm{H_2C}{=}\underset{\displaystyle\mathrm{CN}}{\mathrm{CH}} \longrightarrow \left[\mathrm{CH_2}{-}\underset{\displaystyle\mathrm{CN}}{\mathrm{CH}}\right]_n$

(7)　$n\mathrm{HOOC}{-}\bigcirc{-}\mathrm{COOH} + n\mathrm{HOCH_2CH_2OH} \longrightarrow$

$\left[\mathrm{OC}{-}\bigcirc{-}\overset{\displaystyle O}{\underset{\displaystyle \|}{C}}\mathrm{O}{-}\mathrm{CH_2CH_2O}\right]_n + (2n{-}1)\mathrm{H_2O}$

(8)　$n\mathrm{H_2N}{-}(\mathrm{CH_2})_6{-}\mathrm{NH_2} + n\mathrm{HOOC}{-}(\mathrm{CH_2})_8{-}\mathrm{COOH} \longrightarrow$
$\left[\mathrm{NH(CH_2)_6NHOC(CH_2)_8CO}\right]_n + (2n{-}1)\mathrm{H_2O}$

(9)　$n\mathrm{COCl_2} + n\mathrm{HO}{-}\bigcirc{-}\underset{\underset{\displaystyle\mathrm{CH_3}}{|}}{\overset{\overset{\displaystyle\mathrm{CH_3}}{|}}{C}}{-}\bigcirc{-}\mathrm{OH} \longrightarrow$

$\left[\mathrm{O}{-}\bigcirc{-}\underset{\underset{\displaystyle\mathrm{CH_3}}{|}}{\overset{\overset{\displaystyle\mathrm{CH_3}}{|}}{C}}{-}\bigcirc{-}\mathrm{O}{-}\overset{\displaystyle O}{\underset{\displaystyle \|}{C}}\right]_n + 2n\mathrm{HCl}$

(10)　$n\mathrm{OCN}{-}\mathrm{R}{-}\mathrm{NCO} + n\mathrm{HOR'OH} \longrightarrow \left[\mathrm{CONHRNHCOOR'O}\right]_n$

例 1-4　写出下列聚合物的名称、单体和合成反应式。

(1)　$\left[\mathrm{CH_2}{-}\underset{\underset{\displaystyle\mathrm{COOCH_3}}{|}}{\overset{\overset{\displaystyle\mathrm{CH_3}}{|}}{C}}\right]_n$　　　　　　(2)　$\left[\mathrm{CH_2}{-}\underset{\underset{\displaystyle\mathrm{OH}}{|}}{\mathrm{CH}}\right]_n$

(3)　$\left[\mathrm{NH(CH_2)_6NHOC(CH_2)_8CO}\right]_n$　(4)　$\left[\mathrm{CH_2}{-}\mathrm{C(CH_3)}{=}\mathrm{CHCH_2}\right]_n$

(5)　$\left[\mathrm{NH(CH_2)_5CO}\right]_n$

(6)
$$\left[O-\!\!\!\left\langle\!\!\!\bigcirc\!\!\!\right\rangle\!\!\!-\overset{\overset{\displaystyle CH_3}{|}}{\underset{\underset{\displaystyle CH_3}{|}}{C}}-\!\!\!\left\langle\!\!\!\bigcirc\!\!\!\right\rangle\!\!\!-O-\overset{}{\underset{\underset{\displaystyle O}{\parallel}}{C}}\right]_n$$

解 (1) 名称:聚甲基丙烯酸甲酯,单体:甲基丙烯酸甲酯。

$$n H_2C\!\!=\!\!C(CH_3)(COOCH_3)\longrightarrow \left[CH_2\overset{\overset{\displaystyle CH_3}{|}}{\underset{\underset{\displaystyle COOCH_3}{|}}{C}}\right]_n$$

(2) 名称:聚乙烯醇,单体:乙酸乙烯酯。

$$n H_2C\!\!=\!\!CH(OCOCH_3)\longrightarrow \left[CH_2\overset{}{\underset{\underset{\displaystyle OCOCH_3}{|}}{CH}}\right]_n \xrightarrow[CH_3OH]{H_2O} \left[CH_2\overset{}{\underset{\underset{\displaystyle OH}{|}}{CH}}\right]_n$$

(3) 名称:聚癸二酰己二胺(尼龙-610),单体:己二胺和癸二酸。

$$n H_2N(CH_2)_6NH_2 + n HOOC(CH_2)_8COOH \longrightarrow$$
$$H\!\!\left[NH(CH_2)_6NHCO(CH_2)_8CO\right]_n\!\!OH + (2n-1)H_2O$$

(4) 名称:聚异戊二烯,单体:异戊二烯。

$$n H_2C\!\!=\!\!C(CH_3)CH\!\!=\!\!CH_2 \xrightarrow{1,4\text{-}聚合} \left[CH_2C(CH_3)\!\!=\!\!CHCH_2\right]_n$$

(5) 名称:聚己(内)酰胺,单体:己内酰胺或氨基己酸。

$$n NH(CH_2)_5CO \longrightarrow \left[NH(CH_2)_5CO\right]_n$$

或

$$n H_2N(CH_2)_5COOH \longrightarrow H\!\!\left[NH(CH_2)_5CO\right]_n\!\!OH + (n-1)H_2O$$

(6) 名称:聚碳酸酯,单体:双酚 A 和光气。

$$n HO-\!\!\!\left\langle\!\!\!\bigcirc\!\!\!\right\rangle\!\!\!-\overset{\overset{\displaystyle CH_3}{|}}{\underset{\underset{\displaystyle CH_3}{|}}{C}}-\!\!\!\left\langle\!\!\!\bigcirc\!\!\!\right\rangle\!\!\!-OH + n COCl_2 \longrightarrow$$

$$\left[\!\!\!\left\langle\!\!\!\bigcirc\!\!\!\right\rangle\!\!\!-\overset{\overset{\displaystyle CH_3}{|}}{\underset{\underset{\displaystyle CH_3}{|}}{C}}-\!\!\!\left\langle\!\!\!\bigcirc\!\!\!\right\rangle\!\!\!-O\overset{\overset{\displaystyle O}{\parallel}}{C}\right]_n + (2n-1)HCl$$

例 1-5 写出下列单体形成聚合物的反应式。指出形成聚合物的重复单元、结构单元、单体单元和单体,并对聚合物命名,说明属于何类聚合反应。

(1) $CH_2\!\!=\!\!CHCl$　　　(2) $CH_2\!\!=\!\!CHCOOH$　　　(3) $HO(CH_2)_5COOH$

(4) $CH_2CH_2CH_2O$　(5) $H_2N(CH_2)_8NH_2 + HOOC(CH_2)_8COOH$

(6) $OCN(CH_2)_6NCO + HO(CH_2)_4OH$

解　(1) $nH_2C\!\!=\!\!CHCl \longrightarrow \text{\Large[\!}CH_2CHCl\text{\Large]\!}_n$

　　　　单体　自由基聚合　聚氯乙烯

—CH_2CHCl—为重复单元、结构单元、单体单元。

(2) $nH_2C\!\!=\!\!CHCOOH \longrightarrow \text{\Large[\!}CH_2CH\text{\Large]\!}_n$
$$\qquad\qquad\qquad\qquad\qquad\qquad |$$
$$\qquad\qquad\qquad\qquad\qquad COOH$$

　　　　单体　　自由基聚合　聚丙烯酸

—CH_2CH—　为重复单元、结构单元、单体单元。
　　|
　$COOH$

(3) $nHO(CH_2)_5COOH \longrightarrow \text{\Large[\!}O(CH_2)_5CO\text{\Large]\!}_n + nH_2O$

　　　　单体　　　缩聚反应　聚己(内)酯

—$O(CH_2)_5CO$—为重复单元和结构单元,无单体单元。

(4) $nCH_2CH_2CH_2O \longrightarrow \text{\Large[\!}CH_2CH_2CH_2O\text{\Large]\!}_n$

　　　　　　开环聚合　　聚亚丙基醚

—$CH_2CH_2CH_2O$—为重复单元、结构单元、单体单元。

(5) $nH_2N(CH_2)_{10}NH_2 + nHOOC(CH_2)_8COOH \longrightarrow$

　　　　　　　　　　　　　　　　　　　缩聚反应

　　$H\text{\Large[\!}NH(CH_2)_{10}NHCO(CH_2)_8CO\text{\Large]\!}_nOH + (2n-1)H_2O$

　　　　　聚癸二酰癸二胺

$H_2N(CH_2)_{10}NH_2$ 和 $HOOC(CH_2)_8COOH$ 为单体。

—$NH(CH_2)_{10}NHCO(CH_2)_8CO$—为重复单元。

—$NH(CH_2)_{10}NH$—和—$CO(CH_2)_8CO$—分别为结构单元,无单体单元。

(6) $nOCN(CH_2)_6NCO + nHO(CH_2)_4OH \longrightarrow \text{\Large[\!}O(CH_2)_4OCONH(CH_2)_6NHCO\text{\Large]\!}_n$

　　　　　　　　　　　　　　　　　　　　　　聚氨酯

为聚加成反应,无单体单元。

—$O(CH_2)_4OCONH(CH_2)_6NHCO$—为重复单元。

$OCN(CH_2)_6NCO$ 和 $HO(CH_2)_4OH$ 为单体。

例 1-6　什么是三大合成材料? 写出三大合成材料中各主要品种的名称、单体聚合的反应式,并指出它们分别属于连锁聚合还是逐步聚合。

解　三大合成材料是指塑料、合成纤维和橡胶。塑料的主要品种有:聚乙烯、聚丙烯、聚氯乙烯、聚苯乙烯和 ABS。

聚乙烯:

$nCH_2\!\!=\!\!CH_2 \longrightarrow \text{\Large[\!}CH_2\!\!-\!\!CH_2\text{\Large]\!}_n$

聚丙烯:

$nCH_2\!\!=\!\!CH \longrightarrow \text{\Large[\!}CH_2\!\!-\!\!CH\text{\Large]\!}_n$
$$\quad\;\; | \qquad\qquad\qquad\quad |$$
$$\quad\, CH_3 \qquad\qquad\qquad CH_3$$

聚氯乙烯：

$$n\mathrm{CH_2}\!=\!\mathrm{CH} \longrightarrow \quad -\!\!\!\left[\mathrm{CH_2}\!-\!\mathrm{CH}\right]\!\!\!_{n}$$
$$\quad\quad\quad |\qquad\qquad\qquad\qquad |$$
$$\quad\quad\quad \mathrm{Cl}\qquad\qquad\qquad\qquad \mathrm{Cl}$$

聚苯乙烯：

$$n\mathrm{CH_2}\!=\!\mathrm{CH} \longrightarrow \quad -\!\!\!\left[\mathrm{CH_2}\!-\!\mathrm{CH}\right]\!\!\!_{n}$$

ABS 是丙烯腈（A）、丁二烯（B）和苯乙烯（S）三种单体共聚组成的热塑性塑料。一般 ABS 三成分比例为 20%～30%、20%～30%、40%～60%。ABS 的合成方法有以下几种。

（1）接枝共聚法：先用丁二烯和苯乙烯制成丁苯胶乳，然后加入丙烯腈和苯乙烯使其接枝共聚（不排除有均聚），接枝点在丁苯胶的双键以及与苯基相连的碳原子的 α-H 上。

（2）混炼法：用乳液聚合的方法分别制得 AS 树脂和 BA（丁腈胶），然后机械混炼。

（3）接枝混炼法：将上述接枝共聚法得到的 ABS 胶乳与 AS 共聚胶乳混合，再凝结、水洗、干燥、机械混炼。

上述聚合反应均属于连锁聚合反应。

合成纤维的主要品种有：涤纶（聚对苯二甲酸乙二醇酯）、锦纶（尼龙-6 和尼龙-66）和腈纶（聚丙烯腈）。

涤纶：

$$n\mathrm{HO(CH_2)_2OH} + n\mathrm{HOOC}\!-\!\!\!\!\bigcirc\!\!\!\!-\!\mathrm{COOH} \xrightarrow{\text{逐步聚合}}$$

$$\mathrm{H}\!-\!\!\!\left[\mathrm{O(CH_2)_2OC}\!-\!\!\!\!\bigcirc\!\!\!\!-\!\mathrm{C}\right]\!\!\!_{n}\!\mathrm{OH} + (2n-1)\mathrm{H_2O}$$

尼龙-6：

$$n\mathrm{NH(CH_2)_5CO} \xrightarrow[②]{①} -\!\!\!\left[\mathrm{NH(CH_2)_5CO}\right]\!\!\!_{n}$$

用水作引发剂属于逐步聚合，用碱作引发剂属于连锁聚合。

尼龙-66：

$$n\mathrm{H_2N(CH_2)_6NH_2} + n\mathrm{HOOC(CH_2)_4COOH} \xrightarrow{\text{逐步聚合}}$$

$$\mathrm{H}\!-\!\!\!\left[\mathrm{NH(CH_2)_6NHOC(CH_2)_4CO}\right]\!\!\!_{n}\!\mathrm{OH} + (2n-1)\mathrm{H_2O}$$

实际上腈纶常是丙烯腈与少量其他单体（丙烯酸甲酯、衣康酸等）共聚的产物，属于连锁聚合。

合成橡胶的主要品种有丁苯橡胶和顺丁橡胶。

丁苯橡胶：

$$n\mathrm{H_2C}\!=\!\mathrm{CHCH}\!=\!\mathrm{CH_2} + n\mathrm{H_2C}\!=\!\mathrm{CHC_6H_5} \xrightarrow{\text{连锁聚合}}$$

$$-\!\!\!\left[\mathrm{CH_2CH}\!=\!\mathrm{CHCH_2CH_2CHC_6H_5}\right]\!\!\!_{n}$$

顺丁橡胶：

$$nCH_2 =\!\!= CHCH =\!\!= CH_2 \xrightarrow{\text{连锁聚合}} \text{\textlbrackdbl} CH_2CH =\!\!= CHCH_2 \text{\textrbrackdbl}_n$$

测试题

一、名词解释

1. 高分子化合物　　　　　2. 单体　　　　　　　3. 重复单元

4. 单体单元　　　　　　　5. 结构单元　　　　　6. 聚合度

7. 聚合物相对分子质量　　8. 数均相对分子质量　9. 重均相对分子质量

10. 黏均相对分子质量　　　11. 相对分子质量分布　12. 多分散性

13. 分布指数

二、填空题

1. 在合成的高分子材料中,(　　　)、(　　　)和(　　　)称为三大合成材料。

2. 按大分子的结构形态(构象),聚合物可分为(　　　)高聚物和(　　　)高聚物两类。

3. 聚合物的三种力学状态是(　　　)、(　　　)、(　　　)。

4. 聚丙烯的结构式是(　　　),括号内的部分又称(　　　)、(　　　)、(　　　)或者(　　　),n 表示(　　　)。

5. 按 IUPAC 系统命名法,聚氯乙烯称为(　　　)。

6. 聚合物是(　　　)的混合物,其相对分子质量是一平均值,这种相对分子质量的不均一性称为(　　　)。聚合物的相对分子质量可以用(　　　)相对分子质量和(　　　)相对分子质量和(　　　)相对分子质量等方法表示。

7. 写出下列聚合物的合成单体或者原料:高抗冲聚苯乙烯(　　　),尼龙-12(　　　),PVDC(　　　),涤纶(　　　)。

8. 写出下列聚合物的英文缩写代号:高密度聚乙烯(　　　),聚乙烯醇(　　　),聚酰胺-6(　　　),线形酚醛树脂(　　　),聚对苯二甲酸乙二醇酯(　　　)。

9. 从聚合反应机理看,聚苯乙烯的合成属(　　　)聚合,尼龙-66 的合成属(　　　)聚合,此外还有聚加成反应和开环聚合,前者如(　　　),后者如(　　　)。

10. 在聚合反应过程中,相对分子质量随转化率变化的规律是:随转化率增加,自由基聚合相对分子质量(　　　),逐步聚合相对分子质量(　　　),阴离子聚合相对分子质量(　　　)。

11. 按单体和聚合物的结构变化,聚合反应可分为(　　　)、(　　　)、(　　　)、(　　　)和(　　　)等,根据聚合反应机理和动力学,可分为(　　　)和(　　　)。

12. 卡罗瑟斯将聚合反应分为加聚反应和缩聚反应是依据(　　　),而弗洛里将聚合反应分为链式聚合和逐步聚合则是从(　　　)角度分析的。对一般的链式聚合,可采用的聚合方法有(　　　)、(　　　)、(　　　)、(　　　)。

13. (　　　)和(　　　)是评价聚合物耐热性的重要指标。

三、简答题

1. 与低分子化合物相比,高分子化合物有什么特点? 能否用蒸馏的方法提纯高分子化合物？

2. 什么是相对分子质量的多分散性？如何表示聚合物相对分子质量的多分散性？

3. 各举三例说明下列聚合物。

(1) 天然无机高分子、天然有机高分子、生物高分子。

(2) 碳链聚合物、杂链聚合物。

(3) 塑料、橡胶、化学纤维、功能高分子。

4. 什么是热塑性塑料？什么是热固性塑料？

5. 高分子链的结构形状有几种？它们的物理、化学性质有什么不同？

6. 什么是重复单元、结构单元、单体单元？分别写出 PET 和 PA-66 的重复单元和结构单元。

7. 写出下列合成橡胶的主要合成单体或原料：异戊橡胶（人工合成天然橡胶）、丁腈橡胶、丁苯橡胶、顺丁橡胶、丁基橡胶、乙丙橡胶。指出丁苯橡胶、顺丁橡胶、丁基橡胶、乙丙橡胶合成方法属于什么聚合机理。

8. 写出下列单体合成聚合物的聚合反应简式、聚合物的名称和聚合物的结构单元，并说明聚合反应类型。

(1) $CH_2 =\!\!=\!\!CH—COOH$

(2) $HO—(CH_2)_5—COOH$

(3) $H_2N—(CH_2)_{10}—NH_2 + HOOC—(CH_2)_8—COOH$

(4) $\boxed{—H_2C—CH_2—CH_2—O—}$

(5) $HO(CH_2)_4OH + O=C=N—\underset{\underset{N=C=O}{}}{\overset{\overset{CH_3}{}}{\bigcirc}}$

9. 说出获得诺贝尔奖的高分子科学家的名字和他们的主要贡献。

四、计算题

根据表 1-1 所列的数据，试计算聚氯乙烯、聚苯乙烯、涤纶、尼龙-66、聚丁二烯及天然橡胶的聚合度。根据这六种聚合物的相对分子质量和聚合度数据看塑料、纤维和橡胶有什么差别。

表 1-1　常用聚合物相对分子质量示例

塑料		纤维		橡胶	
名称	相对分子质量/($\times 10^4$)	名称	相对分子质量/($\times 10^4$)	名称	相对分子质量/($\times 10^4$)
低压聚乙烯	6～30	涤纶	1.8～2.3	天然橡胶	20～40
聚氯乙烯	5～10	尼龙-66	1.2～1.3	丁苯橡胶	15～20
聚苯乙烯	10～30	维尼龙	6～7.5	顺丁橡胶	25～30
聚碳酸酯	2～8	纤维素	50～100	氯丁橡胶	10～12

测试题参考答案

一、名词解释

1. 由众多原子或原子团主要以共价键结合而成的相对分子质量为 $10^4 \sim 10^7$，甚至更高的化合物。

2. 能通过聚合反应形成高分子化合物的低分子化合物，即合成聚合物的原料。

3. 聚合物中组成和结构相同的最小单位。重复单元或结构单元类似大分子链中的一个环节，故俗称链节，可用 ~ 表示。

4. 与单体的化学组成完全相同，只是化学结构不同的结构单元（电子结构有所改变）。

5. 在大分子链中出现的以单体结构为基础的原子团（由一种单体分子通过聚合反应而进入聚合物重复单元的那一部分）。

6. 高分子链中重复单元的重复次数，以 X_n 表示。可用于衡量聚合物分子大小。

7. 重复单元的相对分子质量与重复单元数的乘积或结构单元数与结构单元相对分子质量的乘积。

8. 聚合物中用不同相对分子质量的分子数目平均的统计平均相对分子质量。

9. 聚合物中用不同相对分子质量的分子质量平均的统计平均相对分子质量。

10. 用黏度法测得的聚合物的相对分子质量。

11. 由于高聚物一般是由不同相对分子质量的同系物组成的混合物，因此它的相对分子质量具有一定的分布，相对分子质量分布一般有相对分子质量分布指数和相对分子质量分布曲线两种表示方法。

12. 聚合物通常是由一系列相对分子质量不同的大分子同系物组成的混合物，用以表达聚合物的相对分子质量大小并不相等的专业术语称为多分散性。

13. 重均相对分子质量与数均相对分子质量的比值。即用来表征相对分子质量分布的宽度或多分散性。

二、填空题

1. （塑料）、（合成纤维）、（合成橡胶）

2. （线形）、（体形）

3. （玻璃态）、（高弹态）、（黏流态）

4. （ $-\!\!\left[\!\!\begin{array}{c} CH_3 \\ | \\ CH\!-\!CH_2 \end{array}\!\!\right]_n$ ）、（结构单元）、（重复单元）、（单体单元）、（链节）、（链节数）

5. （聚 1-氯代亚乙基）

6. （相对分子质量不相等的同系物）、（相对分子质量的多分散性）、（数均）、（重均）、（黏均）

7. （苯乙烯、聚 1,4-丁二烯）、（十二内酰胺）、（偏二氯乙烯）、（对苯二甲酸、乙二醇）

8. （HDPE）、（PVA）、（PA-6）、（LPR）、（PET）

9. （连锁）、（逐步）、（聚氨酯的合成）、（尼龙-6 的合成）

10. （不变）、（逐步增加，起初很慢，后期增加快）、（随转化率线性增加）

11. （缩聚）、（加聚）、（开环聚合）、（消去聚合）、（异构化聚合）、（逐步聚合）、（连锁聚合）

12. （组成结构的变化）、（机理和动力学）、（自由基聚合）、（阴离子聚合）、（阳离子聚合）、（配位阴离子聚合）

13. （玻璃化转变温度）、（熔点）

三、简答题

1. 与低分子化合物相比,高分子化合物主要特点有:①相对分子质量很大,通常为 $10^4 \sim 10^7$;②合成高分子化合物的化学组成比较简单,分子结构有规律性;③各种合成聚合物的分子形态是多种多样的;④一般高分子化合物实际上是由相对分子质量大小不等的同系物组成的混合物,其相对分子质量只具有统计平均的意义及多分散性;⑤由于高分子化合物相对分子质量很大,因而具有与低分子化合物完全不同的物理性质。不能用蒸馏的方法提纯高分子化合物。由于高分子化合物分子间作用力往往超过高分子主链内的键合力,当温度升高到气化温度以前,就发生主链的断裂和分解,从而破坏了高分子化合物的化学结构。

2. 聚合物是相对分子质量不等的同系物的混合物,其相对分子质量或聚合度是一平均值,这种相对分子质量的不均一性称为相对分子质量的多分散性。相对分子质量多分散性可以用重均相对分子质量和数均相对分子质量的比值来表示,这一比值称为多分散指数,其符号为 D,即 $D = \bar{M}_w / \bar{M}_n$。相对分子质量均一的聚合物的 $D = 1$,D 越大则聚合物相对分子质量的多分散程度越大。

相对分子质量多分散性更确切的表示方法可用相对分子质量分布曲线表示,以相对分子质量为横坐标,以所含各种分子的质量或数量分数为纵坐标,即得相对分子质量的质量或数量分布曲线。相对分子质量分布的宽窄将直接影响聚合物的加工和物理力学性能。

聚合物相对分子质量的多分散性主要由聚合物形成过程的统计特性所决定。

3. (1) 天然无机高分子:石棉、金刚石、云母。

天然有机高分子:纤维素、土漆、天然橡胶。

生物高分子:蛋白质、核酸。

(2) 碳链聚合物:聚乙烯、聚苯乙烯、聚丙烯。

杂链聚合物:聚甲醛、聚酰胺、聚酯。

(3) 塑料:PE、PP、PVC、PS。

橡胶:丁苯橡胶、顺丁橡胶、氯丁橡胶、丁基橡胶。

化学纤维:尼龙、涤纶、聚酯、腈纶、丙纶。

功能高分子:离子交换树脂、光敏高分子、高分子催化剂。

4. 热塑性塑料是指可反复进行加热软化或熔化而再成型加工的塑料,其一般由线形或支链形聚合物作为基材,如以 PE、PP、PVC、PS 和 PMMA 等聚合物为基材的塑料。

热固性塑料是指只能进行一次成型加工的塑料,其一般由具有反应活性的低聚物作基材,在成型加工过程中加固化剂经交联而变为体形交联聚合物。一次成型后加热不能再软化或熔化,因而不能再进行成型加工。其基材为环氧树脂、酚醛树脂、不饱和聚酯树脂和脲醛树脂等。

5. 高分子链的形状主要有线形、支链形和交联三种,其次有星形、梳形、梯形等(它们可以视为支链形或体形的特例)。

线形和支链形高分子通过范德华力聚集在一起,分子间作用力较弱。宏观物理性质表现为密度小、强度低。聚合物具有热塑性,加热可熔化,在溶剂中可溶解。其中支链形高分子由于支链的存在,分子间距离较线形的大,故各项指标如结晶度、密度、强度等比线形的低,而溶解性能更好,其中对结晶度的影响最为显著。

交联高分子的分子链间形成化学键,其硬度、力学强度大为提高。其中交联程度低的具有韧性和弹性,加热可软化但不熔化,在溶剂中可溶胀但不溶解。交联程度高的加热不软化,在溶剂中不溶解。

6. 如图 1-5 和图 1-6 所示,聚合物大分子中那些重复出现的以共价键相互连接的结构单元称为重复结构单元(简称重复单元或链节)。重复单元中,小的不可再分的与单体结构有关的结构单元称为结构单元。原子种类与数量和单体相同(化学组成相同),仅电子结构有所改变的结构单元可称为单体单元。

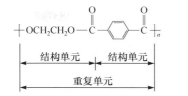

图 1-5　PET 的重复单元和结构单元

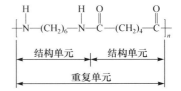

图 1-6　PA-66 的重复单元和结构单元

7. 异戊橡胶单体:异戊二烯;丁腈橡胶单体:丁二烯、丙烯腈;丁苯橡胶单体:丁二烯、苯乙烯;顺丁橡胶单体:丁二烯;丁基橡胶单体:异丁烯、异戊二烯;乙丙橡胶单体:乙烯、丙烯。

丁苯橡胶合成属于自由基聚合,顺丁橡胶合成属于配位阴离子聚合,丁基橡胶合成属于配位阳离子聚合,乙丙橡胶合成属于配位阴离子聚合。

8. 聚合反应式:

(1) $n\text{CH}_2\!-\!\text{CH} \longrightarrow \{\text{CH}_2\!-\!\text{CH}\}_n$
$\qquad\quad\;\; |\qquad\qquad\qquad\quad\; |$
$\qquad\quad\text{COOH}\qquad\qquad\quad\text{COOH}$

(2) $n\text{HO}\!-\!(\text{CH}_2)_5\!-\!\text{COOH} \longrightarrow \text{H}\{\text{O}\!-\!(\text{CH}_2)_5\!-\!\overset{\overset{\text{O}}{\|}}{\text{C}}\}_n\text{OH}+(n-1)\text{H}_2\text{O}$

(3) $n\text{H}_2\text{N}\!-\!(\text{CH}_2)_{10}\!-\!\text{NH}_2+n\text{HOOC}\!-\!(\text{CH}_2)_8\!-\!\text{COOH} \longrightarrow$

$\text{H}\{\overset{\overset{\text{H}}{|}}{\text{N}}\!-\!(\text{CH}_2)_{10}\!-\!\overset{\overset{\text{H}}{|}}{\text{N}}\!-\!\overset{\overset{\text{O}}{\|}}{\text{C}}\!-\!(\text{CH}_2)_8\!-\!\overset{\overset{\text{O}}{\|}}{\text{C}}\}_n\text{OH}+(2n-1)\text{H}_2\text{O}$

(4) $n\,[\text{H}_2\text{C}\!-\!\text{CH}_2\!-\!\text{CH}_2\!-\!\text{O}] \longrightarrow \{\text{H}_2\text{C}\!-\!\text{CH}_2\!-\!\text{CH}_2\!-\!\text{O}\}_n$

(5) $n\text{HO}(\text{CH}_2)_2\text{OH}+n\text{O}\!=\!\text{C}\!=\!\text{N}$ ... $\longrightarrow$ ...

聚合物名称及聚合反应类型:(1) 聚丙烯酸,连锁聚合;(2) 聚己酯,逐步聚合;(3) 聚癸二酰癸二胺(尼龙-1010),逐步聚合;(4) 聚丁氧环(聚氧杂环丁烷),开环聚合;(5) 聚甲基-2,4-二氨基甲酸乙二醇酯,逐步聚合。

聚合物结构单元:

(1) $-\text{CH}_2\!-\!\text{CH}-$
$\qquad\qquad\;\; |$
$\qquad\qquad\text{COOH}$

(2) $-\text{O}\!-\!(\text{CH}_2)_5\!-\!\overset{\overset{\text{O}}{\|}}{\text{C}}-$

(3) $-\overset{\overset{\text{H}}{|}}{\text{N}}\!-\!(\text{CH}_2)_{10}\!-\!\overset{\overset{\text{H}}{|}}{\text{N}}-$ 和 $-\overset{\overset{\text{O}}{\|}}{\text{C}}\!-\!(\text{CH}_2)_8\!-\!\overset{\overset{\text{O}}{\|}}{\text{C}}-$

(4) $-\text{H}_2\text{C}\!-\!\text{CH}_2\!-\!\text{CH}_2\!-\!\text{O}-$

(5) —O(CH₂)₂O— 和 $—\overset{O}{\overset{\|}{C}}—\overset{H}{\overset{|}{N}}—$ (苯环，邻位 CH_3，间位 $—N(H)—\overset{O}{\overset{\|}{C}}—$)

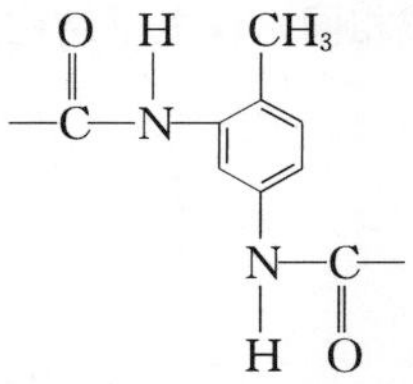

9. (1) 施陶丁格建立了高分子学说,1953 年获得诺贝尔化学奖。

(2) 齐格勒和纳塔发明了新的催化剂,使乙烯低压聚合制备高密度聚乙烯和丙烯定向聚合制备全同聚丙烯实现工业化,1963 年他们获得了诺贝尔化学奖。

(3) 弗洛里在缩聚反应理论、高分子溶液的统计热力学和高分子链的构象统计等方面作出了一系列杰出的贡献,进一步完善了高分子学说,1974 年获得诺贝尔化学奖。

(4) 德热纳(de Gennes)把现代凝聚态物理学的新概念如软物质、标度律、复杂流体、分形、魔梯、图样动力学、临界动力学等嫁接到高分子科学的研究中。他的这些概念丰富了高分子学说,1991 年获得诺贝尔物理学奖。

(5) 黑格、麦克迪尔米德和白川英树在导电高分子方面作出了特殊贡献,2000 年获得诺贝尔化学奖。

四、计算题

根据表 1-2 所列数据,纤维(涤纶、尼龙-66)相对分子质量最小,为 10 000～20 000;橡胶(聚丁二烯、天然橡胶)最大,一般在 200 000 以上;塑料(聚氯乙烯、聚苯乙烯)居中。橡胶多为聚二烯烃类化合物,分子的柔性大,分子间作用力小,纤维常为有氢键作用或结晶性聚合物,而塑料的作用力居二者之间。

表 1-2　相关计算数据

聚合物	单体相对分子质量或 重复单元相对分子质量	聚合度	相对分子质量/($\times 10^4$)
聚氯乙烯	62.5	800～2400	5～10
聚苯乙烯	104	962～2885	10～30
涤纶	192	94～120	1.8～2.3
尼龙-66	226	53～80	1.2～1.8
聚丁二烯	54	4630～5556	25～30
天然橡胶	68	2941～5882	20～40

第 2 章　缩聚和逐步聚合

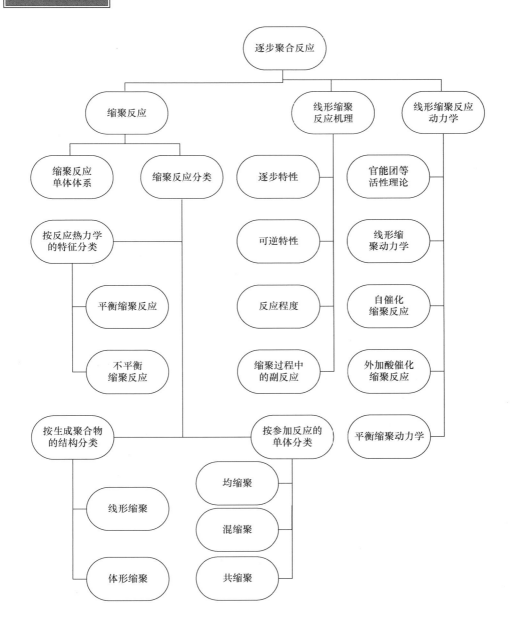

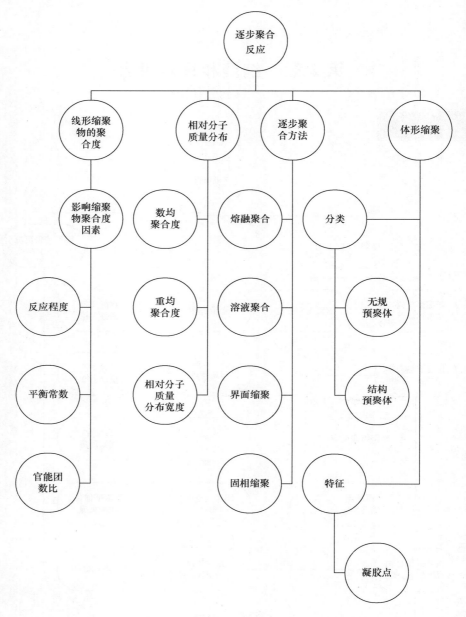

2.1 引　言

1. 基本概念

逐步聚合:通常是由单体所带的两种不同的官能团之间发生化学反应而进行的。无活性中心,单体官能团之间相互反应而逐步增长,绝大多数缩聚反应都属于逐步聚合。

其特征为:①逐步聚合反应是通过单体功能基之间的反应逐步进行的,在反应初期,聚合物远未达到实用要求的高相对分子质量($>5000\sim10\,000$)时,单体就已经消失了;②逐步聚合反应的速率是不同大小分子间反应速率的总和;③聚合产物的相对分子质量随转化率升高而逐步增大;④在高转化率下才能生成高相对分子质量的聚合物。

2. 逐步聚合反应的分类

1) 按反应机理分类

逐步缩聚反应:带有两个或两个以上官能团的单体之间连续、重复进行的缩合反应,即缩掉小分子而进行的聚合。反应过程中有小分子副产物生成。

逐步加成聚合:单体分子通过反复加成,使分子间形成共价键,逐步生成高相对分子质量聚合物的过程,其聚合物形成的同时没有小分子析出,如聚氨酯的合成。逐步聚合反应的所有中间产物分子两端都带有可以继续进行约定缩合反应的官能团,而且都是相对稳定的,当某种单体所含有官能团的物质的量多于另一种单体时,聚合反应就无法再继续下去。

2) 按聚合物链结构分类

线形逐步聚合反应:参加反应的单体都只带有两个官能团,聚合过程中,分子链在两个方向上增长,相对分子质量逐步增大,体系的黏度逐渐上升,最后形成高分子聚合物。

支化、交联聚合反应(体形聚合):参加聚合反应的单体至少含有两个以上官能团时,反应过程中,分子链从多个方向增长。调节两种单体的配比,可以生成支化聚合物或交联聚合物(体形聚合物)。

3) 按参加反应的单体种类分类

逐步均聚反应:只有一种或两种单体参加聚合反应,生成的聚合物只含有一种重复单元。

逐步共聚反应:两种或两种以上单体参加聚合反应,生成的聚合物含有两种或两种以上的重复单元。

2.2　缩　聚　反　应

缩聚反应:是缩合聚合的简称,是多次缩合重复结果形成缩聚物的过程。缩合和缩聚都是基团间的反应,两种不同基团可以分别属于两种单体分子,也可能同在一种单体分子上。

1. 缩合反应

官能度:一分子中能参与反应的官能团数称为官能度(f);考虑官能度时需以参与的反应基团为基准。

1-1、1-2、1-3官能度体系缩合,将形成低分子物;2-2或2-官能度体系缩聚,形成线形缩聚物；2-3、2-4 或 3-3 官能度体系则形成体形缩聚物。

2. 缩聚反应

线形缩聚的首要条件是需要 2-2 或 2-官能度体系作原料，采用 2-3 或 2-4 官能度体系。除按线形方向缩聚外，侧基也能缩聚，先形成支链，进一步形成体形结构，这就称为体形缩聚。

3. 共缩聚

羟基酸或氨基酸一种单体的缩聚可称为均缩聚；由二元酸和二元醇两种单体进行的缩聚是最普通的杂缩聚；从改进缩聚物结构性能角度考虑，将一种二元酸和两种二元醇、两种二元酸和两种二元醇进行"共缩聚"。

2.3 线形缩聚反应的机理

2.3.1 线形缩聚和成环倾向

线形缩聚时，需考虑单体及其中间产物的成环倾向，一般情况下，五、六元环的结构比较稳定。

成环是单分子反应，缩聚则是双分子反应。因此，低浓度有利于成环，高浓度有利于线形缩聚。

2.3.2 线形缩聚机理

线形缩聚机理的特征有：逐步和可逆。

1. 逐步特性

缩聚反应无特定的活性种，各步反应速率常数和活化能基本相等，缩聚早期，转化率就很高，因此用基团的反应程度来表述反应的程度更为确切，现以等物质的量二元酸和二元醇的缩聚反应为例来说明。

反应程度 p 的定义为参与反应的基团数（$N_0 - N$）占起始基团数 N_0 的分数，因此

$$p = \frac{N_0 - N}{N_0} = 1 - \frac{N}{N_0}$$

如将大分子的结构单元数定义为聚合度 $\overline{X}_n$，则

$$\overline{X}_n = \frac{结构单元总数}{大分子数} = \frac{N_0}{N}$$

进一步可得

$$\overline{X}_n = \frac{1}{1-p}$$

2. 可逆平衡

聚酯化和低分子酯化反应相似,都是可逆平衡反应,正反应是酯化,逆反应是水解。平衡常数小,低分子副产物水的存在限制了相对分子质量的提高,需在高度减压条件下脱除;平衡常数中等($K=300\sim400$),水对相对分子质量有所影响,聚合早期可在水中进行,只是后期,需要在一定的减压条件下脱水,提高反应程度;平衡常数很大($K>1000$),可以看作不可逆。

2.3.3　缩聚中的副反应

(1) 消去反应:影响产物的相对分子质量。

(2) 化学降解:合成缩聚物的单体往往就是缩聚物的降解药剂。

(3) 链交换反应:链交换反应将使相对分子质量分布变窄。

缩聚反应中的副反应:①链裂解反应是发生于缩聚物分子链与小分子有机或无机化合物之间的副反应,如聚酯的水解、醇解、酸解、胺解等;②链交换反应是发生于两个大分子链之间的副反应;③环化反应是发生于大分子链内的副反应;④官能团分解反应是发生于大分子链内的副反应,如高温下羧基的脱羧、醇羟基的氧化反应等。

缩聚副反应的结果:①链裂解使聚合度降低;②链交换使分散度降低,链交换反应在一定程度上对改善缩聚物的性能有利;③环化反应使聚合反应无法进行;④官能团分解反应危及聚合反应的顺利进行。

减少缩聚副反应所采取的措施:①为了减轻链裂解副反应的影响,必须首先考虑提高原料单体的纯度来尽可能降低有害杂质特别是单官能团化合物的含量;②提高单体浓度有利于双(多)分子之间反应,可以抑制环化副反应的发生,适当降低反应温度对于减轻环化副反应的影响有一定效果;③由于官能团分解反应的活化能高于聚合反应,所以应尽可能避免反应温度过高和反应器的局部过热,同时惰性气体排除反应器中的空气是减少官能团分解副反应的有效措施。

2.4　线形缩聚动力学

2.4.1　官能团等活性概念

在一定聚合度范围内,基团活性与相对分子质量大小无关,形成官能团等活性的概念。

2.4.2　不可逆的线形缩聚动力学

酯化和聚酯化是可逆平衡反应,如能及时排除副产物水,就符合不可逆的条件。

过程:首先羧酸质子化,然后质子化种再与醇反应成酯。

酸催化的酯化速率方程:

$$-\frac{d[COOH]}{dt}=\frac{k_1k_3[COOH][OH][H^+]}{k_2K_{HA}}$$

1. 外加酸催化聚酯化动力学

强无机酸常用作酯化的催化剂,聚合速率由酸催化和自催化两部分构成,在缩聚过程中,外加酸或氢离子浓度几乎不变,而且远远大于低分子羧酸自催化的影响,因此可以忽略自催化的速率。

$$\frac{1}{1-p}=k'c_0t+1 \qquad \overline{X}_n=k'c_0t+1 \qquad (二级反应)$$

k'是将$[H^+]$、k_1、k_2、k_3、K_{HA}合并而成。

2. 自催化聚酯化动力学

1) 羧酸不电离

聚合度随时间变化的关系式:$\overline{X}_n^2=2kc_0^2t+1$　　　　　　　　　（三级反应）

2) 羧酸部分电离

聚合度随时间变化的关系式:$\overline{X}_n^{3/2}=\frac{3}{2}kc_0^{3/2}t+1$　　　　　　（二级半反应）

2.5　线形缩聚物的聚合度

2.5.1　反应程度和平衡常数对聚合度的影响

两种基团数相等的 2-2 体系进行线形缩聚时:

（1）不排除副产物水

$$p=\frac{\sqrt{K}}{\sqrt{K}+1} \qquad \overline{X}_n=\frac{1}{1-p}=\sqrt{K}+1$$

（2）高度减压的条件下及时排除副产物水

$$\overline{X}_n=\frac{1}{1-p}=\sqrt{\frac{K}{pn_w}}\approx\sqrt{\frac{K}{n_w}}$$

2.5.2　基团数比对聚合度的影响

二元酸(aAa)和二元醇(bBb)进行缩聚,设 N_a、N_b 为 a、b 的起始基团数,分别为两种单体分子数的 2 倍,r 为单体的基团数比或物质的量比,q 为过量摩尔百分比或摩尔分数。

$$q=\frac{(N_b-N_a)/2}{N_a/2}=\frac{1-r}{r} \quad 或 \quad r=\frac{1}{q+1}$$

使两基团数相等的措施有:①单体高度纯化和精确计量;②两基团同在一单体分子上;③二元胺和二元酸成盐。

两基团数不相等分为以下三种情况：

（1）以 aAa 单体为基准，bBb 单体微过量

$$\overline{X}_n=\frac{(N_a+N_b)/2}{(N_a+N_b-2N_ap)/2}=\frac{1+r}{1+r-2rp}$$

有两种极限情况：

① $r=1$ 或 $q=0$，$\overline{X}_n=\dfrac{1}{1-p}$。

② $p=1$，$\overline{X}_n=\dfrac{1+r}{1-r}$。

如果 $r=1,p=1$，则聚合度为无穷大，成为一个大分子。

（2）aAa 和 bBb 两单体等基团数比，另外加单官能团物质 Cb（其基团数为 N_b'），则按下式计算 r：

$$r=\frac{N_a}{N_b+2N_b'}$$

式中：分母中的“2”表示一个分子 Cb 中的一个基团 b 相当于一个过量 bBb 分子双官能团的作用。

（3）aRb（如羟基酸）加少量单官能团物质 Cb：

$$r=\frac{N_a}{N_b+2N_b'}$$

2.6　线形缩聚物的聚合度分布

2.6.1　聚合度分布函数

忽略端基的质量，则 x 聚体的质量分数或质量分布函数为

$$\frac{W_x}{W}=\frac{xN_x}{N_0}=xp^{x-1}(1-p)^2$$

2.6.2　聚合度分布宽度

$$\overline{X}_n=\frac{1}{1-p}\qquad \overline{X}_w=\frac{1+p}{1-p}$$

聚合度分布指数：

$$\frac{\overline{X}_w}{\overline{X}_n}=1+p\approx 2$$

2.7　体形缩聚和凝胶化

2.7.1　卡罗瑟斯法凝胶点的预测

理论基础：凝胶点时的数均聚合度趋向于无穷大。

(1) 两基团数相等。单体混合物的平均官能度定义为每一分子平均带有的基团数

$$\bar{f} = \frac{\sum N_i f_i}{\sum N_i}$$

式中:N_i 为官能度为 f_i 的单体 i 的分子数。

凝胶点时的临界反应程度 p_c 为

$$p_c = \frac{2}{\bar{f}}$$

(2) 两基团数不相等。

a. 两组分体系:两基团数不相等时,平均官能度应以非过量基团数的 2 倍除以分子总数来求取,因为反应程度和交联与否取决于含量少的组分,过量反应物质中的一部分并不参与反应。

$$\bar{f} = \frac{2N_A f_A}{N_A + N_B}$$

b. 多组分体系:以 A、B、C 三组分体系为例,三者分子数分别为 N_A、N_B、N_C,官能度分别为 f_A、f_B、f_C,A 和 C 的基团相同,A 基团总数少于 B 基团总数,即 $(N_A f_A + N_C f_C) < N_B f_B$,则平均官能度按下式计算:

$$\bar{f} = \frac{2(N_A f_A + N_C f_C)}{N_A + N_B + N_C}$$

(3) 卡罗瑟斯方程在线形缩聚中聚合度的计算:

$$\bar{X}_n = \frac{2}{2 - p\bar{f}}$$

2.7.2 弗洛里统计法

弗洛里根据统计法推导出凝胶点时反应程度的表达式。推导时引入支化系数 α,其定义是大分子链末端支化单元上某一基团产生另一支化单元的概率,只有多官能团单体才是支化单元。

1. 简单情况分析

3-3 体系 $\qquad\qquad\qquad\qquad p_c = 1/2$

4-4 体系 $\qquad\qquad\qquad\qquad \alpha_c = p_c = 1/3$

对于 A、B 基团数相等的体系,产生凝胶的临界化支化系数 α_c 普遍关系为

$$\alpha_c = \frac{1}{f - 1}$$

对于 3-2 体系

$$p_c = (\alpha_c)^{1/2} = 0.707$$

2. 普遍情况分析

体形缩聚通常采用两种 2-官能度单体(A-A,B-B),另加多官能度单体 $A_f (f > 2)$

$$(p_A)_c = \frac{1}{[r + r\rho(f-2)]^{1/2}}$$

式中: ρ 为支化单元(A_f)中 A 基团数占混合物中 A 总数的分数。

两基团数相等,即 $r=1$,并且 $p_A = p_B = p$,则

$$p_c = \frac{1}{[r + \rho(f-2)]^{1/2}}$$

无 A-A 分子($\rho=1$),但 $r<1$,则

$$p_c = \frac{1}{[r + r(f-2)]^{1/2}}$$

对于 2-A_f 体系,即无 A-A($\rho=1$),而且 $r=1$,则

$$p_c = \frac{1}{(f-1)^{1/2}}$$

2.7.3　凝胶点的测定方法

多官能团体系缩聚至某一反应程度,黏度急增,难以流动,气泡也无法上升,这时的临界反应程度就定为凝胶点。卡罗瑟斯理论估算偏高,而弗洛里统计法偏低。

2.8　缩聚和逐步聚合的实施方法

2.8.1　缩聚和逐步聚合热力学和动力学的特征

平衡常数对温度的变化率可用下式表示:

$$\frac{\mathrm{d}\ln K}{\mathrm{d}T} = \frac{\Delta H}{RT^2}$$

2.8.2　逐步聚合实施方法

(1)熔融聚合:在单体和聚合物熔点以上进行的聚合,相当于本体聚合,只有单体和少量催化剂,产物纯净。

(2)溶液聚合:单体加催化剂在适当的溶剂(包括水)中进行的聚合。所用的单体一般活性较高,聚合温度可以较低,副反应也较少。

(3)界面缩聚:将两种单体分别溶于水和有机溶剂中,在界面处进行聚合,界面缩聚限用活性高的单体,室温下就能聚合。

(4)固相缩聚:在玻璃化转变温度以上、熔点以下的固态所进行的缩聚。

2.9　重要聚合物和其他逐步聚合物

从单体到聚合物制品,多分成两个阶段进行:第一阶段是树脂合成阶段,先聚合成低相对分子质量(300~5000)线形或支链形预聚物,处在可溶可熔可塑化状态;第二阶

段是成型阶段,预聚物中活性基团进一步交联固化成不溶不熔物,这类聚合物称为热固性聚合物。

预聚物可分为无规预聚物和结构预聚物两类。

2.10　聚　　酯

聚酯有许多品种。涤纶聚酯是最主要的品种,属于半芳族聚酯。它有两种合成方法:高纯对苯二甲酸可与乙二醇直接酯化;也可以先与甲醇进行甲酯化,而后缩聚。两种方法的后期都需要在高温、高度减压条件下脱除乙二醇,以提高反应程度,保证聚合度。

脂族聚酯主要用作聚氨酯的预聚物和生物可降解产品。全芳族聚酯属于高性能聚合物,有些是溶致性液晶高分子。不饱和聚酯是由马来酸酐、邻苯二甲酸酐、二元醇共聚而成的结构预聚物,再加苯乙烯稀释,即成树脂商品,进一步用来制备增强塑料。醇酸树脂由甘油、邻苯二甲酸酐、干性油缩聚而成,属于无规预聚物,主要用作溶剂型涂料。

2.11　聚 碳 酸 酯

工业上常用的双酚 A 聚碳酸酯有两种合成方法:一种是酯交换法,由双酚 A 与碳酸二苯酯经酯交换反应而成,原理与涤纶聚酯的合成相似;另一种是界面缩聚法,由双酚 A 钠盐水溶液与光气的二氯甲烷溶液在两相界面上反应而成,三级胺作催化剂和氯化氢吸收剂,少量苯酚用作封端剂,控制相对分子质量。

2.12　聚　酰　胺

聚酰胺品种很多。其中聚酰胺-66 产量最大,以己二胺和己二酸为单体,先中和成66 盐,而后缩聚而成。缩聚后期,也需要减压脱水,只是比合成涤纶聚酯时的要求低。聚酰胺-6 由己内酰胺开环聚合而成,纤维用品以水和酸作引发剂,模内浇铸尼龙则以碱金属作引发剂。芳族聚酰胺是高性能聚合物,有些是溶致性液晶高分子,合成条件比较苛刻。

2.13　聚酰亚胺和高性能聚合物

在特殊场合下应用的耐高温聚合物可称为高性能聚合物,包括聚酰亚胺类、聚苯并咪唑类以及一些梯形聚合物,这类聚合物主链中往往兼有芳杂环和酰胺类极性基团,增加了刚性和分子间力。一般需要 4-官能度单体。聚合分成两个阶段:先预聚,使其中2-官能团缩聚成可溶的线-环预聚物,经成型,再使残留官能团反应,交联固化。

2.14　聚　氨　酯

聚氨酯是氨基甲酸的酯类,通常由二异氰酸酯和二(或多)元醇来合成,是聚加成反应的代表,属于逐步聚合,但反应迅速。二异氰酸酯和二元胺反应,则生成聚脲,可制弹性纤维。

2.15　环 氧 树 脂

环氧树脂由环氧氯丙烷和双酚 A 来合成,属于结构预聚物,分子链中含有环氧端基和侧羟基,可用伯胺室温交联固化,用叔胺催化中温固化,或用酸酐高温固化。环氧树脂主要用作胶黏剂和制备增强塑料。

2.16　聚　苯　醚

聚苯醚由 2,6-二甲基苯酚经氧化偶合而成,三级胺类作催化剂。聚苯醚可在 190℃长期使用,通常与聚苯乙烯类共混,用作工程塑料。

2.17　聚　芳　砜

聚芳砜由双酚 A 和二氯二苯砜经傅-克缩聚反应而成,$T_g = 190℃$,含砜基团(—SO_2—),耐氧化,属于优良的工程塑料。合成聚砜和聚碳酸酯用的双酚 A 纯度要求高,不应含有单酚和三酚。

2.18　聚 苯 硫 醚

商业上多由 p-二氯苯与硫化钠经武兹(Wurtz)反应来合成聚苯硫醚,反应属离子聚合,但具有逐步聚合特性。聚苯硫醚属于结晶性聚合物,$T_g = 85℃$,$T_m = 285℃$,耐溶剂,可在 220℃长期使用。

2.19　酚 醛 树 脂

碱、酸两类催化剂均可使苯酚和甲醛加成缩聚,相应有两类预聚物,但反应机理有些差别。碱催化时,酚和醛的物质的量比约为 6∶7,醛量较多,足可以交联。先形成系列酚醛的无规预聚物,即酚醛树脂,控制在凝胶点前某一反应程度,即 A 阶段或 B 阶段,加酸中和,防止交联。而后用作胶黏剂和层压制品,加热后再交联固化,即成 C 阶段。

酸催化的酚醛树脂是热塑性结构预聚物,即线形酚醛树脂,酚和醛的物质的量比约为 6：5,酚过量,醛较少,不足以交联,树脂合成阶段不至于固化。树脂与木粉填料、六亚甲基四胺等混合,用来制备模塑粉,再热压成型。

2.20 氨 基 树 脂

氨基树脂主要有脲醛树脂和三聚氰胺树脂两种,由尿素或三聚氰胺与甲醛加成缩合而成,聚合宜在微碱性条件下进行,以防交联。氨基树脂可用作胶黏剂,制备浅色塑料制品。

典型例题

例 2-1 讨论下列缩聚反应环化的可能性($m=2\sim10$)。

(1) $H_2N(CH_2)_mCOOH$

(2) $HO(CH_2)_2OH+HOOC(CH_2)_mCOOH$

解 (1) $m=2$ 时,β-氨基酸易脱氨。

$m=3$、4 时,易成稳定的五、六元环,其余主要进行线形缩聚。

(2) $m=2$、3 时,一元酸在一定条件下可脱羧成五、六元酸酐,其余主要进行线形缩聚。

单体成的环越稳定,则单体越易环化,而不利于线形缩聚。反之,成的环越不稳定,则不易成环,主要进行线形缩聚。

影响线形缩聚聚合物的相对分子质量的因素:反应程度、速率常数、单体的官能团的配比等。

例 2-2 写出合成下列聚合物的聚合反应简式。

(1) 合成天然橡胶   (2) 聚 3,3-二氯甲基丁氧环   (3) 聚甲基丙烯酸甲酯

(4) 聚二甲基硅氧烷   (5) 聚甲苯基-2,4-二氨基甲酸丁二醇酯

解 (1) $n CH_2{=}CH{-}\underset{CH_3}{C}{=}CH_2 \longrightarrow {\left[CH_2{-}CH{-}\underset{CH_3}{C}{=}CH\right]}_n$

(2) $n O \underset{\substack{CH_2 \\ \\ CH_2}}{\overset{\substack{CH_2 \\ \\ }}{\diagup}} C \underset{\substack{CH_2Cl}}{\overset{\substack{CH_2Cl}}{\diagdown}} \longrightarrow {\left[O{-}CH_2{-}\underset{CH_2Cl}{\overset{CH_2Cl}{C}}{-}CH_2\right]}_n$

(3) $n CH_2{=}\underset{COOCH_3}{\overset{CH_3}{C}} \longrightarrow {\left[CH_2{-}\underset{COOCH_3}{\overset{CH_3}{C}}\right]}_n$

$$(4)\ n\mathrm{HO-\underset{CH_3}{\overset{CH_3}{Si}}-OH} \longrightarrow \mathrm{H}\!\!-\!\!\left[\mathrm{O-\underset{CH_3}{\overset{CH_3}{Si}}}\right]_{\!n}\!\!\mathrm{OH} + (n-1)\mathrm{H_2O}$$

(5) $n\mathrm{HO(CH_2)_4OH} + (n+1)\,\mathrm{O=C=N-}$ $\longrightarrow$

例 2-3　写出下列各反应的平均官能度,各反应将得到什么类型的聚合物?

(1) $\mathrm{HOCH_2CH_2OH + CH_3COOH} \longrightarrow$

(2) $\mathrm{HOCH_2CH_2COOH} \longrightarrow$

(3) $\mathrm{OH} + 3\mathrm{H-\overset{O}{\overset{\|}{C}}-H} \xrightarrow[\triangle]{碱}$

(4) $2\mathrm{HOCH_2CH(OH)CH_2OH} + 3$ $\longrightarrow$

(5) $\mathrm{HOCH_2CH(OH)CH_2OH + CH_3COOH} \longrightarrow$

解　当两反应物等物质的量时,平均官能度 $\bar{f} = \dfrac{\sum N_i f_i}{\sum N_i}$,式中:$f_i$ 为 i 官能团的官能度,N_i 为含 i 官能团的分子数;当 $\bar{f} \geqslant 2$ 时生成高聚物,当 $\bar{f} < 2$ 时生成小分子。非等物质的量时,有 $\bar{f} = \dfrac{2(N_A f_A + N_C f_C)}{N_A + N_B + N_C}$。

(1) $\bar{f} = \dfrac{1 \times 2}{1+1} = 1$,生成小分子酯。

(2) $\bar{f} = 2$,生成线形聚酯。

(3) $\bar{f} = \dfrac{3 \times 2}{1+3} = 1.5$,生成小分子(为酚醛树脂的预聚物)。

(4) $\bar{f} = \dfrac{3 \times 2 + 2 \times 3}{2+3} = 2.4$,生成体形高分子。

(5) $\bar{f} = \dfrac{1 \times 2}{1+1} = 1$,生成小分子酯。

例 2-4　氨基庚酸在间甲酚溶液中经缩聚合成聚酰胺。

（1）写出合成聚酰胺的化学反应方程式。

（2）欲得数均相对分子质量为 4240 的聚酰胺，其反应程度 p 是多少？

解　（1）合成聚酰胺的化学反应方程：

$$n\mathrm{H_2N(CH_2)_6COOH} \Longleftrightarrow \mathrm{H} \overset{\displaystyle \overset{H}{\underset{|}{}}}{\underset{}{\mathrm{N(CH_2)_6}}} \overset{\displaystyle \overset{O}{\underset{\|}{}}}{\underset{}{\mathrm{C}}} \overset{}{\Big]}_n \mathrm{OH} + (n-1)\mathrm{H_2O}$$

（2）计算反应程度。

根据 $\overline{X}_\mathrm{n} = \dfrac{1}{1-p}$，$\overline{M}_\mathrm{n} = \overline{X}_\mathrm{n} M_0 +$ 端基相对分子质量，以及 $M_0 = 127$，计算得

$$\overline{X}_\mathrm{n} = \frac{\overline{M}_\mathrm{n} - 端基相对分子质量}{M_0} = \frac{4240 - 18}{127} = 33.2$$

$$33.2 = \frac{1}{1-p}$$

$$p = 0.970$$

例 2-5　以 aRb 型单体进行均聚合为例，通过计算定量地说明不可用单体转化率描述缩聚反应进程，只能用反应程度来描述缩聚反应进程（缩聚相对分子质量服从弗洛里分布）。

解　设 aRb 型单体起始官能团 b 为 $N_0\mathrm{mol}$，至反应程度达到 p 时，残留官能团 b 为 $N\mathrm{mol}$，根据弗洛里分布，x 聚体的分子数 N_x 为

$$N_x = N p^{x-1}(1-p)$$

根据反应程度的定义有

$$N = N_0(1-p)$$

所以

$$N_x = N_0 p^{x-1}(1-p)^2$$

当 $x=1$ 时，$p=0$，$N_1 = N_0$，N_1 即为单体分子数。

当 $x=1$ 时，有 $N_x = N_1 = N_0(1-p)^2$。

根据转化率 C 的定义有

$$C = \frac{N_0 - N_1}{N_0} = 1 - \frac{N_1}{N_0} = 1 - (1-p)^2$$

aRb 型单体两官能团为等物质的量，所以

$$\overline{X}_\mathrm{n} = \frac{1}{1-p}$$

$$C = 1 - (1-p)^2 = 1 - \left(\frac{1}{\overline{X}_\mathrm{n}}\right)^2$$

由此可对 p 进行赋值，得到反应程度、转化率以及数均聚合度之间的关系（表 2-1）。

表 2-1　反应程度、转化率以及数均聚合度

反应程度	转化率/%	数均聚合度	反应程度	转化率/%	数均聚合度
0.500	75	2.0	0.995	100	200
0.800	96	5.0	0.998	100	500
0.900	99	10	1.00	100	∞
0.990	99.99	100			

从表 2-1 中数据可以看出，对于一个缩聚反应，在反应初期，单体很快消耗，转化率急剧上升，而此时，所得聚合物的相对分子质量却很低。例如，单体转化率为75%时，有 50%的官能团发生了反应，所得缩聚物聚合度仅为 2，即单体仅转化为二聚物。继续反应，单体转化率达 99%时，所得聚合物聚合度也只不过为 10，只有在转化率达到100%时，才能达到较高的相对分子质量。这样，单体的转化率在聚合中后期都很高，几乎不变，而此时只有反应程度与数均聚合度有对应关系，即在不同的反应程度下具有不同的聚合度，聚合度随反应程度增加而增加。因此，不能用与单体的消耗相关的参量——转化率描述缩聚反应进程，只能用官能团消耗相关的参量——反应程度来描述缩聚反应进程。

例 2-6　设羟基酸型单体的缩聚物的相对分子质量分布服从弗洛里分布，求当产物的数均聚合度为 15 时，体系中残留单体分子数占起始单体数的百分数。

解　设起始官能团—COOH 分子数为 N_0，则起始单体分子数也为 N_0，设反应到 t 时刻，残余—COOH 分子数为 N，则此时体系中分子数也为 N，体系缩聚物服从弗洛里分布，则 t 时刻 x 聚体的分子数 N_x：

$$N_x = Np^{x-1}(1-p)$$

当 $x=1$（未反应）时

$$N_1 = Np^0(1-p) = N(1-p)$$

所以 t 时刻残余单体分子数占起始单体分子数为

$$\frac{N_1}{N_0} = \frac{N(1-p)}{N_0}$$

$$N = N_0(1-p)$$

$$\frac{N_1}{N_0} = \frac{N_0}{N_0}(1-p)^2 = (1-p)^2 = \left(\frac{1}{\overline{X}_n}\right)^2 = \left(\frac{1}{15}\right)^2 = 0.44\%$$

例 2-7　反应程度为 99.5%时，为获得相对分子质量为 15 000 的尼龙-66，己二胺与己二酸起始比例应该为多少？这样的聚合物分子链端是什么基团？

解　聚酰胺的聚合度为 $\overline{X}_n = 15\,000/113 = 132.74$。

已知 $p=0.995$，根据 p 与非等物质的量共同控制 $\overline{X}_n$ 时，有

$$\overline{X}_n = \frac{1+r}{1+r-2rp}$$

求得 $r=0.995$。

若己二酸过量,则己二酸与己二胺物质的量投料比为 $1:0.995$。

又由于 $p=0.995$,$r=0.995(N_b>N_a)$,则

端氨基数 $=N_a(1-p)=N_b r(1-p)$

端羧基数 $=N_b-N_a p=N_b-N_b rp=N_b(1-rp)$

端氨基数/端羧基数 $=N_b r(1-p)/N_b(1-rp)=1/2$,则聚合物分子链端为羧基;

若己二胺过量,则同理可得端氨基数:端羧基数 $=2:1$,则聚合物分子链端为氨基。

例 2-8 生产尼龙-66,想获得数均相对分子质量为 13 500 的产品,采用己二酸过量的办法,若使反应程度 p 达到 0.994,试求己二胺和己二酸的配料比。

解 当己二酸过量时,尼龙-66 的分子结构为

$$HO \overbrace{}\!\!\left[CO(CH_2)_4CONH(CH_2)_6NH \right]_{\overline{n}} CO(CH_2)_4COOH$$

$$|\cdots 112 \cdots|\cdots 114 \cdots|$$

结构单元的平均相对分子质量

$$M_0=\frac{112+114}{2}=113$$

$$\overline{X}_n=\frac{13\,500-146}{113}=118$$

当反应程度 $p=0.994$ 时,求 r 值:

$$\overline{X}_n=\frac{1+r}{1+r-2rp}$$

$$118=\frac{1+r}{1+r-2\times0.994r}$$

可求得己二胺和己二酸的配料比 $r=0.995$。

例 2-9 聚酰胺-66 生产中,加入己二胺 1160kg,己二酸 1467.3kg。

(1) 写出有关的聚合反应方程式。

(2) 若反应程度 $p=1$ 时,计算聚酰胺-66 数均相对分子质量 $\overline{M}_n$。

解 (1)

$$nH_2N(CH_2)_6NH_2+(n-1)HOOC(CH_2)_4COOH \longrightarrow$$

$$HOOC(CH_2)_4 \overset{\overset{\displaystyle O}{\|}}{C}\!\!\left[\overset{\overset{\displaystyle H}{|}}{N}\!-\!(CH_2)_6\!-\!\overset{\overset{\displaystyle H}{|}}{N}\!-\!\overset{\overset{\displaystyle O}{\|}}{C}\!-\!(CH_2)_4\!-\!\overset{\overset{\displaystyle O}{\|}}{C} \right]_{\overline{n}} OH+2nH_2O$$

己二胺的相对分子质量为 116,己二酸的相对分子质量为 146,则有

己二胺的物质的量 $=\dfrac{1160}{116}=10.0(mol)$

己二酸的物质的量 $=\dfrac{1467.3}{146}=10.05(mol)$

官能团物质的量之比为

$$r=\frac{n_a}{n_b}=\frac{10.0}{10.05}=0.995$$

（2）当反应程度 $p=1$ 时，有

$$\overline{X}_n=\frac{1+r}{1-r}=\frac{1+0.995}{1-0.995}=399$$

$$\overline{M}_n=\overline{X}_n \cdot \overline{M}+端基相对分子质量=399\times133+146=45\ 233$$

例 2-10　在进行对苯二甲酸（$N_a$mol）和乙二醇（$N_b$mol）的聚合中，$N_a=1.00$，$N_b=1.02$ 时，当转化率达 0.99 时，产物的数均聚合度是多少？

解
$$r=\frac{N_a}{N_b}=\frac{1.00}{1.02}=0.9804$$

$$\overline{X}_n=\frac{1+r}{1+r-2pr}=\frac{1+\dfrac{1.00}{1.02}}{1+\dfrac{1.00}{1.02}-2\times\dfrac{1.00}{1.02}\times0.99}=50.5$$

例 2-11　1mol 对苯二甲酸和 1mol 乙二醇进行缩聚反应，对苯二甲酸中含有 0.1%（摩尔分数）的苯甲酸。试用两种方法分别计算反应程度为 0.95 和 1 时所得聚酯的聚合度。

解　苯甲酸的羧基占羧基总数的摩尔分数

$$q=\frac{0.001}{2+0.001}=\frac{0.001}{2.001}$$

单体的平均官能度

$$\overline{f}=\frac{2\times2}{2.001}=\frac{4}{2.001}$$

当 $p=0.95$ 时

$$\overline{X}_n=\frac{2+0.001}{2\times(1-0.95)+0.001}=\frac{2.001}{0.001}=19.8$$

当 $p=1$ 时

$$\overline{X}_n=\frac{1}{q}=\frac{2.001}{0.001}=2001$$

例 2-12　从对苯二甲酸（1mol）和乙二醇（1mol）聚酯化反应体系中，共分离出水 18g，求产物的平均相对分子质量和反应程度（设平衡常数 $K=4$）。

解　设分离出 18g 水后，反应达到平衡的反应程度为 p。

$$\sim COOH+\sim OH\underset{k_{-1}}{\overset{k_1}{\rightleftharpoons}}\sim OCO\sim+H_2O$$

起始官能团数　　　　　N_0　　　　　N_0　　　　　0　　　　　0
t 时刻官能团数　　$N_0(1-p)$　$N_0(1-p)$　　pN_0　　　n_w
　　　　残留水分子数＝生成的水分子数－排出的水分子数

$$n_w = N_0 p - \frac{m_{水}}{18}$$

$$n_w = \frac{N_w}{N_0} = p - \frac{m_{水}}{18N_0} = p - \frac{18}{18 \times 2} = p - 0.5$$

根据

$$\overline{X}_n = \sqrt{\frac{K}{pn_w}} \quad 和 \quad \overline{X}_n = \frac{1}{1-p}$$

可得

$$\sqrt{\frac{K}{pn_w}} = \frac{1}{1-p}$$

代入数据解得

$$p = 0.771 \quad \overline{X}_n = 4.4$$
$$数均相对分子质量 \overline{M}_n = 422.4$$

例 2-13　等物质的量的乙二醇和对苯二甲酸于 280℃ 下进行缩聚,其平衡常数 $K = 4.9$。当反应在密闭体系中进行,即不除去副产物水,其反应程度和聚合度最高可达到多少? 若要获得数均聚合度为 20 的聚合物,体系中的含水量必须控制在多少?

解　根据 $\overline{X}_n = 1 + \sqrt{K}$,得

$$\overline{X}_n = 1 + \sqrt{4.9} = 3.21$$

此时

$$p = 1 - \frac{1}{\overline{X}_n} = 0.6888$$

当 $\overline{X}_n = 20$ 时

$$p = 1 - \frac{1}{20} = 0.95$$

根据 $\overline{X}_n = \sqrt{\frac{K}{pn_w}}$,有 $20 = \sqrt{\frac{4.9}{0.95 n_w}}$,则

$$n_w = 0.0129$$

例 2-14　邻苯二甲酸酐与季戊四醇官能团等物质的量缩聚,分别按卡罗瑟斯和弗洛里统计公式计算凝胶点 p_c。

解　(1) 按卡罗瑟斯方程求凝胶点 p_c:

$$\overline{f} = \frac{2 \times 2 + 4 \times 1}{2 + 1} = 2.67$$

$$p_c = \frac{2}{\overline{f}} = \frac{2}{2.67} = 0.75$$

(2) 按弗洛里统计公式求凝胶点 p_c。

因无 A_{f_A} 且邻苯二甲酸酐与季戊四醇官能团等物质的量缩聚,则有

$$r=\frac{n_A f_A + n_C f_C}{n_B f_B}=1$$

$$\rho=\frac{n_C f_C}{n_C f_C + n_A f_A}$$

$$p_c=\frac{1}{(4-1)^{1/2}}=0.577$$

例 2-15　欲用等物质的量的乙二胺使环氧值为 0.2 的 1000g 环氧树脂固化,请预测凝胶点,并计算乙二胺的用量。

解　已知环氧树脂的官能度为 2,乙二胺的官能度为 4。所以,当用乙二胺等物质的量固化时,环氧树脂与乙二胺物质的量比为 2：1。

(1) 按卡罗瑟斯法,平均官能度

$$\bar{f}=\frac{2\times 2+1\times 4}{2+1}=\frac{8}{3}$$

于是在凝胶点时

$$p_c=\frac{2}{\bar{f}}=\frac{3}{4}=0.75$$

(2) 按统计方法

$$p_c=\frac{1}{(f-1)^{1/2}}=\frac{1}{(4-1)^{1/2}}=0.58$$

通常,按卡罗瑟斯法预测凝胶点时,计算值高于实验值;而按统计方法时,计算值又低于实验值。因此,当固化出现凝胶点时,反应程度应为 0.58～0.75。

乙二胺的用量 $m=\dfrac{M}{4}\times E\times\dfrac{1000}{100}=\dfrac{60}{4}\times 0.2\times\dfrac{1000}{100}=30(g)$

例 2-16　邻苯二甲酸、乙二醇、丙三醇三种原料进行缩聚反应,三种原料配料时物质的量比为:邻苯二甲酸：乙二醇：丙三醇＝1：0.625：0.25。求该体系支化系数 $\alpha=0.35$ 时的反应程度 p,此时是否达到凝胶点? 若未达到时,计算缩聚产物的数均聚合度。

解　丙三醇的羟基占总羟基数的过量分率

$$\rho=\frac{0.25\times 3}{0.625\times 2+0.25\times 3}=0.375$$

物质的量系数

$$r=\frac{0.625\times 2+0.25\times 3}{1\times 2}=1$$

此时将 $\rho=0.375$,$\alpha=0.35$ 代入 $\alpha=\dfrac{p^2\rho}{1-p^2(1-\rho)}$,得反应程度 $p=0.768$。

在凝胶化时

$$p_c=\frac{1}{[1+\rho(f-2)]^{1/2}}=\frac{1}{[1+0.375\times(3-2)]^{1/2}}=0.853$$

因为 $p < p_c$,所以未达到凝胶点。

将平均官能度 $\bar{f} = \dfrac{1 \times 2 + 0.625 \times 2 + 0.25 \times 3}{1 + 0.625 + 0.25} = 2.13$,$p = 0.768$ 代入卡罗瑟斯公式 $p_c = \dfrac{2}{\bar{f}}\left(1 - \dfrac{1}{\bar{X}_n}\right)$,得数均聚合度 $\bar{X}_n = 5.5$。

例 2-17 判断下列体系能否交联(表 2-2)。

表 2-2　相关实验数据

	原料名称	官能度	原料物质的量/mol	官能团数/mol
	邻苯二甲酸酐	2	1.5	3.0
体系 1	甘油	3	0.99	2.97
	乙二醇	2	0.002	0.004
	丙二酸	3	2	6
体系 2	对苯二甲酸	2	4	8
	乙二醇	2	10	20

解　体系 1:因为 $(2.97 + 0.004) < 3.0$,所以

$$\bar{f} = \frac{2 \times (2.97 + 0.004)}{1.5 + 0.99 + 0.002} \approx 2.386$$

因为 $\bar{f} > 2$,所以该体系能发生交联。

凝胶点:

$$p_c = \frac{2}{\bar{f}} \approx \frac{2}{2.386} \approx 0.838$$

体系 2:因为 $(6 + 8) < 20$,所以

$$\bar{f} = \frac{2 \times (6 + 8)}{16} = 1.75 < 2$$

该体系不能发生交联。

$$\bar{X}_n = \frac{2}{2 - p\bar{f}}$$

$p \to 1$ 时

$$\bar{X}_n = \frac{2}{2 - 1.75} = 8$$

例 2-18　羟基酸 $HO + (CH_2)_4 COOH$ 进行线形缩聚,测得产物的重均相对分子质量为 18 400,试计算:(1)羟基已酯化的百分数;(2)数均相对分子质量;(3)结构单元数 $\bar{X}_n$。

解　(1) 因为 $\bar{X}_w = \dfrac{\bar{M}_w}{M_0} = \dfrac{18\,400}{100} = 184$,$\bar{X}_w = \dfrac{1 + p}{1 - p}$,所以

$$p = \frac{\bar{X}_w - 1}{\bar{X}_w + 1} = \frac{184 - 1}{184 + 1} = 0.989$$

羟基已酯化的百分数为 98.9%。

(2) 因为 $\dfrac{\overline{M}_w}{\overline{M}_n}=1+p$，所以

$$\overline{M}_n=\frac{\overline{M}_w}{1+p}=\frac{18\ 400}{1+0.989}=9251$$

(3) $\overline{X}_n=\dfrac{\overline{M}_n}{M_0}=\dfrac{9251}{100}=92.51$

例 2-19 等物质的量的二元酸和二元醇经外加酸催化缩聚，试推导 p 从 $0.98\sim$ 0.99 所需的时间与从开始到 $p=0.98$ 所需的时间相近。

解 等物质的量的二元酸和二元醇，经外加酸催化的聚酯化反应中

$$\overline{X}_n=\frac{1}{1-p}$$

$$\overline{X}_n=k'n_0t+1$$

$p=0.98$ 时，$\overline{X}_n=50$，所需反应时间为

$$t_1=\frac{49}{k'n_0}$$

$p=0.99$ 时，$\overline{X}_n=100$，所需反应时间为

$$t_2=\frac{99}{k'n_0}$$

$$t_1-t_0=\frac{49}{k'n_0}$$

$$t_2-t_1=\frac{50}{k'n_0}$$

因此，$t_1-t_0\approx t_2-t_1$，故 p 从 $0.98\sim0.99$ 所需时间与从开始至 $p=0.98$ 所需的时间相近。

测试题

一、名词解释

1. 线形缩聚　　　　　　2. 体形缩聚　　　　　　3. 官能度

4. 平均官能度　　　　　5. 基团数比　　　　　　6. 过量分率

7. 反应程度与转化率　　8. 凝胶化现象和凝胶点　9. 预聚物

10. 无规预聚物　　　　　11. 结构预聚物　　　　　12. 热塑性塑料

13. 热固性塑料　　　　　14. 熔融缩聚　　　　　　15. 溶液缩聚

16. 界面缩聚

二、填空题

1. 按热力学特征，缩聚反应可分为（　　）和（　　）两大类；而按参加反应的单体可分为（　　）、（　　）、（　　）三大类。

2. 线形缩聚的主要实施方法有（　　）、（　　）、（　　）和（　　）。

3. 体形缩聚的预聚物可分为（　　　）和（　　　）两类,属于前者的例子有（　　　）、（　　　）和（　　　）,属于后者的例子（　　　）、（　　　）、（　　　）。

4. 尼龙-610 是由（　　　）和（　　　）缩聚而成的,"6"代表（　　　）;"10"代表（　　　）。其反应机理是（　　　）,属（　　　）（A. 体形缩聚;B. 线形缩聚）。如果官能团浓度 $[COOH] = [NH_2] = 2mol/L$,另加入 $CH_3COOH\ 0.01mol/L$,总体积为 1L,则过量分率 $q = （　　　）$,基团数比 $r = （　　　）$。

5. 具有可溶可熔性的树脂称为（　　　）;而不溶不熔的称为（　　　）树脂。

6. 线形缩聚控制相对分子质量方法是（　　　）和（　　　）。

7. 双酚 A 和光气缩聚反应得到的聚合物称为（　　　）,该反应的聚合机理是（　　　）,所采用的聚合方法是（　　　）。

8. 与线形缩聚相比,体形缩聚的特点是:单体的平均官能度大于（　　　）。最终产物的结构是（　　　）,溶解、熔融性能为（　　　）。

9. 可逆平衡缩聚反应,反应后期应在（　　　）下进行,这是为了（　　　）。

10. 卡罗瑟斯凝胶点高于实际凝胶点,是因为（　　　）,而弗洛里凝胶点低于实际凝胶点是因为（　　　）。

11. 对于可逆平衡缩聚反应,在生产工艺上,到反应后期往往要在（　　　）（A. 常压;B. 高真空;C. 加压）下进行,目的是为了（　　　）和（　　　）。

12. 等物质的量的二元醇和二元酸在一定温度下,于封管中进行均相聚合,已知该温度下的平衡常数为 4,在此条件下的最大反应程度 $p = （　　　）$,最大聚合度 $\bar{X}_n = （　　　）$。

13. 乙二胺与二元酸发生缩聚反应时,官能度为（　　　）;乙二胺与环氧树脂反应时,官能度为（　　　）。

14. 尼龙-66 是（　　　）和（　　　）通过缩聚制备的,制备是先合成 66 盐,是为了（　　　）。反应中加入了乙酸是为了（　　　）。

15. 合成聚碳酸酯时所采用的方法有（　　　）和（　　　）,如在反应体系中有吡啶,其作用有（　　　）和（　　　）。

16. 在缩聚反应中聚合反应的聚合度稳步上升,延长聚合反应时间的主要目的在于提高（　　　）,而不是提高（　　　）。

三、简答题

1. 连锁聚合与逐步聚合的三个主要区别是什么?

2. 从时间-转化率、相对分子质量-转化率关系讨论连锁聚合与逐步聚合间的相互关系与差别。

3. 如何用实验测定一未知单体的聚合反应是以逐步聚合还是以连锁聚合机理进行的?

4. 举例说明连锁聚合与加聚反应、逐步聚合与缩聚反应间的关系与区别。

5. 要控制线形缩聚反应的相对分子质量,可以采取什么措施?

6. 聚酯化反应制备线形缩聚物,什么情况下是二级反应? 什么情况下是三级反应? 工业生产中属于几级反应?

7. 归纳体形缩聚反应的特点及必要而充分的条件；比较 p_c、p_{cf}、p_s 三种凝胶点的大小并解释原因。

8. 与线形缩聚反应相比，体形缩聚反应有哪些特点？

9. 举四五例说明线形聚合物和体形聚合物在构象和性能方面的特点。

10. 工业上为制备高相对分子质量的涤纶和尼龙-66 常采用什么措施？

11. 解释下列现象：

（1）聚丙烯酰胺在碱性溶液中水解速率逐渐减小。

（2）聚丙烯酰胺在酸性溶液中水解速率逐渐增加。

12. 不饱和聚酯树脂的主要原料为乙二醇、马来酸酐和邻苯二甲酸酐。试说明三种原料各起什么作用。它们之间比例调整的原理是什么？用苯乙烯固化的原理是什么？如考虑室温固化时可选用何种固化体系？

四、计算题

1. 甲基二氯硅烷为单体、三甲基氯硅烷为相对分子质量封锁剂制备聚二甲基硅氧烷树脂，写出有关化学反应方程式。欲合成 100g 相对分子质量为 10 000 的聚二甲基硅氧烷，试计算需要多少克 $(CH_3)_3SiCl(M=108.6)$ 和 $(CH_3)_2SiCl_2(M'=129.1)$。

2. 工业上为了合成具有一定相对分子质量的尼龙-1010，一般先将癸二胺 $(M_1=172)$ 和癸二酸 $(M_2=202)$ 制备成"1010 盐"，然后再进行缩聚。现已知该 1010 盐为中性，因此另加 1.0% (以单体物质的量总数计) 的苯甲酸 $(M'=122)$ 作为官能团封锁剂控制尼龙-1010 的相对分子质量，若反应程度 $p=0.998$，请写出合成尼龙-1010 有关的聚合反应方程式并计算该尼龙-1010 的数均相对分子质量 $\overline{M}_n$。

3. 某一耐热性芳族聚酰胺其数均相对分子质量为 24 116。聚合物经水解后，得 39.31% (质量分数) 对苯二胺、59.81% (质量分数) 对苯二甲酸、0.88% (质量分数) 苯甲酸。试写出聚合物结构式和其水解反应式，计算聚合物的数均相对分子质量 $\overline{M}_n$。

4. 已知一缩聚反应体系，相关实验数据如表 2-3 所示。

表 2-3　相关实验数据

编号	单体	官能度	单体物质的量/mol
A	$H_2N(CH_2)_6NH_2$	2	1
B	$HOOC(CH_2)_4COOH$	2	0.99
C	$CH_3(CH_2)_4COOH$	1	0.01

试采用平均官能度 $(\bar{f})$ 和过量分率 (q) 两种方法求 $p=0.99$ 时的数均聚合度。

5. 试用弗洛里分布函数计算单体、二聚体及四聚体在反应程度为 0.5 及 1 时的理论百分含量。

6. 由己二胺与己二酸合成尼龙-66，如尼龙-66 的相对分子质量为 19 000，反应程度 $p=1$，试计算原料比，并写出合成反应方程式。

7. 以等物质的量的己二酸和己二胺合成尼龙-66 时，常加入单官能团化合物乙酸封端,以控制相对分子质量,则乙酸与己二酸(或己二胺)加料分子比例为多大时,能使聚酰胺相对分子质量为 11 318,反应程度为 99.5%?

8. 己二酸和己二胺在最佳条件下进行缩聚反应,试进行计算以判断下列相对分子质量或数均聚合度的聚合物能否生成,并写出反应程度为 1 时的聚合物分子式(用数均聚合度表示聚合度)。(己二酸相对分子质量 146,己二胺相对分子质量为 116)

(1) 5mol/L 的己二酸与 5.1mol/L 的己二胺反应能否生成数均相对分子质量为 30 000 的聚酰胺?

(2) 2mol/L 的己二酸、2mol/L 的己二胺和 0.02mol/L 的苯甲酸能否生成数均聚合度为 150 的聚酰胺?

9. 用 145g(1mol)α,ω-氨基庚酸合成尼龙-7 时,加入 0.01mol 的乙酸作为端基封锁剂,求尼龙-7 的最大数均聚合度。

10. 1mol 己二酸与 1.01mol 己二胺进行聚合反应,试用两种方法分别计算反应程度为 0.99 和 1 时所得聚酰胺的理论聚合度。

11. 某一耐热性芳族聚酰胺的数均相对分子质量为 23 922,聚合物经水解后,得 38.91%(质量分数)对苯二胺、59.81% 对苯二甲酸、0.22% 苯甲酸。试写出分子式,计算聚合度和反应程度。如果苯甲酸加倍,试计算相同反应程度的聚合度。

12. 用 2mol/L 羟基酸(HORCOOH)为原料进行缩聚反应,另外加乙酸 0.02mol/L,试求过量分率 q、物质的量系数 r,如果反应进行到 $p=0.99$ 时,所得聚合物的聚合度是多少?

13. 在 40mol HO—R—COOH 单体的聚合反应中,加入 0.3mol 苯甲酸为端基封锁剂,求 $p=0.95$ 时的聚合度。

14. 已知某一聚合条件下,由羟基戊酸经缩聚形成的聚羟基戊酸酯的重均相对分子质量为 18 400,试计算:

(1) 已酯化的羟基百分数。

(2) 该聚合物的数均相对分子质量。

(3) 该聚合物的聚合度 $\overline{X}_n$。

15. 已知己二酸和己二胺缩聚平衡常数 $K=432(235℃)$,设两种单体的物质的量比为 1:1,要制得数均聚合度为 300 的尼龙-66,则体系残留的水分应控制在多少?

16. 酯交换法生产数均相对分子质量 $\overline{M}_n=1.5×10^4$ 的聚对苯二甲酸乙二酯(PET)。已知该反应的平衡常数 $K=4$,结构单元的相对分子质量 $M_0=192$,端基乙二醇的相对分子质量为 62。写出酯交换法合成 PET 有关的化学反应方程式,并计算根据缩聚反应机理,应如何控制体系中残存小分子乙二醇的量,即 $x_{HOCH_2CH_2OH}$ 为多少。

17. 尼龙-1010 是根据 1010 盐中的癸二酸来控制相对分子质量的,如果要求相对分子质量为 20 000,则尼龙-1010 盐的酸值应该是多少?(以 mg KOH/g 1010 盐计)

18. 欲使 1000g 环氧树脂(环氧值为 0.2)用官能团等物质的量的二乙烯基三胺固化。

(1) 用卡罗瑟斯方程和弗洛里统计公式计算凝胶点 p_c。

(2) 计算固化剂的用量。

19. 欲使环氧树脂预聚物(环氧值为 0.2)用官能团等物质的量的二乙烯基三胺固化,用卡罗瑟斯方程和弗洛里统计公式分别计算凝胶点 p_c。

测试题参考答案

一、名词解释

1. 在聚合反应过程中,如用 2-2 或 2-官能度体系的单体作原料,随着聚合度逐步增加,最后形成高分子的聚合反应。线形缩聚形成的聚合物为线形缩聚物,如涤纶、尼龙等。

2. 参加反应的单体,至少有一种单体含有两个以上的官能团,反应中形成的大分子向三个方向增长,得到体形结构聚合物的这类反应。

3. 一分子聚合反应原料中能参与反应的官能团数称为官能度。

4. 单体混合物中每一个分子平均带有的官能团数,即单体所带有的全部官能团数除以单体总数。

5. 线形缩聚中两种单体的基团数比。常用 r 表示,一般定义 r 为基团数少的单体的基团数除以基团数多的单体的基团数。$r = N_a / N_b \leqslant 1$,$N_a$ 为单体 a 的起始基团数,N_b 为单体 b 的起始基团数。

6. 线形缩聚中某一单体过量的摩尔分数。

7. 参加反应的官能团数占起始官能团数的分数称为反应程度。参加反应的反应物(单体)与起始反应物(单体)的物质的量的比值即为转化率。

8. 体形缩聚反应进行到一定程度时,体系黏度将急剧增大,迅速转变成不溶、不熔、具有交联网状结构的弹性凝胶的过程,即出现凝胶化现象。此时的反应程度称为凝胶点。

9. 体形缩聚过程一般分为两个阶段,第一阶段原料单体先部分缩聚成低相对分子质量线形或支链形预聚物,预聚物中含有还可反应的基团,可溶、可熔、可塑化。该过程中形成的低相对分子质量的聚合物即是预聚物。

10. 预聚物中未反应的官能团呈无规排列,经加热可进一步发生交联反应,这类预聚物称为无规预聚物。

11. 具有特定的活性端基或侧基的预聚物称为结构预聚物。结构预聚物往往是线形低聚物,它本身不能进一步聚合或交联。

12. 热塑性塑料是线形或支链形聚合物,受热即软化或熔融,冷却即固化定型,这一过程可反复进行。聚苯乙烯(PS)、聚氯乙烯(PVC)、聚乙烯(PE)等均属于此类。

13. 在加工过程中形成交联结构,再加热也不软化和熔融。酚醛树脂、环氧树脂、脲醛树脂等均属于此类。

14. 熔融缩聚是指反应温度高于单体和缩聚物的熔点,反应体系处于熔融状态下进行的反应。熔融缩聚的关键是小分子的排除及相对分子质量的提高。

15. 单体加适当催化剂在溶剂(包括水)中呈溶液状态下进行的缩聚称为溶液缩聚。

16. 两单体分别溶解于两不互溶的溶剂中,反应在两相界面上进行的缩聚称为界面缩聚,具有明显的表面反应的特性。

二、填空题

1. (不平衡缩聚)、(平衡缩聚)、(均缩聚)、(混缩聚)、(共缩聚)

2. (熔融缩聚)、(溶液缩聚)、(界面缩聚)、(固相缩聚)

3. (无规预聚物)、(结构预聚物)、(碱催化酚醛树脂)、(氨基树脂)、(醇酸树脂)、(酸催化酚醛树脂)、(环氧树脂)、(不饱和聚酯)

4.（己二胺）、（癸二酸）、（己二胺）、（癸二酸）、（逐步聚合中的缩聚）、（B）、（0.01）（0.9901）

5.（热塑性树脂）、（热固性）

6.（控制单体基团数比例）、（加入单官能团物质封端）

7.（聚碳酸酯）、（逐步聚合）、（界面缩聚）

8.（2）、（网状或体形）、（不溶不熔）

9.（高真空）、（尽可能脱除小分子副产物,提高反应程度）

10.（假设发生凝胶化现象时聚合度无穷大）、（分子内的环化反应以及官能团非等活性）

11.（B）、（脱除小分子）、（提高反应程度）

12.（2/3）、（3）

13.（2）、（4）

14.（己二胺）、（己二酸）、（保证官能团等物质的量之比）、（控制相对分子质量）

15.（酯交换法）、（光气直接法）、（吸收反应产生的盐酸）、（作催化剂）

16.（反应程度）、（单体转化率）

三、简答题

1.（1）增长方式:连锁聚合总是单体与活性种反应,逐步聚合是官能团之间的反应,官能团可以来自于单体、低聚体、多聚体、大分子。

（2）单体转化率:连锁聚合的单体转化率随着反应的进行不断提高,逐步聚合的单体转化率在反应的一开始就接近100%。

（3）聚合物的相对分子质量:连锁聚合的相对分子质量一般不随时间而变,逐步聚合的相对分子质量随时间的增加而增加。

2.从转化率和时间的关系看:连锁聚合,单体转化率随时间延长而逐渐增加;逐步聚合,反应初期单体消耗大部分,随后单体转化率随时间延长增加缓慢。

从相对分子质量与转化率的关系看:连锁聚合,在任何时刻均生成高相对分子质量的聚合物;逐步聚合,反应初期只生成低聚物,随转化率增加,聚合物相对分子质量逐渐增加,高相对分子质量的聚合物需数十小时才能生成。

3.一般可以通过测定聚合物相对分子质量或单体转化率与反应时间的关系来鉴别。随反应时间的延长,相对分子质量逐渐增大的聚合反应属逐步聚合。聚合很短时间后相对分子质量就不随反应时间延长而增大的聚合反应属连锁聚合。单体迅速转化,而转化率基本与聚合时间无关的聚合反应属逐步聚合。

4.绝大多数烯类单体的加聚反应属于连锁聚合,如聚甲基丙烯酸甲酯的合成、聚苯乙烯的合成都属于加聚和连锁聚合。但反过来,并不是所有的连锁聚合都是加聚反应,如3-甲基-1-丁烯的聚合,反应是连锁聚合,但由于发生氢转移,其最终产物不是加聚物,不属于加聚反应。

绝大多数缩聚反应属于逐步聚合,如尼龙-66的合成。反过来,不是所有逐步聚合都属缩聚反应,如聚氨酯的合成属逐步聚合,但产物却是加聚产物。

5.①调整两种官能团的配比;②加入单官能团化合物。

6.外加酸是二级反应,自催化是三级反应,工业生产中属于二级反应。

7.体形缩聚反应的特点是:①可分阶段进行;②存在凝胶化过程;③凝胶点之后,聚合反应速率比线形缩聚反应的反应速率低。

体形缩聚反应的必要而充分条件是:①至少有一种单体为具有三个或三个以上官能团的化合物;②单体组成的平均官能度必须大于2。

三种凝胶点的大小顺序为 $p_c > p_s > p_d$。其原因是推导 p_c 时将凝胶化过程的聚合度设为无穷大,而实际上仅在 100 以内;在推导 p_{cf} 时并未考虑分子内的环化反应以及凝胶化时实际反应条件对等活性假设的偏离等。

8. 体形缩聚有以下特点:

(1) 缩聚的单体。体形缩聚反应中至少有一种单体具有三个或三个以上官能度,而线形缩聚反应的单体则是两个官能度。

(2) 体形缩聚的过程。体形缩聚过程随反应程度提高反应分为甲、乙、丙三个阶段。甲、乙两个阶段均在凝胶点 p_c 之前。在体形缩聚反应中凝胶点的预测十分重要,因为化学合成必须控制在 p_c 之前,以后的反应需在加工中进行。而线形缩聚反应如所需产品是高聚物,反应必须进行到很高的反应程度。

(3) 产物结构。前者生成可溶可熔的线形高分子,后者生成不溶不熔的体形高分子。

9. (1) 线形聚合物:线形聚合物没有支链,可能是锯齿形、无规线团、折叠链或螺旋链。加热时可熔融,加入溶剂时可溶解。线形聚合物如聚氯乙烯(PVC)、聚苯乙烯(PS)、聚甲基丙烯酸甲酯(PMMA)、聚乙烯(PE)、聚丙烯(PP)、聚四氟乙烯(PTFE)、聚碳酸酯(PC)、尼龙(PA)、涤纶(PET)、氯乙烯-乙酸乙烯共聚物(PVC-VAC)、乙烯-乙酸乙烯共聚物(EVA)等。

(2) 体形聚合物:体形聚合物可能是星形、支链形、梳形、梯形或交联大分子。其加热时不能熔融,加入溶剂时不能溶解。体形聚合物如酚醛树脂(PF)、脲醛树脂(VF)、环氧树脂(EP,不饱和聚酯树脂)和聚氨酯(PU)等。

10. 由于对苯二甲酸在很多溶剂中溶解度小,熔点高,很难纯化,原料不纯,很难做到等物质的量比,工业上为制备高相对分子质量的涤纶先制备对苯二甲酸甲酯,与乙二醇酯交换制备对苯二甲酸乙二醇酯,随后缩聚。工业上为制备高相对分子质量的尼龙-66,先将两单体己二酸和己二胺中和成 66 盐,利用 66 盐在冷热乙醇中的溶解度差异可以重结晶提纯,保证官能团等物质的量。然后将 66 盐配成 60% 的水溶液前期进行水溶液聚合,达到一定聚合度后转入熔融缩聚。

11. (1) 因为分子链上已水解的邻近基团—COO⁻ 基排斥亲核试剂 OH⁻ 的进攻。

(2) 原因是水解生成的羧基与邻近的未水解的酰胺基反应生成酸酐环状过渡态,从而促进了酰胺基中—NH₂ 的离去,加速水解。

12. 乙二醇、马来酸酐和邻苯二甲酸酐是合成聚酯的原料。乙二醇的羟基数要接近马来酸酐和邻苯二甲酸酐的羧基数,马来酸酐的作用是在不饱和聚酯中引入双键,增加邻苯二甲酸酐的用量可提高成型后材料的刚性。邻苯二甲酸酐和马来酸酐的比例是控制不饱和聚酯的不饱和度和以后材料的交联密度。苯乙烯固化时,利用自由基引发苯乙烯聚合并与不饱和聚酯线形分子中双键共聚最终形成体形结构,如考虑室温固化可选用油溶性的过氧化苯甲酰-二甲基苯胺氧化还原体系。

四、计算题

1. 有关化学反应方程式如下：

$$\underset{\underset{CH_3}{|}}{\overset{\overset{CH_3}{|}}{Cl-Si-Cl}} + 2H_2O \longrightarrow \underset{\underset{CH_3}{|}}{\overset{\overset{CH_3}{|}}{HO-Si-OH}} + 2HCl$$

$$n\underset{\underset{CH_3}{|}}{\overset{\overset{CH_3}{|}}{HO-Si-OH}} \longrightarrow HO\underset{\underset{CH_3}{|}}{\overset{\overset{CH_3}{|}}{-Si-O-}}_n H + (n-1)H_2O$$

$$HO\underset{\underset{CH_3}{|}}{\overset{\overset{CH_3}{|}}{-Si-O-}}_n H + 2H_3C\underset{\underset{CH_3}{|}}{\overset{\overset{CH_3}{|}}{-Si-Cl}} \longrightarrow H_3C\underset{\underset{CH_3}{|}}{\overset{\overset{CH_3}{|}}{-Si-O}}\underset{\underset{CH_3}{|}}{\overset{\overset{CH_3}{|}}{-Si-O-}}_n\underset{\underset{CH_3}{|}}{\overset{\overset{CH_3}{|}}{Si-CH_3}}$$

100g 聚二甲基硅氧烷的物质的量＝100/10 000＝0.01

$$n=\frac{10\,000-(2\times73.1+16)}{74.1}=133$$

$$m_{(CH_3)_3SiCl}=2\times0.01\times108.6=2.17(g)$$

$$m_{(CH_3)_2SiCl_2}=133\times0.01\times129.1=171.7(g)$$

2. (1) 制备"1010 盐"

$$H_2N(CH_2)_{10}NH_2+HOOC(CH_2)_8COOH \rightleftharpoons H_3N^+(CH_2)_{10}{}^+NH_3{}^-OOC(CH_2)_8COO^-$$

"1010 盐"为中性，意味着[—NH₂]＝[—COOH]，则加入单官能团化合物苯甲酸作为相对分子质量稳定剂，控制尼龙-1010 的相对分子质量：

$$nH_3N^+(CH_2)_{10}{}^+NH_3{}^-OOC(CH_2)_8COO^- \rightleftharpoons H\underset{}{-}NH(CH_2)_{10}\overset{\overset{H}{|}}{N}\underset{}{-}\overset{\overset{O}{\|}}{C}(CH_2)_8\overset{\overset{O}{\|}}{C}\underset{}{-}_n OH$$

$$H\underset{}{-}\overset{\overset{H}{|}}{N}\underset{}{-}NH(CH_2)_{10}\overset{\overset{H}{|}}{N}\underset{}{-}\overset{\overset{O}{\|}}{C}\underset{}{-}(CH_2)_8\overset{\overset{O}{\|}}{C}\underset{}{-}_n OH + \bigcirc\!\!\!-COOH \rightleftharpoons$$

$$\bigcirc\!\!\!-\overset{\overset{O}{\|}}{C}\underset{}{-}\overset{\overset{H}{|}}{N}\underset{}{-}(CH_2)_{10}\overset{\overset{H}{|}}{N}\underset{}{-}\overset{\overset{O}{\|}}{C}(CH_2)_8\overset{\overset{O}{\|}}{C}\underset{}{-}_n OH + H_2O$$

(2) 计算该尼龙-1010 的数均相对分子质量 $\overline{M}_n$

$$\overline{X}_n=\frac{1+r}{1+r-2rp}$$

$$r=\frac{N_a}{N_a+2N_b'}=\frac{1}{1+2\times1\%}=0.98$$

$$\overline{X}_n=\frac{1+r}{1+r-2rp}=\frac{1+0.98}{1+0.98-2\times0.98\times0.998}=83$$

$$\overline{M}_n=\overline{X}_n\times\overline{M}+端基相对分子质量=83\times169+122=14\,149$$

3. 取 100g 水解物为计算的标准，其中含对苯二胺的物质的量为 39.31/108＝0.364；含对苯二甲酸的物质的量为 59.81/166＝0.360；含苯甲酸的物质的量为 0.88/122＝0.0072。

对苯二胺：对苯二甲酸：苯甲酸＝0.364：0.360：0.0072＝101：100：2

通过计算说明对苯二胺和对苯二甲酸非等物质的量投料，同时还用苯甲酸作官能团封锁剂控制

聚酰胺的相对分子质量。因此,该聚酰胺的结构式及水解反应式为

验证:

对苯二胺在水解产物中占的质量分数为

$$\frac{101 \times 108}{24\ 116 + 202 \times 18} = 39.31\%$$

对苯二甲酸在水解产物中占的质量分数为

$$\frac{100 \times 166}{24\ 116 + 202 \times 18} = 59.81\%$$

苯甲酸在水解产物中占的质量分数为

$$\frac{2 \times 122}{24\ 116 + 202 \times 18} = 0.88\%$$

$$\bar{M}_n = 238 \times 100 + 106 + 210 = 24\ 116$$

4. $\qquad q = (2 \times 0.99 + 1 \times 0.01) = 1.99 < 2 \times 1 = 2$

故可按非等物质的量得

$$\bar{f} = \frac{2(N_B f_B + N_C f_C)}{N_A + N_B + N_C} = \frac{2 \times 1.99}{1 + 0.99 + 0.01} = 1.99$$

$$\bar{X}_n = \frac{2}{2 - p\bar{f}} = \frac{2}{2 - 0.99 \times 1.99} \approx 67$$

5. 由公式 $\dfrac{N_x}{N} = p^{x-1}(1-p)$ 可知,当 $p = 0.5$ 时

$$\frac{N_1}{N} = p^{x-1}(1-p) = 0.5^0(1-0.5) = 0.5$$

$$\frac{N_2}{N} = p^{x-1}(1-p) = 0.5^{2-1}(1-0.5) = 0.25$$

$$\frac{N_4}{N} = p^{x-1}(1-p) = 0.5^{4-1}(1-0.5) = 0.0625$$

当 $p = 1$ 时

$$\frac{N_1}{N} = p^{x-1}(1-p) = 1^0(1-1) = 0$$

$$\frac{N_2}{N} = p^{x-1}(1-p) = 1^{2-1}(1-1) = 0$$

$$\frac{N_4}{N} = p^{x-1}(1-p) = 1^{4-1}(1-1) = 0$$

6. (1) 设二元酸过量,并且已二胺单体的物质的量为 n,已二酸单体的物质的量为 $n+1$,有关的聚合反应方程式为

$$n\mathrm{H_2N(CH_2)_6NH_2} + (n+1)\mathrm{HOOC(CH_2)_4COOH} \rightleftharpoons$$

$$n=\frac{\overline{M}_n-\text{端基的相对分子质量}}{M_0}=\frac{19\,000-146}{226}=83.4$$

因此,原料比(己二胺:己二酸)$=n:(n+1)=83.4:84.4$(物质的量比)。

(2) 设二元胺过量,并且己二酸单体的物质的量为 n,己二胺单体的物质的量为 $n+1$,有关的聚合反应方程式为

$$(n+1)\mathrm{H_2N(CH_2)_6NH_2}+n\mathrm{HOOC(CH_2)_4COOH}\Longleftrightarrow$$

$$\mathrm{H}\!\!\left[\!\!\begin{array}{c}\mathrm{H}\\|\\\mathrm{N}\end{array}\!\!-(CH_2)_6\!-\!\!\begin{array}{c}\mathrm{H}\;\;\mathrm{O}\\|\;\;\|\\\mathrm{N}\!-\!\mathrm{C}\end{array}\!\!-(CH_2)_4\!-\!\!\begin{array}{c}\mathrm{O}\;\;\mathrm{H}\\\|\;\;|\\\mathrm{C}\!-\!\mathrm{N}\end{array}\!\!\right]_n\!\!-(CH_2)_6\!-\!\!\begin{array}{c}\mathrm{H}\\|\\\mathrm{N}\end{array}\!\!-\mathrm{H}+2n\mathrm{H_2O}$$

$$n=\frac{\overline{M}_n-\text{端基的相对分子质量}}{M_0}=\frac{19\,000-116}{226}=83.5$$

因此,原料比(己二酸:己二胺)$=n:(n+1)=83.5:84.5$(物质的量比)。

计算表明,无论是己二酸过量还是己二胺过量,只要保持原料比等于 $83.5:84.5$(物质的量比),都可以使尼龙-66 的相对分子质量为 $19\,000$。

7. 对于线形缩聚,若起始官能团 a 的总数为 N_a,b 的总数为 N_b,物质的量系数 $r=N_a/N_b\leqslant1$,则反应单体分子数为 $\dfrac{N_a+N_b}{2}$ 或 $\dfrac{N_a\left(1+\dfrac{1}{r}\right)}{2}$。

当 a 的反应程度为 p 时,b 的反应程度为 rp,分子链数目为

$$\frac{N_a(1-p)+\dfrac{N_a}{r}(1-rp)}{2}$$

于是数均聚合度为

$$\overline{X}_n=\frac{N_a\left(1+\dfrac{1}{r}\right)}{2}\bigg/\frac{N_a(1-p)+\dfrac{N_a}{r}(1-rp)}{2}=\frac{1+r}{1+r-2rp}$$

若用单官能团化合物控制等物质的量的双官能团单体缩聚时的相对分子质量,则

$$r=\frac{N_a}{N_b+2N_b'}=\frac{N_b}{N_b+2N_b'}$$

式中:N_b' 为单官能团化合物在系统中的分子数。

将 $p=0.995,\overline{X}_n=11\,318/113$ 代入 $\overline{X}_n=\dfrac{1+r}{1+r-2rp}$,解得 $r=0.99$。

设己二酸加料为 1mol 时,乙酸为 Nmol,由 $r=\dfrac{1\times2}{1\times2+2N}=0.99$,得 $N=0.01$,即乙酸和己二酸的加料分子比为 $0.01:1$。

8. (1) 己二胺用量大于己二酸,所以 $r=\dfrac{2\times5}{2\times5.1}=0.98$。

当 $p=1$ 时

$$\overline{X}_n=\frac{1+r}{1-r}=\frac{1+0.98}{1-0.98}=99$$

数均相对分子质量

$$\overline{M}_n=49\times146+50\times116-98\times18=11\,190<30\,000$$

不能生成相对分子质量为 $30\,000$ 的聚酰胺,当反应程度为 1 时,生成的聚合物分子式为

$$H\!-\!\!\left[NH(CH_2)_6NHCO(CH_2)_4CO\right]_{49}NH(CH_2)_6NH_2$$

（2）参与反应的官能团物质的量系数为

$$r=\frac{N_a}{N_b+2N_b'}=\frac{2\times2}{2\times2+2\times0.02}=0.99$$

当 $p=1$ 时

$$\overline{X}_n=\frac{1+r}{1-r}=\frac{1+0.99}{1-0.99}=199>150$$

因此能生成聚合度为 150 的聚酰胺。

当 $p=1$ 时，生成聚合物的分子式为

$$\langle\!\bigcirc\!\rangle\!-\!CO\!\left[NH(CH_2)_6\!-\!NHCO(CH_2)_4CO\right]_{99}OH$$

9.
$$r=\frac{N_a}{N_a+N_b'}=\frac{1}{1+0.01}=0.9901$$

当反应程度为 1 时，有最大数均聚合度

$$\overline{X}_n=\overline{DP}=\frac{1}{1-rp}=\frac{1}{1-0.9901\times1}=101$$

10. 官能团的物质的量系数 $r=1/1.01$

过量官能团的物质的量分数 $q=\dfrac{1.01-1}{1.01+1}=\dfrac{0.01}{2.01}$

单体的平均官能度 $\overline{f}=2\times2/(1.01+1)=4/2.02$

当 $p=0.99$ 时

$$\overline{X}_n=\frac{2}{2-p\overline{f}}=\frac{2}{2-\dfrac{4\times0.99}{2.02}}=67$$

当 $p=1$ 时

$$\overline{X}_n=\frac{2}{2-\dfrac{4}{2.01}}=201$$

11. （1）在 100g 聚合物水解产物中，有 38.91g 对苯二胺、59.81g 对苯二甲酸、0.88g 苯甲酸，它们的相对分子质量分别是 108、166、122，计算数据整理如表 2-4 所示。

表 2-4 计算数据

组分	各组分物质的量	各组分官能团数
对苯二胺	$n_b=38.91/108=0.3603(mol)$	$N_b=2n_b=2\times0.3603=0.7206(mol)$
对苯二甲酸	$n_a=59.81/166=0.3603(mol)$	$N_a=2n_a=2\times0.3603=0.7206(mol)$
苯甲酸	$n_c=0.88/122=0.0072(mol)$	$N_c=n_c=0.0072(mol)$

可见反应是以等物质的量开始的，外加相对分子质量调节剂，因此分子式为

$$\langle\!\bigcirc\!\rangle\!-\!OC\!\left[NH\!-\!\langle\!\bigcirc\!\rangle\!-\!NH\!-\!CO\!-\!\langle\!\bigcirc\!\rangle\!-\!CO\right]_n OH$$

$$\underset{106}{\longleftrightarrow}\quad\underset{132}{\longleftrightarrow}$$

结构单元平均相对分子质量

$$M_0=(106+132)/2=119$$

所以

$$\overline{X}_n = \frac{\overline{M}_n}{M_0} = \frac{23\,922 - 122}{119} = 200 \qquad \overline{DP} = \frac{\overline{X}_n}{2} = 100$$

又因为

$$\overline{X}_n = \frac{q+2}{q+2(1-p)}$$

其中

$$q = \frac{2N_c}{N_a} = \frac{2 \times 0.0018}{0.7206} = \frac{36}{7206}$$

代入上式得

$$200 = \frac{\dfrac{36}{7206} + 2}{\dfrac{36}{7206} + 2 \times (1-p)}$$

解得

$$p = 0.9975$$

或因为

$$\overline{X}_n = \frac{1+r}{1+r-2rp}$$

其中

$$r = \frac{N_a}{N_a + 2N_c} = \frac{0.7206}{0.7206 + 2 \times 0.0018} = \frac{7206}{7242}$$

代入上式得

$$200 = \frac{1 + \dfrac{7206}{7242}}{1 + \dfrac{7206}{7242} - 2 \times \dfrac{7206}{7242} p}$$

解得

$$p = 0.9975$$

(2) 苯甲酸加倍时

$$N_c' = 2 \times 0.0018 = 0.0036 \,(\text{mol})$$

$$q = \frac{2N_c'}{N_a} = \frac{2 \times 0.0036}{0.7206} = \frac{72}{7206}$$

$$\overline{X}_n = \frac{q+2}{q+2(1-p)} = \frac{\dfrac{72}{7206} + 2}{\dfrac{72}{7206} + 2 \times (1 - 0.9975)} = 134$$

12. N_a 为羟基酸(HORCOOH)中的羟基数目,N_b 为羟基酸中的羧基数目,N_b' 为乙酸中的羧基数目,则可用过量分率或基团数比两种方法计算:

$$q = \frac{2N_b'}{N_a} = \frac{0.02 \times 2}{2} = 0.02 \qquad r = \frac{N_a}{N_a + 2N_b'} = \frac{2}{2 + 0.02 \times 2} = \frac{200}{204}$$

$$\overline{X}_n = \frac{1+r}{1+r-2rp} = \frac{q+2}{q+2(1-q)} = \frac{0.02 + 2}{0.02 + 2 \times (1 - 0.99)} = 50.5$$

13.
$$r = \frac{40}{40 + 0.3 \times 2} = \frac{40}{40.6}$$

$$\overline{X}_n = \frac{1+r}{1+r-2rp} = \frac{1 + \dfrac{40}{40.6}}{1 + \dfrac{40}{40.6} - 2 \times \dfrac{40}{40.6} + 0.95} = 17.5$$

14. （1）$HO(CH_2)_4COOH$ 形成聚合物，其结构单元的相对分子质量为 100，可求得

$$\overline{X}_w = \frac{\overline{M}_w}{M} = \frac{18\,400}{100} = 184$$

$$\overline{X}_w = \frac{1+p}{1-p} = 184 \qquad p = \frac{183}{185} = 0.9892$$

说明已酯化的羟基百分含量为 98.92%。

（2）根据 $\dfrac{\overline{M}_w}{\overline{M}_n} = 1 + p$，得 $\overline{M}_n = 9250$。

（3）根据 $\overline{X}_n = \dfrac{\overline{M}_n}{M_0}$，得 $\overline{X}_n = 92.5$。

15. 由题意知，这是一个不断移走小分子副产物的体系。若起始两单体的浓度相同，并假定分子链的官能团是等活性的，当反应程度 $p \to 1$，$\overline{X}_n \to \infty$ 时，则平均聚合度 $\overline{X}_n$、平衡常数 K 与反应区内小分子含量 n_w 之间的关系近似服从平衡方程

$$\overline{X}_n = \sqrt{\frac{K}{n_w}}$$

将 $\overline{X}_n = 300$，$K = 432$ 代入上式得

$$n_w = \frac{K}{\overline{X}_n^2} = \frac{432}{300^2} = 4.8 \times 10^{-3}$$

16. （1）酯交换法合成 PET 有关的化学反应方程式如下。

① 对苯二甲酸酯化合成对苯二甲酸二甲酯：

$$HOOC\!\!-\!\!\bigcirc\!\!-\!\!COOH + 2CH_3OH \rightleftharpoons H_3COOC\!\!-\!\!\bigcirc\!\!-\!\!COOCH_3 + 2H_2O \uparrow$$

② 对苯二甲酸二甲酯与乙二醇交换合成对苯二甲酸二乙二酯：

$$H_3COOC\!\!-\!\!\bigcirc\!\!-\!\!COOCH_3 + 2HOCH_2CH_2OH \rightleftharpoons$$

$$HOCH_2CH_2OOC\!\!-\!\!\bigcirc\!\!-\!\!COOCH_2CH_2OH + 2CH_3OH \uparrow$$

③ 以对苯二甲酸二乙二酯为单体进行均缩聚，合成聚对苯二甲酸二乙二酯（PET）：

$$n\,HOCH_2CH_2OOC\!\!-\!\!\bigcirc\!\!-\!\!COOCH_2CH_2OH \rightleftharpoons$$

$$H\!\!-\!\!\left[OCH_2CH_2OOC\!\!-\!\!\bigcirc\!\!-\!\!CO\right]_n\!\!\!OCH_2CH_2OH + (n-1)HOCH_2CH_2OH$$

（2）$K = 4$，$M_0 = 192$，$\overline{M}_n > 1.5 \times 10^4$，端基乙二醇的相对分子质量为 62。

$$n = \frac{\overline{M}_n - 端基的相对分子质量}{M_0} = \frac{1.5 \times 10^4 - 62}{192} = 77.8$$

$$\overline{X}_n = 2n + 1 = 2 \times 77.8 + 1 = 156.6$$

$$\overline{X}_n = \frac{1}{1-p} \qquad \frac{1}{1-p} = 156.6 \qquad p = 0.994$$

$$x_{HOCH_2CH_2OH} = \frac{K}{p\overline{X}_n^2} = \frac{4}{0.994 \times (156.6)^2} = 1.64 \times 10^{-4}$$

即应控制体系中残存小分子乙二醇的摩尔分数在 0.164‰以下。

17. 尼龙-1010 盐结构为 $NH_3^+(CH_2)_{10}NH_3^{+-}OOC(CH_2)_8COO^-$，其相对分子质量是 374；尼龙-1010 结构单元平均相对分子质量 $M_0=169$，则

$$\overline{X}_n=\frac{2\times10^4}{169}=118.34$$

假设对癸二胺 $p=1$，根据 $\overline{X}_n=\frac{1+r}{1-r}$，得 $r=0.983$。

设 N_a(癸二胺)$=1,N_b=1.0/0.983=1.0173$，则

$$酸值=\frac{(N_b-N_a)\times M_{KOH}\times2}{N_a\times M_{1010}}=5.18(mg\ KOH/g\ 1010\ 盐)$$

18. (1) ① 用卡罗瑟斯方程和弗洛里统计公式计算凝胶点 p_c：

$$\overline{f}=\frac{2\times5+5\times2}{5+2}=2.86$$

$$p_c=\frac{2}{\overline{f}}=\frac{2}{2.86}=0.699$$

② 用弗洛里统计公式计算凝胶点 p_c。

因无 A_{f_A}，且环氧树脂与二乙烯基三胺官能团等物质的量缩聚，则有

$$r=\frac{n_A f_A+n_C f_C}{n_B f_B}=1$$

$$\rho=\frac{n_C f_C}{n_C f_C+n_A f_A}=1$$

$$p_c=\frac{1}{(f_C-1)^{1/2}}=\frac{1}{(5-1)^{1/2}}=0.5$$

(2) 计算固化剂的用量：

$$m=\frac{105}{5}\times0.2\times\frac{1000}{100}=42(g)$$

19. (1) 用卡罗瑟斯方程计算凝胶点 p_c：

$$\overline{f}=\frac{2\times5+5\times2}{5+2}=\frac{20}{7}$$

$$p_c=\frac{2}{\overline{f}}=\frac{2\times7}{20}=0.7$$

(2) 用弗洛里统计公式计算凝胶点 p_c：

$$p_c=\frac{1}{(f-1)^{1/2}}=\frac{1}{(5-1)^{1/2}}=0.5$$

第 3 章　自由基聚合

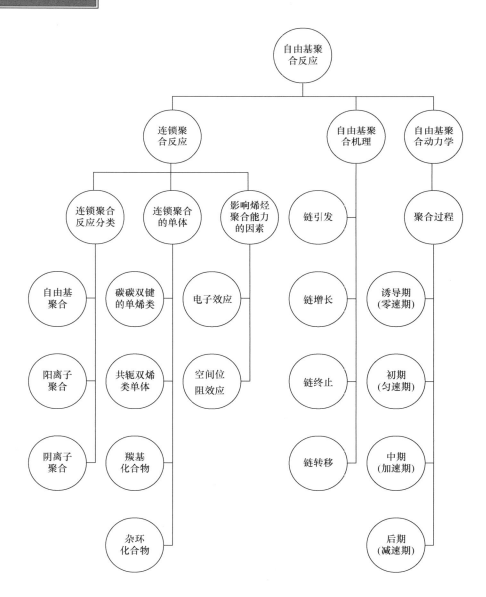

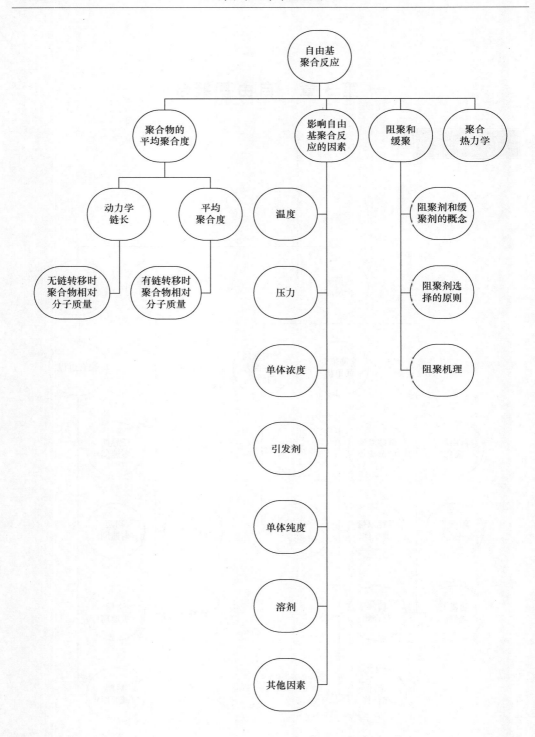

3.1　加聚和连锁聚合概述

活性种：打开单体的 π 键，使链引发和增长的物质，活性种可以是自由基，也可以是阳离子和阴离子。

均裂：化合物共价键的断裂形式，均裂的结果是，共价键上一对电子分属两个基团，使每个基团带有一个独电子，这个带独电子的基团呈中性，称为自由基。

异裂：化合物共价键的断裂形式，异裂的结果是，共价键上一对电子全部归属于其中一个基团，这个基团形成阴离子，而另一缺电子的基团称为阳离子。

自由基聚合：以自由基作为活性中心的连锁聚合。

离子聚合：活性中心为阴、阳离子的连锁聚合。

阳离子聚合：以阳离子作为活性中心的连锁聚合。

阴离子聚合：以阴离子作为活性中心的连锁聚合。带有供电子基团（如烷氧基、烷基、苯基、乙烯基等），使碳碳双键电子云密度增加，有利于阳离子的进攻和结合，而氰基和羰基（醛、酮、酸、酯）等吸电子基团使双键电子云密度降低，并使阴离子活性种共轭稳定，故有利于阴离子聚合。

转化率：单体转化为聚合物的分数，等于转化为聚合物的单体量除以用去的单体总量。

聚合动力学：聚合速率、相对分子质量与引发剂浓度、单体浓度、聚合温度等因素间的定量关系。

3.2　烯类单体对聚合机理的选择性

1. 可进行连锁聚合单体的特点

研究可进行连锁聚合单体的结构特点主要涉及能够作为聚合反应单体的烯烃的基本条件，以及单体结构与聚合反应类型之间的关系。

2. 取代基的数目、位置、大小决定烯烃能否进行聚合

（1）单取代烯烃原则上都能够进行聚合反应。

（2）对于 1,1-双取代的烯类单体，一般都能按取代基的性质进行相应机理的聚合。并且由于结构上不对称、极化程度增加，因而其更易聚合。但当两个取代基都是体积较大的芳基时，只能形成二聚体。

（3）1,2-双取代的烯类单体，由于其结构对称、极化程度低和位阻效应，一般都难均聚或只能形成二聚体。

（4）三取代乙烯和四取代乙烯一般不能聚合，但氟代乙烯是例外，无论氟代的数目和位置如何，均易聚合，这是氟的原子半径较小的缘故。

3. 取代的电负性和共轭性决定烯烃的聚合反应类型

（1）带吸电子取代基的烯烃能够进行自由基和阴离子两种聚合反应。

（2）带推（供）电子取代基的烯烃能够进行阳离子聚合反应。但是丙烯除外，只能进行配位聚合。

（3）带共轭取代基的烯烃能够进行自由基、阴离子和阳离子三种类型的聚合反应。

下面列出烯烃取代基的种类与其能够进行的聚合反应类型的相关性：

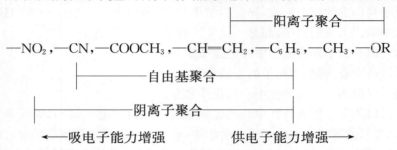

3.3　聚合热力学和聚合-解聚平衡

烯烃单体通过加成聚合反应生成聚合物的过程是一个从无序到线形有序、熵值降低的过程。从热力学角度考虑，聚合热越大，聚合反应越易进行。

从单体角度出发，以乙烯聚合热为基准，使聚合热改变的四个因素是：①取代基位阻效应使聚合热降低；②取代基共轭效应使聚合热降低；③氢键和溶剂化效应使聚合热降低；④强电负性取代基（F,Cl）使聚合热升高。

聚合上限温度（ceiling temperature of polymerization）T_c：$\Delta G=0$，聚合和解聚处于平衡状态时的温度即为聚合上限温度，在此温度以下进行的聚合反应无热力学障碍；超过聚合上限温度，聚合就无法进行。$T_c=\dfrac{\Delta H}{\Delta S}$，平衡温度：$T_1=\dfrac{\Delta H^{\ominus}}{\Delta S^{\ominus}+R\ln (M)_1}$，在此温度以下进行的聚合反应无热力学障碍，高于此温度聚合物将自动降解或分解，在此温度或稍低于此温度条件下单体的聚合反应十分困难。T_c也可以通过实验测定聚合反应转化率与温度的关系，再外推至转化率为零时的温度（T_c）。

3.4　自由基聚合机理

3.4.1　自由基活性

$$H\cdot >CH_3\cdot >C_6H_5\cdot >RCH_2\cdot >R_2CH\cdot >Cl_3C\cdot >Br_3C>R_3C\cdot >R\overset{\cdot}{C}HCOR>$$

$$R\overset{\cdot}{C}HCN>R\overset{\cdot}{C}HCOOR>CH_2=CHCH_2\cdot >C_6H_5CH_2\cdot >(C_6H_5)_2CH\cdot >(C_6H_5)_3C\cdot$$

前两个过于活泼容易引起爆聚，后五个是稳定自由基，无引发能力，称为阻聚剂。

3.4.2　自由基聚合机理

1. 链引发

第一步：引发剂 I 分解，形成初级自由基 R·。
第二步：初级自由基与单体加成，形成单体自由基。

$$I \longrightarrow R\cdot \quad （引发活性中心或引发活性种）$$
$$R\cdot + M \longrightarrow RM\cdot \quad （单体活性中心）$$

2. 链增长

链增长反应有两个特征：一是强放热，二是活化能低，增长极快。

$$RM\cdot + M \longrightarrow RM_2\cdot$$
$$RM_2\cdot + M \longrightarrow RM_3\cdot$$
$$\vdots$$
$$RM_{n-1}\cdot + M \longrightarrow RM_n\cdot （链增长活性中心或增长链）$$

3. 链终止

偶合终止：由两个自由基的独电子相互结合成共价键的终止方式，结果出现头头连接，大分子的聚合度是链自由基结构单元数的 2 倍，大分子两端均为引发剂残基 R。

歧化终止：由某自由基夺取另一自由基的氢原子或其他原子而终止的方式。歧化终止的结果，大分子的聚合度与链自由基的结构单元数相同，每个大分子只有一端引发剂残基，另一端为饱和或不饱和，两者各半。

$$RM_n\cdot \longrightarrow "死"大分子（聚合物链）$$

4. 链转移

链自由基还有可能从单体、引发剂、溶剂或大分子上夺取一个原子而终止，将电子给失去原子的分子而成为新自由基，继续新链的增长。

自由基向某些物质转移后，如形成稳定自由基，就不能再引发单体聚合，最后失活终止，产生诱导期，这一现象称为阻聚作用。具有阻聚作用的化合物称为阻聚剂，如苯醌。

3.4.3　自由基聚合和逐步缩聚机理特征的比较

（1）自由基聚合显示慢引发、快增长、速终止的动力学特征，链引发是控制速率的关键步骤。

（2）只有链增长反应才能使聚合度增加，增长极快，前后生成的聚合物相对分子质量变化不大（图 3-1）。

（3）随着聚合的进行，单体浓度逐渐降低，聚合物浓度相应增加。

（4）微量苯醌等阻聚剂足以使自由基聚合终止。

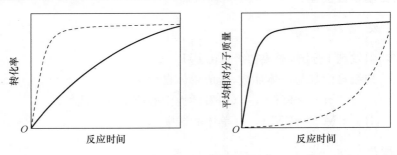

图 3-1　自由基聚合和逐步缩聚机理特征的比较

┄┄┄逐步缩聚；——自由基聚合

3.5　引　发　剂

3.5.1　引发剂种类

常用的自由基聚合反应引发剂包括过氧类化合物、偶氮类化合物以及氧化还原反应体系三大类。过氧化苯甲酰（BPO）、偶氮二异丁腈（AIBN）、过硫酸盐、亚铁离子与过氧化氢（含其他过硫酸盐）的氧化还原体系是最重要的四种引发剂。其中过氧化苯甲酰和偶氮二异丁腈是油溶性引发剂，过硫酸盐是水溶性引发剂。

过氧化物和偶氮化合物可以经热分解产生自由基，也可以在光照条件下分解产生自由基。

1. 偶氮类引发剂

$$(CH_3)_2C-N=N-C(CH_3)_2 \longrightarrow 2(CH_3)_2C \cdot + N_2 \uparrow$$
$$\underset{CN}{|} \qquad \underset{CN}{|} \qquad\qquad \underset{CN}{|}$$

偶氮二异丁腈

特点：分解反应只形成一种自由基，无诱导分解；比较稳定，能单独安全保存；分解时有 N_2 逸出。

2. 有机过氧类引发剂

过氧类引发剂的典型代表：过氧化苯甲酰。

BPO 的分解分两步，第一步分解成苯甲酸基自由基，第二步分解成苯基自由基，并放出 CO_2。

3. 无机过氧类引发剂

过硫酸盐（如过硫酸钾）为水溶性引发剂,主要用于乳液聚合和水溶液聚合。

3.5.2　氧化还原引发体系

与前面的过氧类化合物和偶氮类化合物相比,氧化还原引发体系的分解活化能较低,因此可在较低温度（室温或室温以下）下引发聚合。可分为:①水溶性氧化还原引发体系;②油溶性氧化还原引发体系。

3.5.3　引发剂分解动力学

在自由基聚合的三步主要基元反应中,链引发是最慢的一步,控制着总的聚合速率。引发剂用量是影响速率和相对分子质量的关键因素:

$$t_{1/2} = \frac{\ln 2}{k_d} = \frac{0.693}{k_d}$$

半衰期与温度的关系也有类似的关联式

$$\lg t_{1/2} = \frac{A}{T} - B$$

3.5.4　引发剂效率

引发剂分解后,往往只有一部分用来引发单体聚合,这部分引发剂占引发剂分解或消耗总量的分数称为引发剂效率（f）。

（1）笼蔽效应（cage effect）:在溶液聚合反应中,浓度较低的引发剂分子及其分解出的初级自由基始终处于含大量溶剂分子的高黏度聚合物溶液的包围中,一部分初级自由基无法与单体分子接触而更容易发生向引发剂或溶剂的转移反应,从而使引发剂效率降低。

AIBN 在溶液聚合中可能发生初级自由基的双基终止而使 f 降低。

（2）诱导分解（induced decomposition）:诱导分解实际上是自由基向引发剂的转移反应,其结果是消耗一分子引发剂而自由基数目并不增加,从而使引发剂效率降低。

AIBN 一般无诱导分解。氢过氧化物 ROOH 特别容易发生诱导分解。丙烯腈、苯乙烯等活性较高的单体能迅速与引发剂作用,引发增长,因此 f 较高。相反,如乙酸乙烯一类低活性单体对自由基的捕捉能力较弱,为诱导分解创造条件,因此 f 较低。

3.5.5　引发剂的选择

引发剂的选择有四个方面:溶解类型、半衰期、特性要求、用量。

（1）按照聚合反应实施方法选择引发剂的溶解类型。对于本体聚合、悬浮聚合和一般的溶液聚合,选择油溶性引发剂如 BPO、AIBN 等,也可以选择油溶性的氧化还原引发体系。对于乳液聚合中以水作为溶剂的溶液聚合,宜选择水溶性引发剂如 KPS、

APS 或水溶性氧化还原体系。

（2）按照聚合反应温度选择半衰期适当的引发剂。一般来说，引发剂在聚合反应温度下的半衰期应与聚合反应时间处于同一数量级。例如，反应温度为 30～100℃时，可选择 BPO、AIBN、过硫酸盐等引发剂。

（3）按照聚合物的特殊用途选择符合质量要求的引发剂。例如，过氧类引发剂合成的聚合物容易变色而不能用于有机玻璃等光学高分子材料的合成，偶氮类引发剂有毒而不能用于与医药、食品有关的聚合物的合成。

（4）引发剂的用量一般通过实验确定。引发剂的用量为单体质量（或物质的量）的 0.1％～2％。

3.6　其他引发作用

热引发聚合：聚合单体中不加入引发剂，单体只在热的作用下进行的聚合称为热引发聚合。一般来说，活泼单体如苯乙烯及其衍生物、甲基丙烯酸甲酯等容易发生热引发聚合。

光引发聚合：单体在光的激发下（不加入引发剂）发生的聚合称为光引发聚合。可分为光直接引发聚合和光敏聚合两种。

光直接引发聚合：单体吸收一定波长的光量子后成为激发态，再分解成自由基而进行聚合反应。能直接接受光照进行聚合的单体一般是一些含有光敏基团的单体，如丙烯酰胺、丙烯腈、丙烯酸（酯）、苯乙烯等。

光敏聚合：在光敏引发剂存在下，单体吸收光能而受激发，然后分解成自由基，再引发单体聚合。光敏聚合有光敏引发剂直接引发聚合和光敏引发剂间接引发聚合两种。

光敏引发剂直接引发聚合：光敏引发剂经光激发后可成为自由基，进而引发单体进行的聚合反应。常用的光敏引发剂有 AIBN、甲基乙烯基酮和安息香等。

光敏引发剂间接引发聚合：间接光敏剂吸收光后，本身并不直接形成自由基，而是将吸收的光能传递给单体或引发剂而引发聚合。常用的间接光敏剂有二苯甲酮和荧光素、曙红等。

3.7　自由基聚合反应速率

3.7.1　概述

聚合过程的速率变化常用转化率-时间曲线表示。整个聚合过程一般可以分为诱导期、初期、中期、后期四个阶段。

诱导期：聚合初期初级自由基不是引发单体聚合而是用于消耗体系内存在的杂质所需的时间。在诱导期内无聚合物形成，聚合速率为零。

3.7.2　微观聚合动力学研究方法

聚合速率可以用单位时间内单体消耗或聚合物生成量来表示(通常用反应的转化率来检测)：

$$R_p = -\frac{d[M]}{dt} = \frac{d[P]}{dt} = [M]_0 \frac{dC}{dt}$$

$$\frac{dC}{dt} = \frac{d\left(\frac{[M]_0 - [M]}{[M]_0}\right)}{dt} = -\frac{1}{[M]_0} \frac{d[M]}{dt}$$

聚合速率可采用直接法和间接法来测定。直接法是用沉淀法测定聚合物的量。间接法是测定聚合过程中比体积、黏度、折光率、介电常数、吸收光谱等物理性质的变化，间接求取聚合物的量。常用的是比体积的测定——膨胀计法。

3.7.3　自由基聚合微观动力学

1. 链引发

自由基的生成速率

$$R_i = \frac{d[R \cdot]}{dt} = 2fk_d[I]$$

式中：I 表示引发剂；M 表示单体；R·表示初级自由基；k 表示速率常数；[　]表示浓度；d 表示分解；i 表示引发。

2. 链增长

推导自由基聚合动力学的假定：链自由基的活性与链长基本无关，各步速率常数相等。

$$k_{p1} = k_{p2} = k_{p3} = k_{p4} = \cdots k_{px} = k_p$$

$$R_p \equiv -\left(\frac{d[M]}{dt}\right)_p = k_p[M]\sum_{i=1}^{x}[RM_i \cdot] = k_p[M][M \cdot]$$

3. 链终止

偶合终止：$M_x \cdot + M_y \cdot \xrightarrow{k_{tc}} M_{x+y}$　　　　　　　　$R_{tc} = 2k_{tc}[M \cdot]^2$

歧化终止：$M_x \cdot + M_y \cdot \xrightarrow{k_{td}} M_x + M_y$　　　　　　　$R_{td} = 2k_{td}[M \cdot]^2$

终止总速率：$R_t \equiv \frac{d[M \cdot]}{dt} = 2k_t[M \cdot]^2$

式中：[M]为单体浓度；[I]为引发剂浓度；R_p 为链增长速率；k_p 为链增长速率常数；k_t 为链终止速率常数；k_d 为链引发速率常数；f 为引发剂效率。

自由基聚合微观动力学方程

$$R_p = k_p \left(\frac{f k_d}{k_t} \right)^{1/2} [\text{I}]^{1/2} [\text{M}]$$

四个基本假设：①忽略链转移反应，终止方式为双基终止；②弗洛里等活性理论：链自由基的活性与链长短无关，即各步链增长常数相等，可用 k_p 表示；③稳定假定：在反应开始短时间后，增长链自由基的生成速率等于其消耗速率（$R_i = R_t$），即链自由基浓度保持不变，呈稳态，$\frac{\text{d}[\text{M} \cdot]}{\text{d}t} = 0$；④聚合产物的聚合度很大，链引发所消耗的单体远少于链增长过程产生的单体，因此可以认为单体仅消耗于链增长反应。

3.7.4 自由基聚合基元反应速率常数

几种常见单体的链增长和链终止速率常数及活化能可参见表 3-1。

表 3-1 常用单体的链增长和链终止速率常数及活化能

单体	$k_p/[\text{L}/(\text{mol} \cdot \text{s})]$		E_p /(kJ/mol)	$A_p/(\times 10^7)$	$k_t/[\times 10^7 \text{L}/(\text{mol} \cdot \text{s})]$		E_t /(kJ/mol)	$A_t/(\times 10^9)$
	30℃	60℃			30℃	60℃		
氯乙烯		12300	15.5	0.33		2300	17.6	600
乙酸乙烯酯	1240	3700	30.5	24	3.1	7.4	21.8	210
丙烯腈		1960	16.3			78.2	15.5	
丙烯酸甲酯	720	2090	约30	约10	0.22	0.47	约20.9	约15
甲基丙烯酸甲酯	143	367	26.4	0.15	0.61	0.93	11.7	0.7
苯乙烯	55	176	32.6	2.2	2.5	3.6	10.0	1.3
苯乙烯	145		30.5	0.45		2.9	7.9	0.058
丁二烯		100	38.9	12				
异戊二烯		50	41.0	12				

3.7.5 温度对聚合速率的影响

总速率常数 $k \left[k = k_p \left(\frac{k_d}{k_t} \right)^{1/2} \right]$ 与温度 $T(\text{K})$ 的关系遵循阿伦尼乌斯方程：

$$k = A e^{-E/RT}$$

两端取对数，则

$$\ln A - \frac{E}{RT} = \ln A_p + \frac{1}{2} \ln \frac{A_d}{A_t} - \frac{E_p + \frac{E_d}{2} - \frac{E_t}{2}}{RT}$$

由于 E 为大于 0 的数值，所以升高温度将导致聚合速率的升高。从另一个角度讲，选择高活性（低活化能）引发剂同样能够提高聚合速率。例如，采用低活化能的氧化还原引发体系能够在较低温度下获得较高的聚合速率。

3.7.6 凝胶效应和宏观聚合动力学

自动加速现象（auto-accelerative phenomena）：聚合中期（聚合反应的转化率达到

20％以上时)，随着聚合的进行，聚合速率逐渐增加，出现自动加速现象，自动加速现象主要是体系黏度增加所引起的，因此又称凝胶效应。其产生和发展的过程如下：黏度升高导致大分子链端自由基被非活性的分子链包围甚至包裹，自由基之间的双基终止变得困难，体系中自由基的消耗速率减小而产生速率变化不大，最终导致自由基浓度迅速升高。其结果是聚合反应速率迅速增大，体系温度升高。这一结果又反馈回来使引发剂分解速率加快，这就导致了自由基浓度进一步升高。

　　自动加速过程产生的结果：①导致聚合反应速率迅速增加，体系温度迅速升高；②导致相对分子质量和分散度都升高；③自动加速过程如果控制不当，有可能严重影响产品质量，甚至发生局部过热，并最终导致爆聚和喷料等事故。

　　影响自动加速现象程度和出现早晚的因素：

　　(1) 聚合物在单体或溶剂中溶解性能的好坏会影响链自由基卷曲、包埋的程度，以致对双基终止速率的影响很大。自动加速现象在不溶解聚合物的非溶剂中出现得较早、较明显，此时可能有单基终止，对引发剂浓度的反应级数将为 0.5～1，极限的情况(如丙烯腈)会接近于 1。自动加速现象在良溶剂中较少出现，在不良溶剂中的情况则介于非溶剂(沉淀剂)和良溶剂之间。

　　(2) 温度的影响体现在温度对聚合体系黏度的影响。由于在较低温度下聚合体系的黏度较高，所以自动加速现象出现得较早、较明显。

3.7.7　转化率-时间曲线类型

　　聚合整个过程的速率可以看成由正常的聚合速率和自加速的聚合速率叠加而成。叠加的结果使聚合速率有着复杂的变化，一般常用转化率-时间曲线来直观地描述聚合速率的变化规律，有 S 型、匀速聚合型、前快后慢型(图 3-2)。

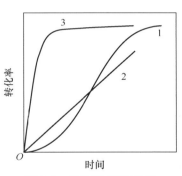

图 3-2　转化率-时间曲线
1. S 型；2. 匀速聚合型；3. 前快后慢型

3.8　动力学链长和聚合度

　　(1) 动力学链长(kinetics chain length)。

　　动力学链长：每个活性种从引发阶段到终止阶段所消耗的单体分子数定义为动力学链长，动力学链在链转移反应中不终止。在自由基聚合中，增加引发剂或自由基浓度来提高聚合速率的措施往往使产物相对分子质量降低。引发剂引发时，产物平均聚合度一般随着温度升高而降低。在稳态、无链转移反应时，v 等于链增长速率与链终止速率(或引发)之比

$$v = \frac{k_p^2 [M]^2}{2k_t R_p}$$

$$v = \frac{k_p}{(2k_t)^{1/2}} \cdot \frac{[M]}{R_i^{1/2}}$$

当引发剂引发时,引发速率 $R_i = 2fk_d[I]$,则

$$v = \frac{k_p}{2(fk_dk_t)^{1/2}} \times \frac{[M]}{[I]^{1/2}}$$

(2) 无链转移时的聚合度。

双基偶合终止时,平均聚合度 $\overline{X}_n = 2v$;双基歧化终止时,$\overline{X}_n = v$;兼有两种方式终止时,则 $v < \overline{X}_n < 2v$,其值为 $\overline{X}_n = \dfrac{v}{\dfrac{C}{2} + D}$,$C$、$D$ 分别为偶合终止、歧化终止的分数。

(3) 聚合温度对聚合度的影响与引发剂引发时相似。

3.9　链转移反应和聚合度

3.9.1　链转移反应对聚合度的影响

链转移反应通常包括链自由基向单体、引发剂、溶剂、大分子的转移反应。发生链转移反应的结果包括两个方面:①向单体、引发剂和溶剂的转移反应均导致链自由基提前终止,从而使聚合度降低,向大分子的转移反应使分散度增加;②聚合反应速率的变化视链转移速率常数和再引发速率常数的相对大小而定(表 3-2)。

表 3-2　链转移对聚合速率和聚合度的影响

速率常数相对大小	聚合反应速率	聚合度	链转移类型和结果
$k_p \gg k_{tr}, k_a \approx k_p$	不变	降低	一般链转移
$k_p \ll k_{tr}, k_a \approx k_p$	不变	降低很多	相对分子质量调节剂
$k_p \gg k_{tr}, k_a < k_p$	降低	降低	缓聚作用
$k_p \ll k_{tr}, k_a < k_p$	降低很多	降低很多	链衰减转移
$k_p \ll k_{tr}, k_a = 0$	很快为零	1 或定值	高效阻聚剂

注:k_a 为再引发速率常数。

平均聚合度就是链增长速率与形成大分子的所有链终止速率(包括转移终止)之比。

$$\frac{1}{\overline{X}_n} = \frac{2k_tR_p}{k_p^2[M]^2} + C_M + C_I\frac{[I]}{[M]} + C_S\frac{[S]}{[M]}$$

其中

$$[I] = \frac{k_t}{fk_dk_p^2} \cdot \frac{R_p^2}{[M]^2} \qquad C_M = \frac{k_{tr,M}}{k_p} \qquad C_I = \frac{k_{tr,I}}{k_p} \qquad C_S = \frac{k_{tr,S}}{k_p}$$

3.9.2 向单体转移

向单体转移能力与单体的结构、温度等因素有关。键合力较小的原子(如叔氢原子、氯原子等)容易被自由基所夺取而发生链转移反应。

向单体转移的规律是:自由基的活性起决定性作用,活泼单体的自由基不活泼而不易发生转移,不活泼单体的自由基活泼而容易发生转移。

3.9.3 向引发剂转移

自由基向引发剂转移,即链自由基对引发剂的诱导分解,使引发剂效率降低,同时也使聚合度降低。

3.9.4 向溶剂或链转移剂转移

一般活性较大的单体(如苯乙烯)的自由基活性较小,对同一溶剂的转移常数一般要比低活性单体(如乙酸乙烯酯)的转移常数小。因为链增长和链转移是一对竞争反应,自由基对高活性单体反应快,链转移相对减弱。含有活泼氢或其他活泼原子(如硫、氯等)的溶剂容易发生转移。

3.9.5 向大分子转移

向大分子的链转移反应往往发生于聚合反应的中后期。转移的结果是在大分子主链上形成活性中心并开始链增长,最后生成支链甚至交联。这种链自由基向其他大分子进行的分子间转移反应多产生长支链;而有一种分子内转移反应则多生成短支链大分子。

向大分子转移的结果:向大分子转移不改变聚合反应速率;向大分子转移产生支链的结果是使自由基型聚合物的分散度大大提高。

链转移常数(chain transfer constant):链转移速率常数和增长速率常数之比,代表链转移反应与链增长反应的竞争能力。

链转移剂(chain transfer agent):聚合物生产过程中人为地加入一种自由基能够向其转移的试剂,用于调节聚合物相对分子质量。常用的链转移剂有脂肪族硫醇等。

自由基捕捉剂(radical catcher):1,1-二苯基-2-三硝基苯肼(DPPH)和$FeCl_3$这两种高效阻聚剂,它们是能够化学计量的 1 对 1 消灭自由基。

自由基寿命(radical lifetime):自由基从产生到终止所经历的时间,可由稳态时的自由基浓度与自由基消失速率相除求得。$\tau = \dfrac{k_p}{2k_t} \cdot \dfrac{[M]}{R_p}$,其测定方法有两种:①在光照开始或光灭以后的非稳态阶段进行;②利用光间断照射的假稳态阶段进行。

3.10 聚合度分布

可由统计法导出 x 聚体分布函数和平均聚合度(表 3-3)。

表 3-3　 x 聚体分布函数和平均聚合度

链终止	数量分布函数	质量分布函数	数均聚合度	重均聚合度	分布指数
歧化	$N_x = Np^{x-1}(1-p)$	$\dfrac{m_x}{m} = xp^{x-1}(1-p)^2$	$\overline{X}_n = \dfrac{1}{1-p}$	$\overline{X}_w = \dfrac{1+p}{1-p}$	$\dfrac{\overline{X}_w}{\overline{X}_n} = 1+p \approx 2$
偶合	$N_x = \dfrac{1}{2}Nxp^{x-2}(1-p)^3$	$\dfrac{m_x}{m} = \dfrac{1}{2}x^2p^{x-2}(1-p)^3$	$\overline{X}_n = \dfrac{2}{1-p}$	$\overline{X}_w \approx \dfrac{3}{1-p}$	$\dfrac{\overline{X}_w}{\overline{X}_n} = \dfrac{3}{2}$

3.11　阻聚和缓聚

阻聚剂(inhibitor):能够使每一自由基都终止,形成非自由基物质,或形成活性低、不足以再引发的自由基的试剂,它能使聚合完全停止。

缓聚剂(retarder):能够使一部分自由基终止、聚合减慢的试剂。通常不出现诱导期。

阻聚常数(inhibition constant):阻聚反应速率常数与增长速率常数的比值称为阻聚常数,可用来衡量阻聚效率。

3.11.1　阻聚剂及阻聚机理

许多化合物可以作为阻聚剂,如苯醌、硝基化合物、苯胺、酚类和含硫化合物等属于分子型阻聚剂。还有少数自由基也有显著的阻聚作用,称为自由基型阻聚剂,如 DPPH。

按照阻聚机理不同,可以把阻聚剂分为加成型阻聚剂、链转移型阻聚剂和电荷转移型阻聚剂。

3.11.2　烯丙基型单体的自阻聚作用

烯丙基型单体的自阻聚作用:由于链自由基容易发生向单体转移而生成稳定的烯丙基自由基,因此只能得到低聚物。

阻聚效率和阻聚常数列于表 3-4。

表 3-4　阻聚常数 C_Z

阻聚剂	单体	温度/℃	$C_Z = k_Z/k_p$	$k_Z/[\text{L}/(\text{mol}\cdot\text{s})]$
硝基苯	乙酸乙烯酯	50	11.2	19 300
	苯乙烯	50	0.326	—
对苯醌	甲基丙烯酸甲酯	44	5.5	2 400
	苯乙烯	50	518	—
	丙烯酸甲酯	44	—	1 200
FeCl$_3$	甲基丙烯酸甲酯	60	—	5 000
	乙酸乙烯酯	60	—	235 000
O$_2$	甲基丙烯酸甲酯	50	3 300	10^7
	苯乙烯	50	14 600	$10^6 \sim 10^7$

3.12 自由基寿命和链增长、链增长速率常数的测定

目前已发展有旋转光闸门、顺磁共振法、乳胶粒数法、脉冲激光法四种。可测参数有聚合速率、聚合度、自由基浓度、自由基寿命。

3.13 可控/"活性"自由基聚合

"活性"聚合的原理是降低自由基浓度[M·]或活性,减弱双基终止。关键是使增长自由基($P_n·$)蜕化成低活性的共价休眠种(P_n—X),但希望休眠种仍能分解成增长自由基,构成可逆平衡,并要求平衡倾向于休眠种一侧。目前活性自由基聚合有四种方法:氮氧稳定自由基法、引发转移终止剂法、原子转移自由基聚合法、可逆加成-断裂转移法。

典型例题

例 3-1 引发剂半衰期与温度的关系可写成下列关系式:$\lg t_{1/2} = \dfrac{A}{T} - B$,式中常数 A、B 与频率因子 A_d、活化能 E_d 有什么关系? 资料中经常介绍半衰期为 10h 和 1h 的分解温度,这有什么方便之处? 过氧化二碳酸二异丙酯的半衰期为 10h 和 1h 的温度分别为 45℃ 和 61℃,试求 A、B 两常数。

解 常数 A、B 与频率因子 A_d、活化能 E_d 的关系推导为

$$t_{1/2} = \frac{\ln 2}{k_d} = \frac{\ln 2}{A_d e^{-E_d/RT}} = \frac{\ln 2}{A_d} e^{E_d/RT}$$

$$\lg t_{1/2} = \lg \frac{\ln 2}{A_d} + \frac{E_d}{2.303RT} = -B + \frac{A}{T}$$

$$A = \frac{E_d}{2.303R} \qquad B = -\lg \frac{\ln 2}{A_d} = \lg \frac{A_d}{0.693}$$

资料中经常介绍半衰期为 10h 和 1h 的分解温度,这可使计算简单,即

$$\lg 10 = 1 \qquad \lg 1 = 0$$

A、B 两常数的计算为

$$\lg 10 = \frac{A}{318} - B \qquad \lg 1 = \frac{A}{334} - B$$

$$A = \frac{T_1 T_2}{T_2 - T_1} = \frac{318 \times 334}{334 - 318} = 6638 \qquad B = \frac{T_1}{T_2 - T_1} = \frac{318}{334 - 318} = 19.9$$

例 3-2 氯乙烯在 50℃ 进行悬浮聚合,预定聚合时间为 10h,根据引发剂理论耗量 N_r 约等于 1mol/t 单体的规律,试求 ABIN 和 ABVN 的用量各需多少。(两者在 50℃ 时的 $t_{1/2}$ 分别为 74h 和 64h)

解 引发剂理论耗量 N_r 和理论投料量 N_0 的关系式为

$$N_0 = \frac{N_r}{1 - 2^{-t/t_{1/2}}}$$

式中：t 为聚合时间。

$$N_{0,\text{ABIN}} = \frac{1}{1 - 2^{-10/74}} = 11.2(\text{mol/t})$$

$$N_{0,\text{ABVN}} = \frac{1}{1 - 2^{-10/6.5}} = 1.52(\text{mol/t})$$

例 3-3 苯乙烯在 60℃，用 AIBN 引发聚合，测得 $R_p = 0.255 \times 10^{-4}\,\text{mol/(L·s)}$，$\overline{X}_n = 2460$，如不考虑向单体链转移，试求：(1)动力学链长 v（偶合终止）。(2)引发速率 R_i。

解 (1)偶合终止，$\overline{X}_n = 2v$，所以 $v = 1230$。

(2) $v = \dfrac{R_p}{R_i}$，代入数据可求得

$$R_i = \frac{R_p}{v} = \frac{0.255 \times 10^{-4}}{1230} = 0.2073 \times 10^{-7}[\text{mol/(L·s)}]$$

例 3-4 自由基聚合遵循下列规律：$R_p = k_p \left(\dfrac{f k_d}{k_t}\right)^{1/2} c(\text{I})^{1/2} c(\text{M})$，在某一引发剂初始浓度、单体浓度和反应时间下的转化率如表 3-5 所示。

表 3-5 相关实验数据

实验	温度/℃	$c(\text{M})/(\text{mol/L})$	$c(\text{I})/(\text{mol/L})$	聚合时间/min	转化率/%
1	60	1.00	2.5×10^{-3}	500	50
2	80	0.50	1.0×10^{-3}	700	75
3	60	0.80	1.0×10^{-3}	600	40
4	60	0.25	10.0×10^{-3}	?	50

试计算实验 4 达到 50% 转化率所需的时间及总活化能 $E_{总}$。

解 (1)计算实验 1 达到 50% 转化率所需的时间。

高转化率时用积分方程，将下式积分得

$$R_p = k_p \left(\frac{f k_d}{k_t}\right)^{1/2} c(\text{I})^{1/2} c(\text{M})$$

$$\ln \frac{c(\text{M})_0}{c(\text{M})} = k_p \left(\frac{f k_d}{k_t}\right)^{1/2} c(\text{I})^{1/2} t$$

令

$$k = k_p \left(\frac{f k_d}{k_t}\right)^{1/2}$$

实验 1、实验 3 和实验 4 聚合温度相同,反应速率常数应相同,由实验 1、实验 3 可求得反应速率常数 k_1 和 k_3,再求其平均值可得反应速率常数 k,将 k 代入实验 4,则可求得聚合时间 t,即

$$k_1=\frac{\ln c(M)_0/c(M)_1}{c(I)_1^{1/2}t_1}=\frac{\ln\dfrac{1}{0.5}}{(0.25\times10^{-2})^{1/2}\times5.0\times10^2}=0.0277$$

$$k_3=\frac{\ln c(M)_0/c(M)_3}{c(I)_3^{1/2}t_3}=\frac{\ln\dfrac{1}{0.6}}{(0.1\times10^{-2})^{1/2}\times6.0\times10^2}=0.0269$$

$$k=\frac{k_1+k_3}{2}=\frac{0.0277+0.0269}{2}=0.0273$$

$$k_2=\frac{\ln c(M)_0/c(M)_2}{c(I)_2^{1/2}t_2}=\frac{\ln\dfrac{1}{0.25}}{(0.1\times10^{-2})^{1/2}\times7.0\times10^2}=0.063$$

对于实验 4,有

$$t_4=\frac{\ln c(M)_0/c(M)_4}{c(I)_4^{1/2}k}=\frac{\ln\dfrac{1}{0.5}}{(1\times10^{-2})^{1/2}\times0.0273}=253.8(\min)$$

(2) 计算总活化能 $E_总$:

$$\ln\frac{k_2}{k_1}=\frac{E_总}{R}\left(\frac{1}{T_1}-\frac{1}{T_2}\right)$$

$$E_总=\frac{\ln\dfrac{k_2}{k_1}\cdot R}{\dfrac{1}{T_1}-\dfrac{1}{T_2}}=\frac{\ln\dfrac{0.063}{0.0277}\times8.31\times10^{-3}}{\dfrac{1}{333}-\dfrac{1}{353}}=\frac{6.83\times10^{-3}}{0.17\times10^{-3}}=40.2(\text{kJ/mol})$$

例 3-5　聚氯乙烯的相对分子质量为什么与引发剂浓度基本上无关而仅取决于聚合反应温度? 试求 45℃、50℃、60℃ 下聚合所得聚氯乙烯的相对分子质量。($C_M=125\mathrm{e}^{-30.5/RT}$)

解　氯乙烯自由基聚合时,聚氯乙烯链自由基向单体氯乙烯的转移速率很大,以至于超过正常的终止速率,成为生成聚氯乙烯大分子的主要方式,即

$$R_{tr,M}\gg R_t$$

$$\overline{X}_n=\frac{R_p}{R_t+\sum R_{tr,M}}=\frac{R_p}{R_{tr,M}}=\frac{k_p}{k_{tr,M}}=\frac{1}{C_M}$$

C_M 是温度的函数。因此,聚氯乙烯的相对分子质量与引发剂的浓度基本无关,而仅取决于聚合反应温度。

氯乙烯自由基向单体的链转移常数 C_M 与温度的关系如下:

$$\frac{1}{\overline{X}_n}=C_M=125\mathrm{e}^{-30.5/RT}$$

聚合温度为 45℃、50℃、60℃时，聚氯乙烯的平均聚合度$\overline{X}_n$如下：

$$\overline{X}_n=\frac{e^{30.5/RT}}{125}=\frac{e^{30.5/(8.31\times318)}}{125}=817(45℃时)$$

$$\overline{X}_n=\frac{e^{30.5/RT}}{125}=\frac{e^{30.5/(8.31\times323)}}{125}=685(50℃时)$$

$$\overline{X}_n=\frac{e^{30.5/RT}}{125}=\frac{e^{30.5/(8.31\times333)}}{125}=487(60℃时)$$

例 3-6　如果某一自由基聚合反应的链终止反应完全偶合终止，估计在低转化率下所得聚合物的相对分子质量分布指数是多少？在下列情况下，聚合物的相对分子质量分布情况会如何变化？

（1）加入正丁基硫醇作链转移剂。

（2）反应进行到高转化率。

（3）向聚合物分子发生链转移。

（4）存在自动加速效应。

解　根据概率论推导，在偶合终止的聚合反应中，数均聚合度为

$$\overline{X}_n=\sum\frac{N_x}{N}\cdot x=\sum x^2p^{x-2}(1-p)^2\approx\frac{2}{1-p}$$

重均聚合度为

$$\overline{X}_w=\sum\frac{m_x}{m}\cdot x=\frac{1}{2}\sum x^3p^{x-2}(1-p)^3\approx\frac{3}{1-p}$$

在低转化率下，预计聚合物的相对分子质量分布指数为 1.5。

（1）加入正丁基硫醇作链转移剂，平均相对分子质量下降，估计相对分子质量分布指数为 2。

（2）反应进行到高转化率，由于出现自动加速效应连同聚合后期[M]与[I]变小的现象，相对分子质量分布指数显著增大。

（3）向聚合物分子发生链转移会加宽相对分子质量分布。

（4）存在自动加速效应会使相对分子质量分布加宽。

例 3-7　苯乙烯在 60℃下，采用过氧化苯甲酰（BPO）作引发剂进行本体聚合。如果要求初期聚合反应速率$R_p=2.5\times10^{-4}$mol/(L·s)，初期聚合物的平均聚合度$\overline{X}_n=1000$时，试求引发剂的浓度。

已知：BPO 的分解速率常数为$k_d=1.18\times10^{14}\times e^{-1.25\times10^5/RT}$ s^{-1}，$f=0.8$，不考虑链转移反应。

解

$$R_i=2fk_dc(I)$$

$$v=\frac{k_p}{2(fk_dk_t)^{1/2}}\cdot\frac{c(M)}{c(I)^{1/2}}$$

$$k_d=1.18\times10^{14}\times e^{-1.25\times10^5/RT}=1.18\times10^{14}\times e^{-1.25\times10^5/(8.31\times333)}=2.85\times10^{-6}(s^{-1})$$

$$\overline{X}_n = 2v = \frac{2R_p}{R_i}$$

$$R_i = \frac{2R_p}{\overline{X}_n} = \frac{2 \times 2.5 \times 10^{-4}}{1000} = 5.0 \times 10^{-7} [\text{mol}/(\text{L} \cdot \text{s})]$$

$$f = 0.8$$

$$c(\text{I}) = \frac{R_i}{2fk_d} = \frac{5.0 \times 10^{-7}}{2 \times 0.8 \times 2.85 \times 10^{-6}} = 1.1 \times 10^{-1} (\text{mol/L})$$

例 3-8　苯乙烯在 60℃ 下进行溶液聚合，用 BPO 作引发剂，所得数据如下：$[\text{M}] = 2.0\text{mol/L}, [\text{I}] = 0.04\text{mol/L}, f = 0.8, k_p = 176\text{L}/(\text{mol} \cdot \text{s}), k_d = 2.0 \times 10^{-6}\text{s}^{-1}, k_t = 3.6 \times 10^7\text{L}/(\text{mol} \cdot \text{s})$，求聚合初期的聚合反应速率和聚合度。

解

$$R_p = k_p \left(\frac{fk_d}{k_t}\right)^{1/2} [\text{I}]^{1/2}[\text{M}]$$

将以上数据代入公式，得 $R_p = 1.4847 \times 10^{-5}\text{mol}/(\text{L} \cdot \text{s})$。

没有链转移时，苯乙烯聚合为偶合终止，聚合初期聚合度 $(\overline{X}_n)_0 = 2v$。

$$(\overline{X}_n)_0 = 2v = 463.8$$

$$v = \frac{k_p}{2(k_tk_df)^{1/2}} \frac{[\text{M}]}{[\text{I}]^{1/2}} = 231.9$$

例 3-9　在苯乙烯聚合反应中 $k_p = 145\text{L}/(\text{mol} \cdot \text{s}), k_t = 2.9 \times 10^7\text{L}/(\text{mol} \cdot \text{s})$，苯乙烯密度为 0.8g/mL，用 BPO 作引发剂，在聚合反应温度下半衰期为 44h，用量为苯乙烯的 0.5%（质量分数），设引发效率为 0.5，求聚苯乙烯的数均相对分子质量。

解　根据已知条件，可以计算得

$$k_d = \frac{\ln 2}{t_{1/2}} = \frac{\ln 2}{44 \times 3600} = 4.4 \times 10^{-6}(\text{s}^{-1})$$

$$[\text{M}] = \frac{0.8 \times 1000}{104} = 7.7(\text{mol/L})$$

$$[\text{I}] = \frac{0.8 \times 1000 \times 0.5\%}{242} = 1.6 \times 10^{-2}(\text{mol/L})$$

于是

$$R_p = k_p \left(\frac{fk_d}{k_t}\right)^{1/2} [\text{M}][\text{I}]^{1/2}$$

$$= 145 \times \left(\frac{0.5 \times 4.4 \times 10^{-6}}{2.9 \times 10^7}\right)^{1/2} \times 7.7 \times (1.6 \times 10^{-2})^{1/2}$$

$$= 3.9 \times 10^{-3}[\text{mol}/(\text{L} \cdot \text{s})]$$

$$v = \frac{k_p^2 [\text{M}]^2}{2k_tR_p} = \frac{145^2 \times 7.7^2}{2 \times 2.9 \times 10^7 \times 3.9 \times 10^{-3}} = 5.5$$

已知苯乙烯聚合时的终止方式以双基偶合终止为主，则其数均相对分子质量为

$$\overline{M}_n = 2vM_0 = 2 \times 5.5 \times 10^2 \times 104 = 1.1 \times 10^5$$

例 3-10 以 BPO 作引发剂,在 60℃下甲基丙烯酸甲酯进行本体聚合,动力学数据如下:$k_p = 3.67 \times 10^2 L/(mol \cdot s)$,$k_t = 9.30 \times 10^6 L/(mol \cdot s)$,$k_d = 2.0 \times 10^{-6}(s^{-1})$,$c(I) = 0.01mol/L$,$C(偶合终止系数) = 0.15$,$D(歧化终止系数) = 0.85$,$f = 0.8$,$C_M = 1.85 \times 10^{-5}$,$C_I = 2 \times 10^{-2}$,甲基丙烯酸甲酯的密度为 $0.937g/mL$,计算聚甲基丙烯酸甲酯(PMMA)的平均聚合度 $\overline{X}_n$。

解

$$\frac{1}{\overline{X}_n} = \frac{1}{k''v} + C_M + C_I \frac{c(I)}{c(M)}$$

$$k'' = \frac{1}{\dfrac{C}{2} + D} = \frac{1}{\dfrac{0.15}{2} + 0.85} = 1.08$$

$$c(M) = \frac{0.937 \times 10^3}{100} = 9.37$$

$$v = \frac{k_p c(M)}{2(fk_d k_t)^{1/2} c(I)^{1/2}}$$

$$v = \frac{k_p c(M)}{2(fk_d k_t)^{1/2} c(I)^{1/2}} = \frac{3.67 \times 10^2 \times 9.37}{2 \times (0.8 \times 2.0 \times 10^{-6} \times 9.30 \times 10^6)^{1/2} \times (10^{-2})^{1/2}} = 4.46 \times 10^3$$

$$\frac{1}{\overline{X}_n} = \frac{1}{1.08 \times 4.46 \times 10^3} + 1.85 \times 10^{-5} + \frac{2 \times 10^{-2} \times 10^{-2}}{9.37}$$

$$= 2.08 \times 10^{-4} + 1.85 \times 10^{-5} + 2.3 \times 10^{-5} = 2.50 \times 10^{-4}$$

即 $\overline{X}_n = 4.00 \times 10^3$。

例 3-11 在 60℃下苯乙烯以 AIBN 为引发剂引发聚合,若无链转移,以双基偶合终止生成聚合物,根据下列数据计算平均聚合度:$[M] = 3.5mol/L$,自由基寿命 $\tau = 8.8s$,$k_p = 1.45 \times 10^2 L/(mol \cdot s)$。

解

$$v = \frac{R_p}{R_i} = \frac{k_p[M]}{2k_t[M \cdot]} = k_p[M]\tau$$

$$\overline{X}_n = 2v = 2k_p[M]\tau = 2 \times 1.45 \times 10^2 \times 3.5 \times 8.8 = 8.9 \times 10^3$$

该聚合物的平均数均聚合度为 8.9×10^3。

例 3-12 在苯溶液中用偶氮二异丁腈引发浓度为 1mol/L 的苯乙烯聚合,测得聚合初期引发速度为 $4.0 \times 10^{-11} mol/(L \cdot s)$,聚合反应速率为 $1.5 \times 10^{-7} mol/(L \cdot s)$。若全部为偶合终止:

(1) 试求数均聚合度(向单体、引发剂、溶剂苯、高分子的链转移反应可以忽略)。

(2) 从实用考虑,上述得到的聚苯乙烯相对分子质量太高,欲将数均相对分子质量降低为 83 200,则链转移剂正丁硫醇应加入的浓度为多少?(已知 C_S:21,各元素相对原子质量分别为 C:12,H:1,O:16)

解 (1) 数均聚合度:

$$\overline{X}_{n}=2v=2\frac{R_{p}}{R_{i}}=2\times\frac{1.5\times10^{-7}}{4.0\times10^{-11}}=7.5\times10^{3}$$

(2) 由 $\dfrac{1}{\overline{X}_{n}'}=\dfrac{1}{\overline{X}_{n}}+C_{S}\dfrac{[S]}{[M]}$,得

$$[S]=\frac{[M]}{C_{S}}\left(\frac{1}{\overline{X}_{n}'}-\frac{1}{\overline{X}_{n}}\right)=\frac{1}{21}\times\left(\frac{1}{83\ 200/104}-\frac{1}{7.5\times10^{3}}\right)=5.3\times10^{-5}\ (\text{mol/L})$$

即正丁硫醇的浓度应为 5.3×10^{-5} mol/L。

例 3-13 MMA 加入 0.26%(质量分数)的过氧化物于 50℃下聚合,当转化率小于 5% 时所得的聚合物的平均聚合度为 6600。试判断链终止的主要方式,并指出判断的依据。当转化率为 30% 时,瞬间生成的聚合物的平均聚合度为 27 500,则这时链终止的主要方式是什么?(已知在 30% 转化率下聚合反应速率是聚合初期速率的 5 倍。50℃下 $C_{I}=2\times10^{-4}$, $C_{M}=0.15\times10^{-4}$,MMA 在 50℃下的密度为 0.930g/mL)

解 分析题意,在 50℃下 MMA 本体聚合中活性链终止方式,除了动力学链的终止外,还有向单体、引发剂的转移终止反应。所以只要考察该体系在没有链转移条件下形成聚合物的聚合度与只有链转移时它们对聚合物的聚合度的贡献,就可以判断这一问题。

根据已知条件可求得

$$[M]=9.3\text{mol/L} \qquad [BPO]=0.01\text{mol/L}$$

在低转化率下, $\overline{X}_{n}=6600$,且

$$\frac{1}{\overline{X}_{n}}=\frac{1}{(\overline{X}_{n})_{0}}+C_{M}+C_{I}\frac{[I]}{[M]}$$

所以仅考虑向单体与引发剂转移对聚合度的影响时

$$\frac{1}{\overline{X}_{n}}=C_{M}+C_{I}\frac{[I]}{[M]}=0.15\times10^{-4}+2\times10^{-4}\times\frac{0.01}{9.3}$$

根据上式计算可以求得

$$\frac{1}{\overline{X}_{n}}=0.000\ 036\ 5$$

也就是说, $\overline{X}_{n}=27\ 397$,现所得的聚合物的平均聚合度为 6600,说明此时活性链的终止主要是以动力学链终止的方式进行的。

在 30% 转化率时已有明显的自动加速现象,这时 k_{t} 明显下降,而 k_{p} 、 $k_{tr,M}$ 、 $k_{tr,I}$ 没有太大的变化,[M]与[I]的变化也不大,所以在平均聚合度的关系式中,第一项 $\dfrac{1}{(\overline{X}_{n})_{0}}$ 的变化很大而后几项变化较小。在该转化率下,瞬间形成的聚合物的聚合度为 27 500。

因此,可以判断:在这时,链终止的方式应当是以向单体与引发剂的链转移方式为主。

例 3-14 已知 BPO 在 60℃的半衰期为 48h,甲基丙烯酸甲酯在 60℃的 $k_{p}^{2}/k_{t}=1\times$

10^{-2} L/(mol·s)。如果起始投料量为每 100 mL 溶液(溶剂为惰性)中含有 20 g 甲基丙烯酸甲酯和 0.1 g 过氧化苯甲酰,试求:

(1) 10%单体转化为聚合物的时间。

(2) 反应初期生成的聚合物的数均聚合度。(60℃时,85%为歧化终止,15%为偶合终止,f 按 1 计算)

解 (1)

$$k_d = \frac{0.693}{t_{1/2}} = 4.0 \times 10^{-6}\,\text{s}^{-1}$$

$$k_p^2/k_t = 1 \times 10^{-2}\,\text{L/(mol·s)}$$

$$k_p/k_t^{1/2} = 0.1\,\text{L}^{1/2}/(\text{mol·s})^{1/2}$$

$$[\text{M}] = 2\,\text{mol/L} \qquad [\text{I}] = 0.0042\,\text{mol/L}$$

$$R_p = k_p \left(\frac{fk_d}{k_t}\right)^{1/2} [\text{M}][\text{I}]^{1/2} = 2.6 \times 10^{-5}\,\text{mol/(L·s)}$$

10%单体转化相当于每升起始反应的单体为 0.2 mol,所需时间为

$$t = \frac{0.2}{2.6 \times 10^{-5}} = 7.69 \times 10^3 (\text{s}) = 2.14 (\text{h})$$

(2) $v = \dfrac{k_p}{2(fk_dk_t)^{1/2}} \times \dfrac{[\text{M}]}{[\text{I}]^{1/2}} = 769$,如不考虑转移终止对数均聚合度的贡献,则

$$\overline{X}_n = \frac{769}{0.15/2 + 0.85} = 831$$

例 3-15 按下述两种配方,使苯乙烯在苯中用 BPO 作引发剂在 60℃下进行自由基聚合:

(1) $c(\text{BPO}) = 2 \times 10^{-4}\,\text{mol/L}, c(\text{M}) = 4.16\,\text{mol/L}$

(2) $c(\text{BPO}) = 6 \times 10^{-4}\,\text{mol/L}, c(\text{M}) = 0.832\,\text{mol/L}$

设 $f = 1$,试求上述两种配方的转化率均达 10%时所需要的时间比。

解 根据聚合速度方程,有

$$R_p = k_p c(\text{M}) \left(\frac{fk_d}{k_t}\right)^{1/2} c(\text{I})^{1/2}$$

聚合速率与单体浓度的一次方成正比,与引发剂浓度的 1/2 次方成反比。配方(1)单体的浓度是配方(2)单体的浓度的 5 倍,所以达到同一转化率时,前者生成的聚合物的量也为后者生成的聚合物的量的 5 倍。转化率为 10%仍属稳态。

设转化率为 10%时配方(1)所需的时间为 t_1,配方(2)所需时间为 t_2,则

$$R_{p1} \cdot t_1 = 5R_{p2} \cdot t_2$$

$$\frac{t_1}{t_2} = \frac{5R_{p2}}{R_{p1}} = \frac{5 \times 0.832 \times (6 \times 10^{-4})^{1/2}}{4.16 \times (2 \times 10^{-4})^{1/2}} = 1.73$$

例 3-16 用 ABIN 作引发剂(浓度为 0.1 mol/L),使苯乙烯在 40℃下于膨胀计中进行本体聚合,用 DPPH 作阻聚剂,实验结果表明,阻聚剂的用量与诱导期呈直线关

系,当 DPPH 用量分别为 0mol/L 和 8×10^{-5} mol/L 时,诱导期分别为 0min 和 15min。已知:ABIN 在 40℃时的半衰期 $t_{1/2}=150$h,试求 ABIN 引发效率 f。

解

$$R_i = \frac{c(阻聚剂)}{诱导期} = \frac{8\times10^{-5}}{15\times60} = 8.89\times10^{-8} [mol/(L \cdot s)]$$

$$R_i = 2fk_d c(I)$$

$$k_d = \frac{0.693}{t_{1/2}} = \frac{0.693}{150\times3600} = 1.28\times10^{-6} (s^{-1})$$

$$f = \frac{R_i}{2k_d c(I)} = \frac{8.89\times10^{-8}}{2\times1.28\times10^{-6}\times0.1} = 0.347$$

测试题

一、名词解释

1. 活性种	2. 均裂	3. 异裂	4. 自由基聚合
5. 离子聚合	6. 阳离子聚合	7. 阴离子聚合	8. 诱导效应
9. 偶合终止	10. 歧化终止	11. 半衰期	12. 诱导分解
13. 笼蔽效应	14. 引发剂效率	15. 自动加速现象	16. 聚合动力学
17. 动力学链长	18. 链转移常数	19. 阻聚剂	20. 缓聚剂
21. 阻聚常数	22. 自由基捕捉剂	23. 自由基寿命	

二、填空题

1. 自由基聚合的特征是(　　)、(　　)、(　　);阴离子聚合的特征是(　　)、(　　)、(　　)、(　　);阳离子聚合的特征是(　　)、(　　)、(　　)、(　　)。

2. 自由基聚合的方法有(　　)、(　　)、(　　)、(　　),离子型聚合的方法有(　　)和(　　)。

3. 自由基聚合时常见的链转移反应有(　　)、(　　)、(　　)和(　　)几种。

4. 自由基聚合中,欲降低聚合物的相对分子质量可选择(　　)聚合温度,(　　)引发剂浓度,添加(　　)等方法。

5. 引发剂的选择原则是根据聚合实施方法选择(　　),根据聚合温度选择(　　),根据聚合周期选择(　　),根据聚合物使用场合,还要考虑(　　)。

6. 引发剂引发的自由基聚合体系中,影响聚合物相对分子质量的因素是(　　)、(　　)和(　　)。

7. 聚合度 $\overline{X}_n$ 可定义为(　　)。$\overline{X}_n$ 与动力学链长 v 的关系:当无链转移偶合终止时,v 和 $\overline{X}_n$ 的关系为(　　);歧化终止时,v 和 $\overline{X}_n$ 的关系为(　　)。

8. 自由基聚合过程中,当出现自动加速现象时,在高转化率下聚合速率常数 k_p、k_t 的变化趋势是 k_p(　　),k_t(　　)。

9. 偶氮二异丁腈的英文缩写是(　　),DCPD 的中文名是(　　),分解活性

（　　　）比（　　　）大,它们在聚合反应中的作用是（　　　）。

10. 链转移剂在聚合过程中可起（　　　）作用,故又称（　　　）,常用的链转移剂有（　　　）。

11. 链转移反应会造成聚合物相对分子质量（　　　）。诱导分解是指（　　　）。

12. 自由基聚合中出现诱导期是因为（　　　）。

13. 某引发剂在某温度下的分解速率常数为 10^{-6},则该温度下的半衰期为（　　　）。

14. 引发剂的引发效率一般小于 1,是由（　　　）和（　　　）产生的。

15. 推导自由基聚合速率方程时,用了三个基本假定,它们分别是（　　　）假定、（　　　）假定、（　　　）假定,自由基聚合速率方程适合聚合反应的（　　　）期。

16. 诱导分解实际上是自由基向（　　　）的转移反应。

17. 自由基聚合规律是转化率随时间而（　　　）,延长反应时间可以提高（　　　）;缩聚反应规律是转化率与时间（　　　）,延长反应时间是为了（　　　）。

18. 在自由基聚合中,链自由基向单体转移使聚合速率（　　　）,相对分子质量（　　　）。向大分子转移使聚合速率（　　　）。

三、简答题

1. 试比较自由基聚合与缩聚反应的区别。

2. 为什么自由基聚合时聚合物的相对分子质量与反应时间基本无关,缩聚反应中聚合物的相对分子质量随时间的延长而增大?

3. 在自由基聚合中,为什么聚合物链中单体单元大部分按头尾方式连接?

4. 自由基聚合常用的引发方式有几种? 举例说明其特点。

5. 分析采用本体聚合方法进行自由基聚合时,聚合物在单体中的溶解性对自动加速效应的影响。

6. 在自由基聚合反应中,什么条件会出现自动加速现象? 试讨论其产生的原因以及促使其产生和抑制的方法。

7. 氯乙烯、苯乙烯、甲基丙烯酸甲酯聚合时都存在自动加速现象,三者有何差别? 氯乙烯悬浮聚合时,选用半衰期适当（如 $t_{1/2}=1.5\sim2.0h$）的引发剂或复合引发剂,基本上接近匀速反应,试解释其原因。

8. 在自由基聚合反应动力学研究中作了哪些基本假定? 解决了什么问题?

9. 指出在什么条件下自由基聚合反应速率 R_p 与引发剂浓度 $c(I)$ 的反应级数为:
(1) 0 级;(2) 0.5 级;(3) 0.5～1 级;(4) 1 级;(5) 0～0.5 级。

10. 什么是链转移反应? 有几种形式? 对聚合反应速率和聚合物的相对分子质量有什么影响?

11. 动力学链长的定义是什么? 分析没有链转移反应与有链转移反应时动力学链长与平均聚合度的关系。

12. 解释引发效率、诱导分解和笼蔽效应。

13. 单体（如苯乙烯）在储存和运输中,常加入阻聚剂。聚合前用什么方法除去阻聚剂? 若取混有阻聚剂的单体聚合,将会产生什么后果?

14. 乙烯进行自由基聚合时,为什么需在高温($130\sim280℃$)、高压($150\sim250MPa$)的苛刻条件下进行?

15. 判断下列单体能否通过自由基聚合形成高相对分子质量聚合物,并说明理由。

(1) $CH_2=C(C_6H_5)_2$　　　　(2) $CH_2=CH-OR$　　　　(3) $CH_2=CH-CH_3$

(4) $CH_2=C(CH_3)COOCH_3$　　　　(5) $CH_3CH=CHCOOCH_3$

四、计算题

1. 在一溶液聚合体系中,其单体浓度 $c(M)=0.2mol/L$,某过氧化物引发剂浓度 $c(I)=4.0\times10^{-3}mol/L$,$60℃$进行自由基聚合。已知:$k_p=1.45\times10^2L/(mol\cdot s)$,$k_t=7.0\times10^7L/(mol\cdot s)$,$f=0.8$,引发剂半衰期 $t_{1/2}=44h$。计算:

(1) 初期聚合速率 R_p。

(2) 初期动力学链长 v。

(3) 当转化率达 50% 时所需的时间。

2. 单体乙酸乙烯(Vac)以偶氮二异丁腈(ABIN)为引发剂,甲醇(CH_3OH)为溶剂,$65℃$进行溶液聚合,其动力学数据如下:$k_d=1.16\times10^{-5}s^{-1}$;$k_p=3.7\times10^3L/(mol\cdot s)$;$k_t=7.4\times10^7L/(mol\cdot s)$;$f=0.8$;$C_M=1.91\times10^{-4}$;$C_S=6.10\times10^{-5}$;而 Vac:$CH_3OH=80:20$(质量比),ABIN 的用量为单体用量的 0.25%;$65℃$时乙酸乙烯的密度为 $0.934g/mL$,甲醇的密度为 $0.791g/mL$;Vac、ABIN 和 CH_3OH 的相对分子质量分别为 86、164 和 32,设终止方式为歧化终止。试求所得聚乙酸乙烯的 $\overline{X}_n$。

3. 某单体 A 在 $60℃$,选用半衰期 16.6h,$f=0.8$ 的引发剂进行本体聚合,实验测得以下数据:$[M]=8.3mol/L$,$R_p=4.0\times10^{-5}mol/(L\cdot s)$,$\overline{X}_n=835$,$[I]=0.001mol/L$,当歧化终止占动力学终止的 10% 时,(1) 试计算 fk_d 和 $k_p/k_t^{1/2}$。(2) 计算该单体的 C_M(不考虑 C_I)。(3) 如果存在向引发剂转移,试简述测定 C_I 的方法。

4. 计算苯乙烯本体聚合的聚合速率 R_p 和聚苯乙烯的平均聚合度 $\overline{X}_n$。已知:聚合温度为 $60℃$,$k_p=176L/(mol\cdot s)$,$k_t=3.6\times10^7L/(mol\cdot s)$,$\rho=5.0\times10^{12}$ 分子/$(mL\cdot s)$,$60℃$苯乙烯的密度为 $0.887g/mL$。

5. 在苯中配成浓度为 $2.5mol/L$ 甲基丙烯酸甲酯(MMA)、$0.01mol/L$ 过氧化苯甲酰溶液,加热至 $70℃$,测得聚合反应的最初引发速率为 $9.4\times10^{-10}mol/(L\cdot s)$,聚合反应速率为 $3.15\times10^{-6}mol/(L\cdot s)$,甲基丙烯酸甲酯的相对分子质量为 100,试计算 $\dfrac{k_p}{k_t^{1/2}}$ 及数均相对分子质量。(设不考虑链转移反应,全部为歧化终止)

6. 以过氧化苯甲酰作引发剂,在 $60℃$ 进行苯乙烯聚合动力学研究,数据如下:$60℃$苯乙烯的密度为 $0.887g/mL$,引发剂用量为单体质量的 0.109%,$R_p=0.255\times10^{-4}mol/(L\cdot s)$,聚合度$=2460$,$f=0.80$,自由基寿命 $\tau=0.82s$。

(1) 试求 k_d、k_p、k_t,建立三个常数的数量级概念。

(2) 比较 $[M]$ 和 $[M\cdot]$ 的大小,比较 R_i、R_p、R_t 的大小。

7. 以过氧化二特丁基为引发剂,在 60℃下研究苯乙烯聚合。苯乙烯溶液浓度为 1.0mol/L,过氧化物为 0.01mol/L,引发和聚合的初速率分别为 4×10^{-11} mol/(L·s) 和 1.5×10^{-7} mol/(L·s)。试计算 fk_d、初期聚合度、初期动力学链长。计算时采用下列数据和条件:$C_M=8.0\times10^{-5}$,$C_I=3.2\times10^{-4}$,$C_S=2.3\times10^{-6}$,60℃下苯乙烯的密度为 0.887g/mL,苯的密度为 0.839g/mL,设苯乙烯-苯体系为理想溶液。

8. 某单体于一定温度下,用过氧化物作引发剂,进行溶液聚合反应,已知单体浓度为 1.0mol/L,一些动力学参数为 $fk_d=2\times10^{-9}$ s^{-1},$k_p/k_t^{1/2}=0.0335$ $[L/(mol\cdot s)]^{1/2}$。若聚合中不存在任何链转移反应,引发反应速率与单体浓度无关,且链终止方式以偶合反应为主时,回答下列问题:

(1) 要求起始聚合速率$(R_p)_0>1.4\times10^{-7}$mol/(L·s),产物的动力学链长 $v>3500$ 时,则采用引发剂的浓度应是多少?

(2) 当仍维持(1)的$(R_p)_0$,而 $v>4100$ 时,则引发剂浓度应是多少?

(3) 为实现(2),可考虑变化除引发剂浓度外的一切工艺因素,试讨论调节哪些因素有利于达到上述目的。

9. 苯乙烯在 60℃以过氧化二叔丁基为引发剂,苯为溶剂进行聚合。当苯乙烯的浓度为 1mol/L,引发剂浓度为 0.01mol/L 时,引发剂分解和形成聚合物的初始速率分别为 4×10^{-11}mol/(L·s)和 1.5×10^{-7}mol/(L·s)。试根据计算判断在低转化率下,在上述聚合反应中链终止的主要方式,以及每一个由过氧化物引发的链自由基平均转移几次后失去活性。已知在该温度下 $C_M=8.0\times10^{-5}$,$C_I=3.2\times10^{-4}$,$C_S=2.3\times10^{-6}$,60℃苯乙烯(相对分子质量 104)的密度为 0.887g/mL,苯(相对分子质量 78)的密度为 0.839g/mL,设苯乙烯体系为理想溶液。

10. 1,3-丁二烯进行自由基聚合,$\Delta H^\ominus$ 和 $\Delta S^\ominus$ 如表 3-6 所示。计算 27℃、77℃和 127℃时的平衡单体浓度 $c(M)_e$。

表 3-6　1,3-丁二烯 25℃时的聚合热和聚合熵

$-\Delta H^\ominus/(kJ/mol)$	$-\Delta S^\ominus/[J/(mol\cdot K)]$
73	89

11. 用过氧化苯甲酰作引发剂,苯乙烯聚合时各基元反应的活化能分别为 $E_d=125.6$kJ/mol,$E_p=32.6$kJ/mol,$E_t=10$kJ/mol。试比较温度从 50℃增至 60℃、80℃增至 90℃时:(1) 总反应速率变化的情况。(2) 相对分子质量变化的情况。

测试题参考答案

一、名词解释

1. 打开单体的 π 键,使链引发和增长的物质,活性种可以是自由基,也可以是阳离子和阴离子。

2. 均裂是化合物共价键的断裂形式之一,其结果导致共价键上一对电子分属两个基团,使每个基团带有一个独电子,这个带独电子的基团呈中性,称为自由基。

3. 异裂是化合物共价键的断裂形式之一,其结果导致共价键上一对电子全部归属于其中一个基团,这个基团称为阴离子,而另一缺电子的基团称为阳离子。

4. 以自由基作为活性中心的连锁聚合。

5. 活性中心为阴、阳离子的连锁聚合。

6. 以阳离子作为活性中心的连锁聚合。

7. 以阴离子作为活性中心的连锁聚合。

8. 单体取代基的供电子、吸电子性。

9. 两链自由基的独电子相互结合成共价键的终止反应,偶合终止的结果是大分子的聚合度为链自由基重复单元数的两倍。

10. 某链自由基夺取另一自由基的氢原子或其他原子终止反应。歧化终止的结果是聚合度与链自由基的单元数相同。

11. 物质分解至起始浓度(计时起点浓度)一半时所需的时间。

12. 诱导分解实际上是自由基向引发剂的转移反应,其结果使引发剂效率降低。

13. 在溶液聚合反应中,浓度较低的引发剂分子及其分解出的初级自由基始终处于含大量溶剂分子的高黏度聚合物溶液的包围之中,一部分初级自由基无法与单体分子接触而更容易发生向引发剂或溶剂的转移反应,从而使引发剂效率降低。

14. 引发聚合部分的引发剂占引发剂分解消耗总量的分数称为引发剂效率。

15. 聚合中期随着聚合的进行,聚合速率逐渐增加,出现自动加速现象,自动加速现象主要是体系黏度增加所引起的。

16. 聚合速率、相对分子质量与引发剂浓度、单体浓度、聚合温度等因素间的定量关系。

17. 每个活性种从引发阶段到终止阶段所消耗的单体分子数定义为动力学链长,动力学链在链转移反应中不终止。

18. 链转移速率常数和增长速率常数之比,代表链转移反应与链增长反应的竞争能力。

19. 能够使每一自由基都终止,形成非自由基物质,或形成活性低、不足以再引发的自由基的试剂,它能使聚合完全停止。按机理可分为加成型阻聚剂(如苯醌等)、链转移型阻聚剂(如 DPPH 等)和电荷转移型阻聚剂(如 $FeCl_3$ 等)等。

20. 能够使一部分自由基终止、聚合减慢的试剂。通常不出现诱导期。

21. 阻聚反应速率常数与增长速率常数的比值称为阻聚常数,可用来衡量阻聚效率。

22. 1,1-二苯基-2-三硝基苯肼(DPPH)和 $FeCl_3$ 这两种高效阻聚剂,它们能够化学计量 1 对 1 消灭自由基。

23. 自由基从产生到终止所经历的时间,可由稳态时的自由基浓度与自由基消失速率相除求得。

二、填空题

1. (快引发)、(慢增长)、(速终止)、(快引发)、(快增长)、(无终止)、(无转移)、(快引发)、(快增长)、(易转移)、(难终止)

2. (本体聚合)、(溶液聚合)、(悬浮聚合)、(乳液聚合)、(溶液聚合)、(本体聚合)

3. (向单体转移)、(向溶剂转移)、(向引发剂转移)、(向聚合物转移)

4. (升高)、(提高)、(链转移剂)

5. (引发剂种类)、(分解活化能适当的引发剂)、(半衰期适当的引发剂)、(引发剂是否有毒)

6. (单体浓度)、(引发剂浓度)、(聚合温度)

7. (平均每个大分子上的结构单元总数)、($\overline{X}_n = 2v$)、($\overline{X}_n = v$)

8. (变小)、(变小)

9. (AIBN)、(过氧化二碳酸二环己酯)、(DCPD)、(AIBN)、(作引发剂,分解产生自由基)

10. （调节相对分子质量）、（分子质量调节剂）、（脂肪族硫醇）

11. （降低）、（自由基向引发剂的转移反应）

12. （初期自由基为阻聚杂质所终止）

13. （192.5h）

14. （诱导分解）、（笼蔽效应）

15. （稳态）、（等活性）、（用于链引发的单体量远小于链增长消耗的单体，即长链）、（低转化率的聚合反应初）

16. （引发剂）

17. （增大）、（转化率）、（无关）、（提高相对分子质量）

18. （减少）、（变小）、（不变）

三、简答题

1. 自由基聚合：

(1) 由基元反应组成，各步反应的活化能不同，引发最慢。

(2) 存在活性种，聚合在单体和活性种之间进行。

(3) 转化率随时间增长，相对分子质量与时间无关。

(4) 少量阻聚剂可使聚合终止。

缩聚：

(1) 聚合发生在官能团之间，无基元反应，各步反应活化能相同。

(2) 单体及任何聚体间均可反应，无活性种。

(3) 聚合初期转化率即达很高，官能团反应程度和相对分子质量随时间逐步增大。

(4) 反应过程存在平衡，无阻聚反应。

2. 自由基聚合遵循连锁聚合机理：链增加反应的活化能很低，$E_p = 20 \sim 34 \text{kJ/mol}$，聚合反应一旦开始，在很短的时间内（0.01s 至几秒）就有成千上万的单体参加了聚合反应，也就是生成一个相对分子质量几万至几十万的大分子只需要 0.01s 至几秒的时间（瞬间可以完成），体系中不是聚合物就是单体，不会停留在中间聚合度阶段，所以聚合物的相对分子质量与反应时间基本无关。

缩聚反应遵循逐步聚合机理：单体先聚合成低聚体，低聚体再聚合成高聚物。链增加反应的活化能较高，$E_p = 60 \text{kJ/mol}$ 生成一个大分子的时间很长，几乎是整个聚合反应所需的时间，缩聚物的相对分子质量随聚合时间的延长而增大。

3. 可从以下两方面考虑：①从位阻上看，自由基与含取代基一端靠近时会产生较大位阻，反应能垒比头尾方式高；②从生成的自由基的稳定性看，通过头尾方式生成的自由基在带有取代基的碳上，这样取代基可起共轭稳定作用。

4. 自由基聚合最常用的引发方式是引发剂引发。引发剂可分为热分解型和氧化还原型两大类。热分解型引发剂主要有两大类：偶氮类和过氧化物类。偶氮类如偶氮二异丁腈，45~65℃下使用，引发时产生氮气，只生成一种自由基，性质稳定。过氧化物类如过氧化苯甲酰，分解有副反应存在，性质不稳定。

其他应用相对较多的引发方式包括热引发、光引发、辐射引发。

5. 链自由基较舒展，活性端基包埋程度浅，易靠近而反应终止；自动加速现象出现较晚，即转化率 C 较高时开始自动加速。

在单体是聚合物的劣溶剂时，链自由基的卷曲包埋程度大，双基终止困难，自动加速现象出现得早，而在不良溶剂中情况则介于良溶剂和劣溶剂之间。

6. 本体聚合和添加少量溶剂的溶液聚合等往往会出现自动加速现象。造成自动加速现象产生的根本原因是随着反应的进行和转化率的升高,体系黏度逐渐升高或溶解性能变差,造成链终止速率 k_t 变小,活性链寿命延长,体系活性链浓度增大。

在非均相本体聚合和沉淀聚合中,由于活性链端被包裹,链终止反应速率大大下降,也会出现明显的自动加速现象;在某些聚合反应中,由于模板效应或氢键作用导致链增长速率 k_p 增大,也会出现反应自动加速。

反应的自动加速大多是体系中单位时间内引发的链和动力学终止的链的数目不等造成活性链浓度不断增大所致(随着转化率的升高,体系黏度升高,导致大分子链端被非活性的分子链包围或包裹,自由基之间的双基终止变得困难,体系中自由基的消耗速率减少而产生速率却变化不大,最终导致自由基浓度迅速升高,其结果是聚合反应速率迅速增大,体系温度升高。其结果又反馈回来使引发剂分解速率加快,又导致自由基浓度的进一步升高。于是形成循环正反馈,使反应产生自动加速)。若能调节引发剂的种类和用量,使引发剂的分解速率也随转化率的升高而递减,则可抑制反应自动加速。此外,选用良溶剂、加大溶剂用量、提高聚合温度或适当降低聚合物的相对分子质量等都会减轻反应自动加速程度。反之,则可使自动加速现象提前发生。例如,在甲基丙烯酸甲酯本体聚合时添加少量聚甲基丙烯酸甲酯,由于聚合物溶于单体,提高了聚合体系的黏度,自动加速现象提早发生,从而可缩短聚合反应时间。

7. 氯乙烯聚合体系为非均相的沉淀聚合体系。聚氯乙烯在氯乙烯中虽不溶解,但能溶胀,使活性中心包裹不深,并且聚氯乙烯大分子生成的主要方式是氯乙烯链自由基向氯乙烯单体的转移反应,所以自动加速现象比一般的沉淀聚合体系产生得晚。选用半衰期适当的引发剂或复合引发剂接近匀速反应的原因是自动加速速率和正常聚合速率的衰减正好互补。

苯乙烯、甲基丙烯酸聚合体系为均相聚合体系,但由于单体对聚合物溶解性能的不同,在聚合过程中自动加速现象出现的早晚和表现程度各不相同。苯乙烯是聚苯乙烯的良溶剂,长链自由基在其中处于比较伸展的状态,转化率达 30% 出现自动加速现象。甲基丙烯酸甲酯是聚甲基丙烯酸甲酯的不良溶剂,长链自由基在其中有一定的卷曲,转化率达 10%～15% 开始出现自动加速现象。

8. 假定一:链自由基的活性与链长无关,解决了增长速率方程:$R_p = k_p[M\cdot][M]$。

假定二:数均聚合度很大,引发消耗的单体忽略不计,单体消耗在增长阶段,自由基聚合速率等于增长速率,解决了自由基聚合反应速率用增长速率表示。

假定三:稳态假定,在聚合反应初期,自由基的生成速率等于自由基的消失速率,自由基浓度不变,解决了自由基浓度的表达式。

由假定三,根据具体的引发方式和终止方式,求出自由基的浓度 $[M\cdot]$,如常用的引发剂热引发聚合:

$$R_i = 2fk_d[I] \qquad R_t = 2k_t[M\cdot]^2 \qquad R_i = R_t$$
$$[M\cdot] = (fk_d/k_t)^{1/2}[I]^{1/2}$$

再由假定二和假定一,将自由基浓度 $[M\cdot]$ 代入增长速率方程:

$$R_p = k_p[M\cdot][M] = k_p(fk_d/k_t)^{1/2}[I]^{1/2}[M]$$

9.（1）热聚合时,$R_p \propto c(I)^0$,聚合速率与引发剂浓度无关。

（2）双基终止时,$R_p \propto c(I)^{0.5}$,聚合速率对引发剂浓度为 0.5 级反应。

（3）单、双基终止兼而有之时,$R_p \propto c(I)^{0.5\sim1}$,聚合速率对引发剂浓度为 0.5～1 级反应。

（4）单基终止时,$R_p \propto c(I)$,聚合速率对引发剂浓度为 1 级反应。

（5）选用偶氮苯三苯甲烷引发剂时,$R_p \propto c(I)^{0\sim0.5}$,聚合速率对引发剂浓度为 0～0.5 级反应。

10.（1）链自由基夺取其他分子上的原子,使原来的自由基终止,同时生成一个新的自由基,这种反应称为链转移反应。

（2）链转移的形式包括：向单体、溶剂、引发剂、聚合物、外来试剂的转移反应。

（3）对聚合反应速率和聚合物相对分子质量影响与链增长速率常数 k_p、链转移反应速率常数 k_{tr}、再引发速率常数 k_a 相对大小有关。

11. 在自由基聚合中，将一个活性中心由引发开始到活性中心消失期间消耗的单体分子数定义为动力学链长，用 v 表示。它等于链增长反应速率与链引发反应速率之比。

没有链转移时

$$\overline{X}_n = v/(C/2+D)$$

有链转移时

$$1/\overline{X}_n = (C/2+D)+C_M+C_I[I]/[M]+C_S[S]/[M]+C_P[P]/[M]$$

12. 引发效率：引发剂分解后，只有一部分用来引发单体聚合，将引发聚合部分的引发剂占引发剂分解或消耗总量的分数称为引发效率，用 f 表示。

诱导分解：自由基向引发剂的转移反应，反应结果为自由基总数不变，但白白消耗一个引发剂分子，使 f 下降。

笼蔽效应：由于聚合体系中引发剂的浓度低，引发剂分解生成的初级自由基处于溶剂分子的包围中，限制了自由基的扩散，导致初级自由基在笼内发生副反应，使 f 下降。

13. 苯乙烯等单体在储存和运输过程中，为防止其聚合，常加入对苯二酚等物质作为阻聚剂。聚合前需先用稀 NaOH 洗涤，随后再用水洗至中性，干燥后减压蒸馏提纯；否则将出现不聚或有明显的诱导期。

14. 乙烯是烯类单体中结构最简单的单体，它没有取代基，结构对称，偶极矩为 0，不易诱导极化，聚合反应的活化能很高，不易发生聚合反应；升高反应温度可以增加单体分子的活性，以达到所需要的活化能，有利于反应的进行。

乙烯在常温、常压下为气体，且不易被压缩液化，在高压 250MPa 下，乙烯被压缩，使其密度增加至近似液态烃的密度，增加分子间的碰撞机会，有利于反应的进行。

纯乙烯在 300℃ 以下是稳定的，温度高于 300℃，乙烯将发生爆炸性分解，分解为 C、H_2 和 CH_4 等。而温度低于 130℃，聚乙烯将凝聚。所以反应温度不能超过 300℃，不能低于 130℃。压力受到设备承受能力的限制，不能超过 300MPa。

鉴于以上原因，乙烯进行自由基聚合时需在高温、高压的苛刻条件下进行。

15.（1）不能。因两个苯基体积大，位阻效应。

（2）不能。因—OR 是强的推电子取代基。

（3）不能。因—CH_3 是推电子取代基。

（4）能。因—CH_3 是弱的推电子取代基，而—$COOCH_3$ 是较弱的吸电子取代基，二者叠加结果有弱的电子效应。

（5）不能。因为它为 1,2-二元取代的单体，位阻效应。

四、计算题

1.（1）求初期聚合速率 R_p，即

$$R_p = k_p\left(\frac{fk_d}{k_t}\right)^{1/2}c(I)^{1/2}c(M)$$

$$k_d = \frac{\ln2}{t_{1/2}} = \frac{0.693}{44\times3600} = 4.375\times10^{-6}(s^{-1})$$

$$R_p = 1.45 \times 10^2 \times \left(\frac{0.8 \times 4.375 \times 10^{-6}}{7.0 \times 10^7} \right)^{1/2} \times (0.4 \times 10^{-2})^{1/2} \times 0.2 = 4.10 \times 10^{-7} [\text{mol}/(\text{L} \cdot \text{s})]$$

（2）求初期动力学链长 v

$$v = \frac{k_p}{2(fk_d k_t)^{1/2}} \cdot \frac{c(M)}{c(I)^{1/2}}$$

$$v = \frac{1.45 \times 10^2 \times 0.2}{2 \times (0.8 \times 4.375 \times 10^{-6} \times 7.0 \times 10^7)^{1/2} \times (0.4 \times 10^{-2})^{1/2}} = 14.6$$

（3）当转化率达 50% 时所需的时间。

高转化率时用积分方程式，即

$$\ln \frac{c(M)_0}{c(M)} = k_p \left(\frac{fk_d}{k_t} \right)^{1/2} c(I)^{1/2} t$$

$$t = \frac{\ln c(M)_0 / c(M)}{k_p \left(\dfrac{fk_d}{k_t} \right)^{1/2} c(I)^{1/2}}$$

$$t = \frac{\ln 2}{1.45 \times 10^2 \times \left(\dfrac{0.8 \times 4.375 \times 10^{-6}}{7.0 \times 10^7} \right) \times (0.4 \times 10^{-2})^{1/2}} = \frac{0.693}{2.05 \times 10^{-6}} = 3.38 \times 10^5 (\text{s}) = 93.9 (\text{h})$$

2.
$$\frac{1}{\overline{X}_n} = \frac{1}{k''v} + C_M + C_I \frac{c(I)}{c(M)} + C_S \frac{c(S)}{c(M)}$$

聚合体系的总体积为

$$\frac{80}{0.934} + \frac{20}{0.791} = 111 (\text{mL})$$

$$c(M) = \frac{80/86}{111 \times 10^{-3}} = 8.38 (\text{mol/L})$$

$$c(I) = \frac{80 \times 0.25 \times 10^{-2} / 1.64 \times 10^2}{111 \times 10^{-3}} = 1.1 \times 10^{-2} (\text{mol/L})$$

$$c(S) = \frac{20/32}{111 \times 10^{-3}} = 5.63 (\text{mol/L})$$

$$v = \frac{k_p}{2(fk_d k_t)^{1/2}} \cdot \frac{c(M)}{c(I)^{1/2}}$$

$$v = \frac{3.70 \times 10^3 \times 8.38}{2 \times (0.8 \times 1.16 \times 10^{-5} \times 7.40 \times 10^7)^{1/2} \times (1.1 \times 10^{-2})^{1/2}} = 5.64 \times 10^3$$

$$\frac{1}{\overline{X}_n} = \frac{1}{5.64 \times 10^3} + 1.91 \times 10^{-4} + \frac{6.10 \times 10^{-5} \times 5.63}{8.38} = 4.09 \times 10^{-4}$$

$$\overline{X}_n = 2.44 \times 10^3$$

3.（1）

$$t_{1/2} = \frac{\ln 2}{k_d}$$

$$\frac{0.693}{k_d} = 16.6 \times 3600 \qquad k_d = 1.16 \times 10^{-5} \text{s}^{-1}$$

$$fk_d = 0.8 \times 1.16 \times 10^{-5} = 0.928 \times 10^{-5}$$

$$R_p = k_p \left(\frac{fk_d}{k_t} \right)^{1/2} [\text{I}]^{1/2} [\text{M}]$$

将已知数据代入，可求得 $k_p/k_t^{1/2} = 0.050\,027\,3$。

(2)

$$v = \frac{k_p}{2\,(fk_dk_t)^{1/2}} \frac{[\text{M}]}{[\text{I}]^{1/2}} = 1828.530\,961$$

$$\frac{1}{\overline{X}_n} = \left(\frac{C}{2} + D \right) \frac{1}{v} + C_M$$

因此 $C_M = 8.9682 \times 10^{-4}$。

(3) 令 $(\overline{X}_n)'$ 为没有向溶剂链转移，只有正常终止和向单体转移时的聚合度

$$\frac{1}{(\overline{X}_n)'} = \left(\frac{C}{2} + D \right) \frac{1}{v} + C_M$$

则有

$$\frac{1}{\overline{X}_n} = \left(\frac{C}{2} + D \right) \frac{1}{v} + C_M + \frac{C_I[\text{I}]}{[\text{M}]} = \frac{1}{(\overline{X}_n)'} + \frac{C_I[\text{I}]}{[\text{M}]}$$

固定单体浓度，测定不同引发剂浓度下的聚合初期的聚合度，以 $\frac{1}{\overline{X}_n}$ 对 $\frac{[\text{I}]}{[\text{M}]}$ 作图，斜率即为 C_I。

4.
$$R_p = k_p[\text{M}] \left(\frac{R_i}{2k_t} \right)^{1/2}$$

$$R_i = \frac{\rho \times 10^3}{N_A} = \frac{5.0 \times 10^{12} \times 10^3}{6.023 \times 10^{23}} = 8.30 \times 10^{-9} [\text{mol/(L} \cdot \text{s)}]$$

$$[\text{M}] = \frac{0.887 \times 10^3}{104} = 8.53 (\text{mol/L})$$

$$R_p = 176 \times 8.52 \times \left(\frac{8.30 \times 10^{-9}}{2 \times 3.6 \times 10^7} \right)^{1/2} = 1.61 \times 10^{-5} [\text{mol/(L} \cdot \text{s)}]$$

$$\overline{X}_n = 2v = \frac{2R_p}{R_i} = \frac{2 \times 1.61 \times 10^{-5}}{8.3 \times 10^{-9}} = 3.88 \times 10^3$$

5. 稳态下：

$$R_i = R_t = 2k_t [\text{M} \cdot]^2 = 69.4 \times 10^{-10} [\text{mol/(L} \cdot \text{s)}]$$

$$[\text{M} \cdot] = \left(\frac{4.7 \times 10^{-10}}{k_t} \right)^{1/2}$$

$$R_p = k_p[\text{M} \cdot][\text{M}] = 3.15 \times 10^{-6} [\text{mol/(L} \cdot \text{s)}]$$

$$[\text{M} \cdot] = \frac{3.15 \times 10^{-6}}{2.5 \times k_p} = \left(\frac{4.7 \times 10^{-10}}{k_t} \right)^{1/2}$$

所以

$$\frac{k_p}{k_t^{1/2}} = \frac{3.15 \times 10^{-6}}{2.5 \times 2.168 \times 10^{-5}} = 5.812 \times 10^{-2}$$

歧化终止时

$$\overline{X}_n = v$$

$$v = \frac{k_p}{(2k_t)^{1/2}} \cdot \frac{[\text{M}]}{R_i^{1/2}} = 5.812 \times 10^{-2} \times \sqrt{2} \times \frac{2.5}{\sqrt{9.4 \times 10^{-10}}} = 6.7 \times 10^3$$

$$\overline{M}_n = \overline{X}_n \times M_{MMA} = 6700 \times 100 = 670\,000$$

6. (1) 设 1L 苯乙烯中:

苯乙烯单体的浓度

$$[M]=0.887\times10^3/104=8.53(mol/L) \qquad (104 \text{ 为苯乙烯相对分子质量})$$

引发剂浓度

$$[I]=0.887\times10^3\times0.001\,09/242=4.0\times10^{-3}(mol/L) \qquad (242 \text{ 为 BPO 相对分子质量})$$

全部为偶合终止,令 $a=C/2+D=0.5$。

$$\begin{cases} R_p=k_p\left(\dfrac{fk_d}{k_t}\right)^{1/2}[I]^{1/2}[M] \\[2mm] (\overline{X}_n)_0=\dfrac{k_p^2[M]^2}{2ak_tR_p} \qquad\qquad a=\dfrac{C}{2}+D=0.5 \\[2mm] \tau=\dfrac{k_p}{2k_t}\cdot\dfrac{[M]}{R_p} \end{cases}$$

代入数据

$$\begin{cases} 0.255\times10^{-4}=k_p(0.80k_d/k_t)^{1/2}(4\times10^{-3})^{1/2}\times8.53 \\ 2460=k_p^2\times8.53^2/(k_t\times0.255\times10^{-4}) \\ 0.82=(k_p/2k_t)(8.53/0.255\times10^{-4}) \end{cases}$$

解得

$$\begin{cases} k_d=3.23\times10^{-6}\,s^{-1} & 10^{-4}\sim10^{-6} \\ k_p=1.76\times10^2\,L/(mol\cdot s) & 10^2\sim10^4 \\ k_t=3.59\times10^7\,L/(mol\cdot s) & 10^6\sim10^8 \end{cases}$$

(2) $[M\cdot]=R_p/k_p[M]=0.255\times10^{-4}/(1.76\times10^2\times8.53)=1.70\times10^{-8}(mol/L)$

而 $[M]=8.53mol/L$,可见 $[M]\gg[M\cdot]$。

$$R_i=2fk_d[I]=2\times0.80\times3.23\times10^{-6}\times4\times10^{-3}=2.07\times10^{-8}[mol/(L\cdot s)]$$
$$R_t=2k_t[M\cdot]^2=2\times3.59\times10^7\times(1.70\times10^{-8})^2=2.07\times10^{-8}[mol/(L\cdot s)]$$

而已知 $R_p=2.55\times10^{-5}mol/(L\cdot s)$,可见 $R_p\gg R_i=R_t$。

7. $$R_i=2fk_d[I]$$

代入数据

$$4\times10^{-11}=2fk_d\times0.01$$
$$fk_d=2.0\times10^{-9}$$
$$R_p=k_p(fk_d/k_t)^{1/2}[I]^{1/2}[M]$$

代入数据

$$1.5\times10^{-7}=k_p(2.0\times10^{-9}/k_t)^{1/2}(0.01)^{1/2}\times1.0$$
$$k_p/k_t^{1/2}=0.033\,541$$
$$v=\frac{k_p}{2(fk_dk_t)^{1/2}}\times\frac{[M]}{[I]^{1/2}}=\frac{0.033\,541}{2\times(2.0\times10^{-9})^{1/2}}\times\frac{1.0}{0.01^{1/2}}=3750$$

设苯的浓度为 $[S]$,在 1L 苯乙烯-苯的理想溶液中,有

$$V_苯+V_{苯乙烯}=1000mL$$

$$\frac{[S]M_苯}{\rho_苯}+\frac{[M]M_{苯乙烯}}{\rho_{苯乙烯}}=1000$$

代入数据

$$\frac{[S] \times 78}{0.839} + \frac{1.0 \times 104}{0.887} = 1000$$

$$[S] = 9.5 \text{mol/L}$$

有链转移,且全为偶合终止的聚合度公式为

$$\frac{1}{\overline{X}_n} = \frac{k_t R_p}{k_p^2 [M]^2} + C_M + C_I \frac{[I]}{[M]} + C_S \frac{[S]}{[M]}$$

其中

$$\frac{k_t}{k_p^2} = \left[\frac{1}{k_p/(k_t)^{1/2}}\right]^2 = \left(\frac{1}{0.033\ 541}\right)^2 = 888.9$$

$$\frac{1}{\overline{X}_n} = 888.9 \times \frac{1.5 \times 10^{-7}}{1.0^2} + 8.0 \times 10^{-5} + 3.2 \times 10^{-4} \times \frac{0.01}{1.0} + 2.3 \times 10^{-6} \times \frac{9.5}{1.0} = 2.38 \times 10^{-4}$$

$$\overline{X}_n = 4195$$

8. (1)

$$R_p = k_p \left(\frac{f k_d}{k_t}\right)^{1/2} [I]^{1/2} [M]$$

$$1.4 \times 10^{-7} = 0.0335 \times (2 \times 10^{-9})^{1/2} [I]^{1/2} \times 1.0$$

$$[I] > 8.73 \times 10^{-3} \text{mol/L}$$

又

$$\overline{v} = \frac{k_p}{2(f k_d k_t)^{1/2}} \frac{[M]}{[I]^{1/2}}$$

$$3500 = 0.0335 \times \frac{1}{2 \times (2 \times 10^{-9})^{1/2}} \times \frac{1.0}{[I]^{1/2}}$$

$$[I] < 0.011\ 45 \text{mol/L} \approx 1.15 \times 10^{-2} \text{mol/L}$$

$$8.73 \times 10^{-3} \text{mol/L} < [I] < 1.15 \times 10^{-2} \text{mol/L}$$

(2)　　　　$$4100 = \frac{0.0335}{2 \times (2 \times 10^{-9})^{1/2}} \cdot \frac{1.0}{[I]^{1/2}} \qquad [I] < 8.35 \times 10^{-3} \text{mol/L}$$

从 R_p 考虑,需 $[I] > 8.73 \times 10^{-3}$ mol/L,而从 v 考虑,需 $[I] < 8.35 \times 10^{-3}$ mol/L,两者不能相交,不能同时满足,无法选择合适的 $[I]$,使 $(R_p)_0$ 和 v 同时达到上述要求。

(3) 可增加 $[M]$。$R \propto [M]$,$v \propto [M]$,可通过增大 $[M]$ 使 R_p、v 同时增大。

假定将引发剂浓度定为 $[I] = 8.73 \times 10^{-3}$ mol/L,要使 v 达到 4100 所需的单体浓度为 $[M]$

$$v = \frac{k_p}{2(f k_d k_t)^{1/2}} \frac{[M]}{[I]^{1/2}}$$

根据

$$4100 = \frac{0.0335 [M]}{2 \times (2 \times 10^{-9})^{1/2} (8.73 \times 10^{-3})^{1/2}}$$

解得

$$[M] = 1.02 \text{mol/L}$$

此时

$$R_p = k_p \left(\frac{f k_d}{k_t}\right)^{1/2} [I]^{1/2} [M]$$

$$= 0.0335 \times (2 \times 10^{-9})^{1/2} \times (8.73 \times 10^{-3})^{1/2} \times 1.02$$

$$= 1.43 \times 10^{-7} > (R_p)_0$$

所以当 $[I] = 8.73 \times 10^{-3}$ mol/L 时,只要 $[M] \geqslant 1.02$ mol/L 就可以达到上述要求。

9. 在 1L 苯乙烯、苯混合体系中,苯溶剂浓度

$$[S] = \frac{\left(1 - \frac{1 \times 1 \times 104}{887}\right) \times 839}{78} = 9.50 (mol/L)$$

$$v = \frac{R_p}{R_i} = \frac{1.5 \times 10^{-7}}{4.0 \times 10^{-11}} = 3750$$

苯乙烯在 60℃时,动力学链终止完全是偶合终止

$$(\overline{X}_n)_0 = 2v = 2 \times 3750 = 7500$$

$$\frac{1}{\overline{X}_n} = \frac{1}{(\overline{X}_n)_0} + C_M + C_I \frac{[I]}{[M]} + C_S \frac{[S]}{[M]}$$

$$= \frac{1}{7500} + 8.0 \times 10^{-5} + 3.2 \times 10^{-4} \times \frac{0.01}{1.0} + 2.3 \times 10^{-6} \times \frac{9.5}{1.0}$$

$$= 0.000\ 133 + 0.000\ 080 + 0.000\ 003\ 2 + 0.000\ 022$$

$$= 0.000\ 238\ 2$$

$$\overline{X}_n = 4195$$

动力学链偶合终止生成的大分子占

$$\frac{0.000\ 133}{0.000\ 238\ 2} \times 100\% = 55.9\%$$

转移终止生成的大分子占

$$\frac{0.000\ 080 + 0.000\ 003\ 2 + 0.000\ 022}{0.000\ 238\ 2} \times 100\% = 44.1\%$$

在生成的 100 个大分子中,有 55.9 个来自于自由基的双基偶合终止,有 44.1 个来自于自由基的链转移终止。其中,偶合终止是由 2×55.9 个自由基偶合而生成的,链转移终止是由 44.1 个自由基向单体或溶剂或引发剂转移而形成的。这样,平均一个自由基链发生偶合终止,就有 $\frac{44.1}{2 \times 55.9} = 0.39$ 个链自由基发生链转移终止,也就是说,平均一个自由基链在进行动力学终止失去活性前转移了 0.39 次。

10.
$$\ln c(M)_e = \frac{\Delta H^\ominus - T\Delta S^\ominus}{RT}$$

27℃时,有

$$\ln c(M)_e = \frac{(-73 \times 10^3) + 300 \times 89}{8.31 \times 300} = -18.56$$

$$c(M)_e = 8 \times 10^{-9} mol/L$$

77℃时,有

$$\ln c(M)_e = \frac{(-73 \times 10^3) + 350 \times 89}{8.31 \times 350} = -14.38$$

$$c(M)_e = 5.68 \times 10^{-7} mol/L$$

127℃时,有

$$\ln c(M)_e = \frac{(-73 \times 10^3) + 400 \times 89}{8.31 \times 400} = -11.28$$

$$c(M)_e = 1.30 \times 10^{-5} mol/L$$

11.（1）总反应速率变化的情况：

$$R_p = k_p c(M) \left(\frac{f k_d}{k_t} \right)^{1/2} c(I)^{1/2}$$

$$k = k_p \left(\frac{k_d}{k_t} \right)^{1/2}$$

$$\begin{cases} \lg k_1 = \lg A_p \left(\frac{A_d}{A_t} \right)^{1/2} - \left(E_p + \frac{1}{2} E_d - \frac{1}{2} E_t \right) / 2.303 R T_1 \\ \lg k_2 = \lg A_p \left(\frac{A_d}{A_t} \right)^{1/2} - \left(E_p + \frac{1}{2} E_d - \frac{1}{2} E_t \right) / 2.303 R T_2 \end{cases}$$

两式相减得

$$\lg \frac{k_2}{k_1} = \frac{E_p + \frac{1}{2} E_d - \frac{1}{2} E_t}{2.303 R} \left(\frac{1}{T_1} - \frac{1}{T_2} \right)$$

$$E_{总} = E_p + \frac{1}{2} E_d - \frac{1}{2} E_t = 32.6 + \frac{125.6}{2} - 5 = 90.4 (kJ/mol)$$

温度从 50℃升至 60℃时，有

$$\lg \frac{k_2}{k_1} = \frac{90.4 \times 10^3}{2.303 \times 8.31} \times \left(\frac{1}{323} - \frac{1}{333} \right) = 0.438$$

$$\frac{k_2}{k_1} = 10^{0.438} = 2.74$$

温度从 80℃升至 90℃时，有

$$\lg \frac{k_2}{k_1} = \frac{90.4 \times 10^3}{2.303 \times 8.31} \times \left(\frac{1}{353} - \frac{1}{363} \right) = 0.368$$

$$\frac{k_2}{k_1} = 10^{0.368} = 2.33$$

（2）相对分子质量变化情况：

$$v = \frac{k_p}{2 (f k_d k_t)^{1/2}} \times \frac{c(M)}{c(I)^{1/2}}$$

$$k' = \frac{k_p}{(k_d k_t)^{1/2}}$$

$$\begin{cases} \lg k_1' = \lg \frac{A_p}{(A_t A_d)^{1/2}} - \left(E_p - \frac{1}{2} E_d - \frac{1}{2} E_t \right) / 2.303 R T_1 \\ \lg k_2' = \lg \frac{A_p}{(A_t A_d)^{1/2}} - \left(E_p - \frac{1}{2} E_d - \frac{1}{2} E_t \right) / 2.303 R T_2 \end{cases}$$

两式相减得

$$\lg \frac{k_2'}{k_1'} = \frac{E_p - \frac{1}{2} E_d - \frac{1}{2} E_t}{2.303 R} \left(\frac{1}{T_1} - \frac{1}{T_2} \right)$$

$$E_{总} = E_p - \frac{1}{2} E_d - \frac{1}{2} E_t = 32.6 - \frac{125.6}{2} - 5 = 35.2 (kJ/mol)$$

温度从 50℃升至 60℃时，有

$$\lg \frac{k_2'}{k_1'} = \frac{-35.2 \times 10^3}{2.303 \times 8.31} \times \left(\frac{1}{323} - \frac{1}{333} \right) = -0.169$$

$$\frac{k_2'}{k_1'}=10^{-0.169}=0.676$$

温度从 80℃升至 90℃时,有

$$\lg\frac{k_2'}{k_1'}=\frac{-35.2\times10^3}{2.303\times8.31}\times\left(\frac{1}{353}-\frac{1}{363}\right)=-0.144$$

$$\frac{k_2'}{k_1'}=10^{-0.144}=0.718$$

第4章 自由基共聚合

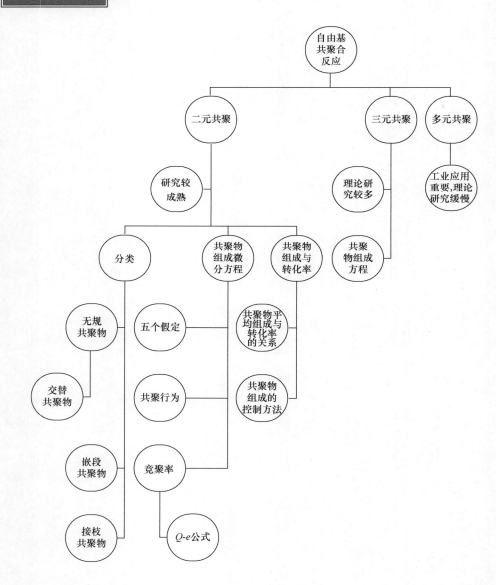

4.1　引　　言

4.1.1　共聚物的类型和命名

1. 共聚物类型

（1）无规共聚物：两种单体单元 M_1、M_2 无规排列，在单体间插入-CO-表示，如丁二烯-CO-苯乙烯。

（2）交替共聚物：两种单体单元严格呈交替排列，在单体间插入-alt-表示，如苯乙烯-alt-马来酸酐。

（3）嵌段共聚物：由较长的 M_1 链段和另一较长的链段 M_2 构成的大分子，用-b-或-block-表示，如聚（苯乙烯-b-丁二烯）或（苯乙烯/丁二烯）嵌段共聚物。

（4）接枝共聚物：主链由 M_1 单元组成，支链由另一单元 M_2 组成，主链在前，中间插入-g-或-graft-表示，如聚丁二烯-g-聚苯乙烯，或聚（丁二烯-g-苯乙烯）或（丁二烯/苯乙烯）接枝共聚物。

2. 共聚物命名

（1）聚××-××：两单体名称以短线相连，前面加"聚"字，如聚丁二烯-苯乙烯。

（2）××-××共聚物：两单体名称以短线相连，后面加"共聚物"，如乙烯-丙烯共聚物、氯乙烯-乙酸乙烯共聚物。

（3）在两单体间插入符号表明共聚物的类型：co-无规，alt-交替，b-嵌段，g-接枝。

附加：

a. 无规共聚物名称中，放在前面的单体为主单体，后为第二单体。

b. 嵌段共聚物名称中，前后单体代表聚合的次序。

c. 接枝共聚物名称中，前面的单体为主链，后面的单体为支链。

4.1.2　研究共聚反应的意义

在理论上，通过共聚合研究，可以评价单体、自由基、碳阴离子、碳阳离子的活性，进一步了解单体活性与结构的关系。

4.2　二元共聚物的组成

4.2.1　共聚物组成微分方程

共聚物组成微分方程的基本假定：

（1）等活性理论。自由基活性与链长无关。

（2）无前末端效应。链自由基中倒数第二单元的结构对自由基活性无影响。

（3）相对分子质量极大（聚合度很大）：生成的共聚物相对分子质量很大，即单体主要消耗在链增长反应中,且链增长反应都是不可逆反应;链引发和终止对共聚物组成无关。

(4) 稳态假定:活性中心的总浓度以及两种自由基活性中心各自的浓度均达到平衡,不随反应时间变化($R_{12}=R_{21}$)。

(5) 无解聚反应:即不可逆反应。

链引发

$$R\cdot+M_1 \xrightarrow{k_{i1}} RM_1\cdot(或\sim M_1\cdot)$$

$$R\cdot+M_2 \xrightarrow{k_{i2}} RM_2\cdot(或\sim M_2\cdot)$$

链增长

$$\sim M_1\cdot+M_1 \xrightarrow{k_{11}} \sim M_1\cdot \qquad R_{11}=k_{11}[M_1\cdot][M_1] \qquad ①$$

$$\sim M_1\cdot+M_2 \xrightarrow{k_{12}} \sim M_2\cdot \qquad R_{12}=k_{12}[M_1\cdot][M_2] \qquad ②$$

$$\sim M_2\cdot+M_1 \xrightarrow{k_{21}} \sim M_1\cdot \qquad R_{21}=k_{21}[M_2\cdot][M_1] \qquad ③$$

$$\sim M_2\cdot+M_2 \xrightarrow{k_{22}} \sim M_2\cdot \qquad R_{22}=k_{22}[M_2\cdot][M_2] \qquad ④$$

链终止

$$\sim M_1\cdot+\cdot M_1\sim \xrightarrow{k_{t11}} \sim M_1 M_1\sim \quad (自终止)$$

$$\sim M_1\cdot+\cdot M_2\sim \xrightarrow{k_{t12}} \sim M_1 M_2\sim \quad (交叉终止)$$

$$\sim M_2\cdot+\cdot M_2\sim \xrightarrow{k_{t22}} \sim M_2 M_2\sim \quad (自终止)$$

竞聚率:均聚和共聚链增长速率常数之比,$r_1=k_{11}/k_{12}$,$r_2=k_{22}/k_{21}$,用于表征两单体的相对活性。

4.2.2 共聚行为——共聚物组成曲线

理想共聚:该聚合竞聚率 $r_1 r_2=1$,共聚物某瞬间加上的单体中 1 组分所占分数 $F_1=r_1 f_1/(r_1 f_1+r_2 f_2)$,并且其组成曲线关于另一对角线成对称(非恒比对角线)(图 4-1)。

理想恒比共聚:该聚合的竞聚率 $r_1=r_2=1$,这种聚合无论配比和转化率如何,共聚物组成和单体组成完全相同,$F_1=f_1$,并且随着聚合的进行,F_1、f_1 的值保持恒定不变(图 4-1)。

交替共聚:该聚合竞聚率 $r_1=r_2=0$ 或 $r_1\rightarrow 0$,$r_2\rightarrow 0$,这种聚合两种自由基都不能与同种单体均聚,只能与异种单体共聚,因此无论单体组成如何,结果都是 $F_1=0.5$,形成交替共聚物(图 4-1)。

非理想共聚:竞聚率 $r_1 r_2\neq 1$ 的聚合都是非理想聚合,非理想聚合还可再往下细分(图 4-1)。

有恒比点非理想共聚:竞聚率 $r_1<1$ 且 $r_2<1$ 的非理想聚合,该共聚物组成曲线与恒比对角线有一交点,在这一点上共聚物的组成与单体组成相同,称为恒比点,且随着

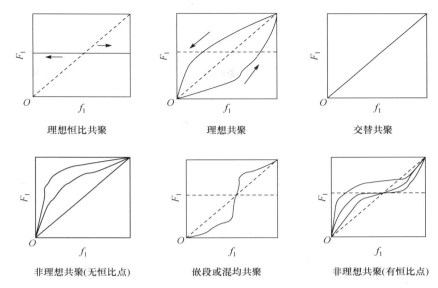

图 4-1 共聚物组成曲线

聚合的进行二者的单体和聚合物的组成都保持恒定不变(图 4-1)。

$$\frac{[M_1]}{[M_2]}=\frac{1-r_2}{1-r_1}$$

恒比点条件

$$F_1=f_1=\frac{1-r_2}{2-r_1-r_2}$$

4.2.3 共聚物组成与转化率的关系

转化率 C:进行共聚的单体量(M^0-M)占起始单体量 M^0 的百分数。

$$C=\frac{M^0-M}{M^0}=1-\frac{M}{M^0}=1-\left(\frac{f_1}{f_1^0}\right)^\alpha\left(\frac{f_2}{f_2^0}\right)^\beta\left(\frac{f_1^0-\delta}{f_1-\delta}\right)^\gamma$$

$$\alpha=\frac{r_2}{1-r_2} \qquad \beta=\frac{r_1}{1-r_1} \qquad \gamma=\frac{1-r_1r_2}{(1-r_2)(1-r_1)} \qquad \delta=\frac{1-r_2}{2-r_1-r_2}$$

共聚合最终得到的共聚产物必须用平均组成表示。共聚物瞬时组成,平均组成与转化率的关系为

$$\overline{F_1}=\frac{M_1^0-M_1}{M^0-M}=\frac{f_1^0-(1-C)f_1}{C}$$

4.3 二元共聚物微结构和链段序列分布

共聚物的序列结构:也称序列分布,是指共聚物分子链上两种结构单元具体排列规律,定义为两种结构单元的序列长度分布。

具有组成相同而序列结构不同的共聚物可能具有大不相同的性能,如交替共聚物

由于其结构的高度规整性而有利于提高结晶度,无序共聚物的性能倾向于两种均聚物性能的平均化并与两种结构单元的相对含量相关,嵌段共聚物的性能与两种均聚物的共混物的性质接近,二嵌段共聚物往往表现类似表面活性剂的性能。

4.4　前末端效应

前末端效应(effect of penultimate monomer unit):前末端是指自由基活性端的倒数第二个结构单元,带有位阻或极性较大的基团的烯类单体,进行自由基共聚时,前末端单元对末端自由基将产生一定的作用,即前末端效应。

4.5　多元共聚

在实际应用中,共聚并不限于二元,三元共聚已很普通,四元共聚也有出现(表 4-1)。

表 4-1　三元共聚物组成计算值和实验值

体系	配料组成		共聚物组成(摩尔分数)/%	
	单体	摩尔分数/%	实验值	计算值
1	苯乙烯	31.24	43.4	44.3
	甲基丙烯酸甲酯	31.12	39.4	41.2
	偏二氯乙烯	37.64	17.2	14.5
2	甲基丙烯酸甲酯	35.10	50.8	54.3
	丙烯腈	28.24	28.3	29.7
	偏二氯乙烯	36.66	20.9	16.0
3	苯乙烯	34.03	52.8	52.4
	丙烯腈	34.49	36.0	40.5
	偏二氯乙烯	31.48	10.5	7.1
4	苯乙烯	35.92	44.7	43.6
	甲基丙烯酸甲酯	36.03	26.1	29.2
	丙烯腈	28.05	29.2	26.2
5	苯乙烯	20.00	55.2	55.8
	丙烯腈	20.00	40.3	41.3
	氯乙烯	60.00	4.5	2.9
6	苯乙烯	25.21	40.7	41.0
	甲基丙烯酸甲酯	25.48	25.5	27.3
	丙烯腈	25.40	25.8	24.8
	偏二氯乙烯	23.91	6.0	6.9

常见的三元共聚物多以两种主要单体确定基本性能,再加少量第三单体作特殊改性。

4.6　竞　聚　率

竞聚率(r):竞争增长反应时两种单体反应活性之比,表示两种单体与同一种链自由基反应时的相对活性,对共聚物组成有决定性的影响,均聚和共聚链增长速率常数之比:

$$r_1 = \frac{k_{11}}{k_{12}} \qquad r_2 = \frac{k_{22}}{k_{21}}$$

典型竞聚率数值的意义:

(1) 当 $r_1 = 0$ 时,显示该单体不能进行均聚反应而只能进行共聚反应。

(2) 当 $r_1 < 1$ 时,显示该单体进行共聚反应的倾向大于进行均聚反应的倾向。

(3) 当 $r_1 = 1$ 时,显示该单体进行均聚反应的倾向和共聚反应的倾向完全相等。

(4) 当 $r_1 > 1$ 时,显示该单体进行均聚反应的倾向大于共聚反应的倾向。

4.6.1　竞聚率的测定

1. 直线交叉法

将共聚物的组成微分方程重排后得

$$r_2 = \frac{[M_1]}{[M_2]} \left\{ \frac{d[M_2]}{d[M_1]} \left(1 + \frac{[M_1]}{[M_2]} r_1 \right) - 1 \right\}$$

有几组单体配比 $\dfrac{[M_1]}{[M_2]}$,就有对应的几组共聚物组成 $\dfrac{d[M_1]}{d[M_2]}$,代入上式,就有几条 r_1-r_2 直线,从交点或交叉区的重心对应的坐标上分别读出 r_1、r_2 值。

2. 截距斜率法

令 $\rho = \dfrac{d[M_1]}{d[M_2]}$,$R = \dfrac{[M_1]}{[M_2]}$,可重排成

$$\frac{\rho - 1}{R} = r_1 - r_2 \frac{\rho}{R^2}$$

由一组 $\dfrac{\rho - 1}{R}$ 对 $\dfrac{\rho}{R^2}$ 作图,得一直线,则截距为 r_1,斜率为 $-r_2$。

4.6.2　影响竞聚率的因素

外因:

(1) 温度:温度升高,向理想共聚方向发展。

(2) 压力:压力升高,向理想共聚方向发展。

(3) 溶剂。

内因:电子效应、位阻效应等。

4.7 单体活性和自由基活性

4.7.1 单体活性

单体的活性一般通过单体的相对活性来衡量,一般用某一自由基同另一单体反应的增长速率常数与该自由基同其本身单体反应的增长速率常数的比值$\left(\text{竞聚率的倒数}\dfrac{1}{r}=\dfrac{k_{12}}{k_{11}}\right)$来衡量。

4.7.2 自由基活性

一般表示自由基之间的相对活性,可用不同自由基与同一单体反应的增长速率常数来衡量。

1. 单体活性和自由基活性规律

(1) 共轭单体活泼,非共轭单体不活泼。

(2) 活泼单体产生不活泼自由基,不活泼单体产生活泼自由基(单体活性次序与自由基活性次序相反)。

(3) 活泼单体均聚速率常数小,不活泼单体均聚速率常数大。

(4) 自由基聚合反应中所涉及的各种反应,自由基的活性都起着决定性作用。

2. 取代基对单体活性和自由基活性的影响

(1) 共轭效应:取代基的共轭效应越强,自由基越稳定,活性越小。

(2) 位阻效应:如果两个取代基在同一个碳原子上,位阻效应并不显著,反而由于两取代基电子效应的叠加而使单体的活性增加,两取代基在不同的碳原子上,则因位阻效应而使活性降低。

(3) 极性效应:带强推电子取代基的单体与强吸电子取代基的单体组成的单体对,由于取代基的极性效应,容易发生共聚,生成交替共聚物。

4.8 Q-e 概念

Q-e 概念(concept of Q-e):Q-e 公式将自由基同单体的反应速率常数与共轭效应、极性效应联系起来,可用于估算竞聚率,式中,P_1 和 Q_2 表示从共轭效应衡量 1 自由基和 2 单体的活性,而 e_1 和 e_2 分别为 1 自由基和 2 单体极性的度量。

$$k_{12}=P_1 Q_2 \exp(-e_1 e_2)$$
$$k_{21}=P_2 Q_1 \exp(-e_2 e_1)$$
$$k_{11}=P_1 Q_1 \exp(-e_1 e_1)$$
$$k_{22}=P_2 Q_2 \exp(-e_2 e_2)$$

$$r_1 = \frac{Q_1}{Q_2} \exp[-e_1(e_1 - e_2)]$$

$$r_2 = \frac{Q_2}{Q_1} \exp[-e_2(e_2 - e_1)]$$

$$\ln(r_1 r_2) = -(e_1 - e_2)^2$$

(1) Q 值相差较大的单体难以共聚。

(2) Q 值高且相近的单体对较易发生共聚。

(3) Q 值和 e 值都相近的单体对之间易进行理想共聚。

(4) Q 值相同，e 值正负相反的单体对倾向于进行交替共聚。

4.9　共 聚 速 率

共聚速率方程可用化学控制终止和扩散控制终止两种方法来处理。

典 型 例 题

例 4-1　解释下列名词。

(1) 均聚与共聚，均聚物与共聚物。

(2) 共聚组成与序列结构。

答　(1) 由一种单体进行的聚合称为均聚，产物称为均聚物。

由两种或两种以上单体进行的聚合称为共聚，产物为共聚物。

(2) 共聚组成是指参与共聚的单体单元在共聚物中所占的比例。

序列结构是指参与共聚的单体单元在大分子链上的排列情况。

例 4-2　无规、交替、嵌段、接枝共聚物的结构有什么差异？对下列共聚反应的产物进行命名。

(1) 丁二烯(75%)与苯乙烯(25%)进行无规共聚。

(2) 马来酸酐与苯乙烯进行交替共聚。

(3) 苯乙烯-异戊二烯-苯乙烯依次进行嵌段共聚。

(4) 苯乙烯在聚丁二烯上进行接枝共聚。

答　无规共聚物：参与共聚的单体沿分子链无序排列。

交替共聚物：参与共聚的单体沿分子链严格相间呈交替排布。

嵌段共聚物：由较长的某一单体的链段与较长的另一单体的链段间隔排列。

接枝共聚物：主链由一种单体组成，支链由另一种单体组成。

命名：

(1) 丁二烯-苯乙烯无规共聚物。

(2) 马来酸酐-苯乙烯交替共聚物。

(3) 苯乙烯-异戊二烯-苯乙烯三嵌段共聚物(PS-b-PI$_p$-b-PS 或简称 SIS)。

(4) 丁二烯-苯乙烯接枝共聚物(PB-g-PS)。

例 4-3 (1) $r_1=r_2=1$；(2) $r_1=r_2=0$；(3) $r_1>0,r_2=0$；(4) $r_1r_2=1$ 等特殊体系分别属于哪种共聚反应？此时 $\dfrac{d[M_1]}{d[M_2]}=f\left(\dfrac{[M_1]}{[M_2]}\right)$，$F_1=f(f_1)$ 的函数关系如何？

答 (1) $r_1=r_2=1$，理想恒比共聚，$\dfrac{d[M_1]}{d[M_2]}=\dfrac{[M_1]}{[M_2]}$，$F_1=f_1$。

(2) $r_1=r_2=0$，交替共聚，$\dfrac{d[M_1]}{d[M_2]}=1$，$F_1=0.5$。

(3) $r_1>0,r_2=0$，基本为交替共聚，$\dfrac{d[M_1]}{d[M_2]}=1+r_1\dfrac{[M_1]}{[M_2]}$，$F_1=\dfrac{r_1f_1+f_2}{r_2f_2+2f_1}$。

(4) $r_1r_2=1$，理想共聚，$\dfrac{d[M_1]}{d[M_2]}=r_1\dfrac{[M_1]}{[M_2]}$，$F_1=\dfrac{r_1f_1}{r_1f_1+f_2}$。

例 4-4 根据表 4-2，示意画出下列各对竞聚率的共聚物组成曲线，并说明其特征。$f_1=0.5$ 时，低转化率阶段的 F_1 为多少？

表 4-2 相关实验数据

实例	1	2	3	4	5	6
r_1	0	0.1	0.2	0.5	0.8	1
r_2	0	0.1	0.2	0.5	0.8	1
r_1	0.1	0.2	0.2	0.1	0.2	0.8
r_2	10	10	5	1	0.8	0.2

解 共聚物组成曲线如图 4-2 所示，相应 $f_1=0.5$ 时，低转化率阶段的 F_1 列于表 4-3。

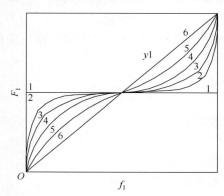
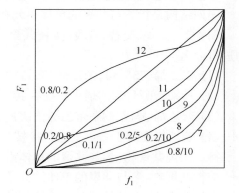

图 4-2 共聚物组成曲线

曲线 1～6：$r_1=r_2<1$，属有恒比点的理想共聚，组成曲线相对于恒比点对称，恒比点组成 $F_1=f_1=0.5$。

曲线 7、9：$r_1r_2=1$，$r_2=\dfrac{1}{r_1}$，$r_1<r_2$，属理想共聚，组成曲线不与恒比对角线相交，处于其下方，但与另一对角线对称。

曲线 8：$r_1 < 1, r_2 > 1$，属非理想共聚，组成曲线不与恒比对角线相交，处于其下方，且曲线不对称。

曲线 10～12：$r_1 r_2 < 1, r_1 < 1, r_2 < 1$，属有恒比点的非理想共聚，组成曲线对于恒比点不对称，$F_1 = f_1 = \dfrac{1 - r_2}{2 - r_1 - r_2}$。

表 4-3　相关数据

项目	1	2	3	4	5	6
r_1/r_2	0/0	0.1/0.1	0.2/0.2	0.5/0.5	0.8/0.8	1/1
$F_1(f_1=0.5)$	0.5	0.5	0.5	0.5	0.5	0.5
项目	7	8	9	10	11	12
r_1/r_2	0.1/10	0.2/10	0.2/5	0.1/1	0.2/0.8	0.8/0.2
$F_1(f_1=0.5)$	0.09	0.098	0.17	0.35	0.4	0.6

例 4-5　试作氯乙烯-乙酸乙烯酯（$r_1 = 1.68, r_2 = 0.23$）、甲基丙烯酸甲酯-苯乙烯（$r_1 = 0.46, r_2 = 0.52$）两组单体进行自由基共聚的共聚物组成曲线。若乙酸乙烯酯和苯乙烯在两体系中的浓度均为 15%（质量分数），试求起始时的共聚物组成。

解　共聚物组成曲线如图 4-3 所示。

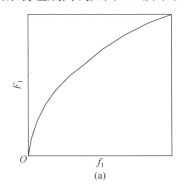
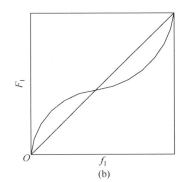

图 4-3　共聚物组成曲线

氯乙烯-乙酸乙烯酯共聚：$F_1 = 0.93$，$\dfrac{\mathrm{d}[M_1]}{\mathrm{d}[M_2]} = 13.9$。$r_1 > 1, r_2 < 1, r_1 r_2 < 1$，属非理想共聚。

甲基丙烯酸甲酯-苯乙烯共聚：$F_1 = 0.77$，$\dfrac{\mathrm{d}[M_1]}{\mathrm{d}[M_2]} = 3.41$。$r_1 < 1, r_2 < 1, r_1 r_2 < 1$，属有恒比点的非理想共聚，恒比点 $F_{1(恒)} = 0.47$。

例 4-6　什么是前末端效应、解聚效应、络合效应？

答　前末端效应：指活性中心前一个单体单元结构对活性中心的活性有较大的影响，不可忽略。如计入前末端效应，活性中心种类将大幅度增加，使共聚组成方程更加复杂。

解聚效应：在共聚进行中同时存在解聚反应。解聚效应将直接影响共聚组成，如解聚作用大的单体的组成将下降。

络合效应:当参加共聚的单体极性相差较大时,带有电子给体和接受体的单体间会形成电荷转移络合物,作为一个共同体参加共聚。络合效应使交替共聚倾向加大,使共聚组成偏离。

例 4-7　影响竞聚率的内因是共聚单体对的结构,试讨论自由基共聚中,共轭效应、极性效应、位阻效应分别起主导作用时单体对的结构,并各举一实例加以说明。反应温度、介质、压力等外因对单体自由基共聚的竞聚率有什么影响?

答　(1)共轭效应:由于取代基对单体的共轭作用造成单体活性次序与相应自由基活性次序相反的现象。典型例子:苯乙烯-乙酸乙烯,苯乙烯的自由基(St·)由于苯环的共轭作用而稳定,即活性低,而苯乙烯由于能迅速生成稳定的苯乙烯自由基而活性高。乙酸乙烯的情况正好相反。

(2)极性效应:带有极性作用相差大的单体对易发生共聚,且交替共聚倾向大。例如,带有吸电子基的马来酸酐不易均聚,但可以与带推电子基的苯乙烯发生交替共聚。

(3)位阻效应:取代基的位阻作用,包括取代基的数量、体积、位置等,影响单体的共聚能力。例如,1,1-双取代单体不易均聚,但可与一单取代的单体进行共聚。

(4)反应温度升高,压力增大,共聚向理想共聚变化,即 $r_1 \rightarrow 1, r_2 \rightarrow 1$。反应介质影响大,尤其对离子共聚,通过影响离子对平衡等作用影响竞聚率。

例 4-8　为什么要对共聚物的组成进行控制? 在工业上有哪几种控制方法? 各举一例说明。

答　由于在共聚反应中,两单体的活性不同,进入共聚物分子链的能力不同,其消耗程度就不一致,因此体系单体组成就会不断改变,在整个聚合过程中,不同时刻形成的共聚物,其组成不一致,要获得组成均匀的共聚物,就必须对共聚物组成进行控制。

工业控制的主要方法有:对有恒比点的共聚体系($r_1 < 1, r_2 < 1$),如果所要求的共聚组成正好在恒比点组成附近,则可采用恒比点一次投料的方法。例如,苯乙烯和丙烯腈共聚,$r_1 = 0.4, r_2 = 0.04$,要求共聚组成 St/AN=76/24(质量比)。恒比点 $f_恒 = f_1 = (1-r_2)/(2-r_1-r_2) = 0.615$。此时共聚组成 $F_1 = 0.615$(苯乙烯结构单元的摩尔分数),苯乙烯质量分数 $w_1 = 75.8\%$,因此可采用恒比点一次投料法。控制转化率,一次投料。例如,氯乙烯-乙酸乙烯共聚体系,$r_1 = 1.68, r_2 = 0.23$,如果起始单体投料 $f_1 \geqslant 0.92$,控制转化率 $C \leqslant 90\%$,共聚组成 $F_1 > 90\%$,因此如果所要求的共聚组成正好符合(要求氯乙烯的摩尔分数大于 90%),可采用此方法,不断补加转化较快的单体。

例 4-9　如何比较单体的相对活性? 如何比较自由基的相对活性? 可否用 $\frac{1}{r}$ 来比较自由基的活性,为什么?

答　单体的相对活性可以用竞聚率的倒数来衡量,$\frac{1}{r_2}$ 表征单体 1 的相对活性,$\frac{1}{r_1}$ 表征单体 2 的相对活性,而自由基活性可用自由基活性判据:k_{12} 代表自由基 1 的活性,k_{21} 代表自由基 2 的活性。不能用竞聚率的倒数表征自由基的活性,$\frac{1}{r_1} = \frac{k_{12}}{k_{11}}, \frac{1}{r_2} = \frac{k_{21}}{k_{22}}$,可见竞聚率的倒数代表的是同一种自由基与不同单体反应的活性之比,代表的是不同单体的相对活性。

例 4-10　为什么相对活性高的单体,聚合反应速率反而慢?

答　活性高的单体,其自由基活性反而低,而聚合反应速率除受到单体活性影响外,还受到自由基活性影响,并且自由基活性对速率常数的贡献大于单体活性对速率常数的贡献,因此相对活性高的单体,聚合反应速率反而慢。

例 4-11　试判断下列各单体对能否发生自由基共聚,能共聚的写出共聚物类型。

(1) 对二甲基氨基苯乙烯($Q_1 = 1.51, e_1 = -1.37$)-对硝基苯乙烯($Q_2 = 1.63, e_2 = -0.39$)。

(2) 偏氯乙烯($Q_1 = 0.22, e_1 = 0.36$)-丙烯酸酯($Q_2 = 0.42, e_2 = 0.69$)。

(3) 丁二乙烯($Q_1 = 2.39, e_1 = -1.05$)-氯乙烯($Q_2 = 0.044, e_2 = 0.2$)。

(4) 四氟乙烯($r_1 = 1.0$)-三氟氯乙烯($r_2 = 1.0$)。

(5) α-甲基苯乙烯($r_1 = 0.038$)-马来酸酐($r_2 = 0.08$)。

答　(1) Q、e 值相近,可以共聚。$Q_2 > Q_1$,M_1 的活性 $> M_1$ 的活性。用 Q、e 值算出:$r_1 = 0.24$,$r_2 = 1.58$,$r_1 r_2 = 2.38$,非理想共聚,得到无规共聚物。

(2) 分析同(1)。计算出:$r_1 = 0.59$,$r_2 = 1.520$,$r_1 r_2 = 0.8968$,非理想共聚,得到无规共聚物。

(3) Q、e 值相差大,不易共聚。$Q_1 \gg Q_2$,M_1 的活性 $> M_2$ 的活性。计算出:$r_1 = 14.6$,$r_2 = 0.014$,基本为丁二烯均聚。

(4) $r_1 r_2 = 1$ 且 $r_1 = r_2$,理想恒比共聚,得到无规共聚物。

(5) $r_1 r_2 \rightarrow 0$,交替共聚,得到交替共聚物。

例 4-12　苯乙烯和甲基丙烯酸甲酯是常用的共聚单体,它们与某些单体共聚的竞聚率 r_1 列于表 4-4。根据这些结果排列这些单体的活性次序,并简述影响这些单体活性的原因。

表 4-4　单体共聚的竞聚率 r_1

M_2	苯乙烯作为 M_1 的 r_1	甲基丙烯酸甲酯作为 M_1 的 r_1
丙烯腈	0.41	1.35
乙酸烯丙基酯	90	2.3
2,3-二氯-1-丙烯	5	5.5
甲基丙烯腈	0.30	0.67
氯乙烯	17	12.5
偏氯乙烯	1.85	2.53
2-乙烯基吡啶	0.55	0.395

答　(1) 以苯乙烯为 M_1 作标准,各单体的活性次序如下:甲基丙烯腈 > 丙烯腈 > 2-乙烯基吡啶 > 偏氯乙烯 > 2,3-二氯-1-丙烯 > 氯乙烯 > 乙酸烯丙基酯。

以甲基丙烯酸甲酯为 M_1 作标准:2-乙烯基吡啶 > 甲基丙烯腈 > 丙烯腈 > 乙酸烯丙基酯 > 偏氯乙烯 > 2,3-二氯-1-丙烯 > 氯乙烯。

(2) 影响单体活性的因素很多,一般来说,取代基的影响大于其他影响。取代基的共轭作用又大于其他作用。定性分析以上两组数据基本说明了这种作用规律。

例 4-13　丁二烯分别与下列单体进行共聚：a. 叔丁基乙烯基醚；b. 甲基丙烯酸甲酯(MMA)；c. 丙烯酸甲酯(MA)；d. 苯乙烯(St)；e. 马来酸酐(MAH)；f. 乙酸乙烯酯(VAc)；g. 丙烯腈(AN)。

(1) 哪些单体能与丁二烯进行自由基共聚？将它们按交替共聚倾向性递减的顺序排列，并说明理由。

(2) 哪些单体能与丁二烯进行阳离子共聚？将它们按共聚由易到难的顺序排列，并说明理由。

(3) 哪些单体能与丁二烯进行阴离子共聚？将它们按共聚由易到难的顺序排列，并说明理由。

答　(1) 各单体 e 值如表 4-5 所示。

表 4-5　各单体 e 值

单体	叔丁基乙烯基醚	Bd	MAH	AN	MA	MMA	VAc	St
e	−1.58	−1	2.25	1.20	0.55	0.4	−0.22	−0.80

e 值差别越大，越易交替共聚，因此丁二烯交替共聚的倾向顺序是 MAH>AN>MA>MMA≫St。

叔丁基乙烯基醚带有强推电子基团，因此很难与丁二烯进行自由基共聚。乙酸乙烯酯也不能与丁二烯自由基共聚，是丁二烯聚合形成的不活泼烯丙基很难与不活泼的乙酸乙烯酯单体反应。

(2) 从单体结构分析，叔丁基乙烯基醚、苯乙烯均可进行阳离子聚合，前者进行阳离子自聚的能力很强，远大于苯乙烯和丁二烯。由此分析，如共聚，苯乙烯、丁二烯为一类，易共聚，而叔丁基乙烯基醚-丁二烯体系，前者活性太高，易自聚，所以二者共聚难。

(3) 从单体结构分析，丙烯酸甲酯、甲基丙烯酸甲酯以及丙烯腈均可进行阴离子聚合，但是它们的阴离子的共轭酸的解离常数 K_d 差别很大，可根据解离常数的 pK_d 值来看单体的共聚能力。

丙烯酸酯类 $K_d=24$，丙烯腈 $K_d=25$，而苯乙烯 $K_d=40\sim42$，也就是丁二烯阴离子可引发这些单体聚合，但是这些单体的阴离子无法引发丁二烯聚合，因此很难发生阴离子共聚。

例 4-14　分别用不同的引发体系使苯乙烯(M_1)-甲基丙烯酸甲酯(M_2)共聚，起始单体配比$(f_1)_0=0.5$，共聚物中 F_1 的实测值列于表 4-6。

表 4-6　共聚物中 F_1 的实测值

编号	引发体系	反应温度/℃	F_1/%(摩尔分数)
1	BF₃(Et₂O)	30	>99
2	BPO	60	51
3	K(液氨中)	−30	<1

（1）指出每种引发体系的聚合机理。

（2）定性画出三种共聚体系的 F_1-f_1 曲线图。

（3）从单体结构及引发体系解释表 4-6 中 F_1 的数值及相应 F_1-f_1 曲线形状产生的原因。

答　（1）1 为阳离子聚合；2 为自由基聚合；3 为阴离子聚合。

（2）三种共聚体系的共聚组成图如图 4-4 所示。

（3）体系 1：阳离子聚合，MMA 取代基的静电子效应为吸电子，故不易阳离子聚合。

体系 2：自由基聚合，St-MMA 均可进行自由基聚合（$r_1=0.52$，$r_2=0.46$），属非理想恒比共聚。

体系 3：阴离子聚合，MMA 的活性远大于 St。

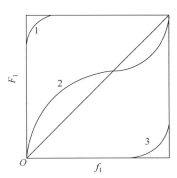

图 4-4　共聚体系的 F_1-f_1 曲线

例 4-15　什么是高分子合金？有几种制备方法？

答　（1）合金原指金属熔混制得的具有优异特性的一类金属材料。高分子合金是指两种或两种以上聚合物用物理或化学方法制得的多组分聚合物，结构和性能特征类似金属合金。

（2）主要制备方法：物理共混、化学共聚，可以是多相结构，也可为互穿网络结构。

例 4-16　苯乙烯（M_1）和氯丁烯（M_2）共聚（$r_1=17$，$r_2=0.02$），氯乙烯（M_1）和马来酸酐（M_2）共聚（$r_1=0.9$，$r_2=0$）。试定性讨论这两组共聚合所产生的共聚物中，两单体单元的排列方式。

答　（1）因为 $r_1=17$，$r_2=0.02$，$r_1 \gg r_2$，故得到的共聚物中，M_1 链段比 M_2 链段长，在许多 M_1 连接的长链上有 1～2 个 M_2 单体单元，即

$$M_1 M_1 M_1 M_1 M_2 M_1 M_1 M_1 M_1 M_1 M_1 M_1 M_1 M_1 \cdots M_1 M_1 M_2 M_1 M_1 M_1$$

（2）$r_1=0.9$，$r_2=0$，说明单体 M_2 只能共聚不能均聚，所得共聚物组成与（1）的情况相似，即在若干个 M_1 链段中偶尔嵌入一个 M_2 单体链接，即

$$\cdots M_1 M_1 M_1 M_1 M_2 M_1 M_1 M_1 M_1 M_1 \cdots$$

例 4-17　考虑苯乙烯（M_1）和丙烯酸甲酯（M_2）在苯中的共聚合：$[M_1]_0=1.5$mol/L，$[M_2]_0=3.0$mol/L，$r_1=0.75$，$r_2=0.2$。

（1）如果聚合在 60℃下，用 BPO 引发，$[BPO]_0$ 分别为 5.0×10^{-4} mol/L，3.0×10^{-3} mol/L，则起始共聚物的组成为多少？

（2）如果体系中有 5.0×10^{-5} mol/L 的正丁基硫醇存在，则起始共聚物的组成为多少？

解　只要引发方式一定，起始共聚物的组成就与采用何种引发剂、引发剂的浓度、链转移及终止方式无关。所以在（1）与（2）所叙述的三种情况下，F_1 都相同。

因为

$$r_1=0.75 \qquad r_2=0.2$$

所以

$$\frac{d[M_1]}{d[M_2]}=\frac{[M_1]}{[M_2]}\times\frac{r_1[M_1]+[M_2]}{r_2[M_2]+[M_1]}=0.98$$

故 $F_1\approx0.5$。

测 试 题

一、名词解释

1. 均聚合   2. 共聚合   3. 均聚物   4. 共聚物
5. 无规共聚物   6. 交替共聚物   7. 嵌段共聚物   8. 接枝共聚物
9. 共聚合组成方程   10. 理想共聚   11. 理想恒比共聚   12. 交替共聚
13. 非理想共聚   14. 有恒比点非理想共聚   15. 嵌段共聚   16. 竞聚率
17. 前末端效应   18. 单体活性   19. 自由基活性   20. 极性效应
21. $Q\text{-}e$ 概念

二、填空题

1. 在均聚中,(   )、(   )、(   )是需要研究的三个重要指标,而在共聚中,(   )和(   )上升为首要问题。

2. 竞聚率受(   )、(   )、(   )的影响。反应溶剂的极性对离子的聚合的影响比对自由基聚合要(   ),这是因为溶剂的极性影响了(   )。

3. 根据共聚物大分子链中单体单元的排列顺序,共聚物分为(   )、(   )、(   )和(   )。

4. 在共聚过程中,先后生成的共聚物组成不一致,共聚物组成一般(   )而变化,存在着组成分布和平均组成的问题。共聚物组成包括(   )、(   )和(   )。

5. (   )共聚物、(   )共聚物可由自由基共聚合制备;(   )共聚物可由阴离子聚合制备;(   )共聚物可由聚合物的化学反应制备。

6. 竞聚率是指(   ),它的大小取决于共聚单体的结构,即由(   )、(   )、(   )三个因素决定。

7. 苯乙烯和丁二烯容易进行理想共聚,这是因为(   )。

8. 苯乙烯和丙烯腈在 60℃ 下进行共聚,$r_1=0.40$,$r_2=0.04$,其共聚合行为是(   ),在(   )情况下,共聚物组成与转化率无关,此时的组成为(   )。

9. 若一对单体共聚时 $r_1>1$,$r_2<1$,则单体 M_1 活性(   )单体 M_2 的活性。所以两单体均聚时 M_1 的增长速率常数一定比 M_2(   )。

10. 二元共聚物存在单体的序列分布问题,一般有(   )共聚物、(   )共聚物、(   )共聚物和(   )共聚物。

11. 单体的相对活性习惯上用(   )判定,自由基的相对活性习惯上用(   )判定,在 Q、e 值判断共聚行为时,Q 值代表(   ),e 值代表(   );若两单体的 Q、e 值均接近,则趋向于(   )共聚;若 Q 值相差大,则(   );若 e 相差大,则(   )。$Q\text{-}e$ 公式的主要不足是(   )。

12. 用动力学推导共聚组成方程时作了五个假定,它们是( )、( )、( )、( )、( )。

三、简答题

1. 什么是竞聚率? 它有什么物理意义?

2. 按照大分子链的微观结构分类,共聚物分几类? 它们在结构上有什么区别? 各如何制备?

3. 甲基丙烯酸甲酯、丙烯酸甲酯、苯乙烯、马来酸酐、乙酸乙烯、丙烯腈等单体分别与丁二烯共聚,试以交替共聚的倾向次序排列上述单体,并说明原因(相关数据如表 4-7 所示)。

表 4-7 相关数据

单体(M_1)	单体(M_2)	r_1	r_2
甲基丙烯酸甲酯	丁二烯	0.25	0.75
丙烯酸甲酯	丁二烯	0.05	0.76
苯乙烯	丁二烯	0.58	1.35
马来酸酐	丁二烯	5.74×10^{-5}	0.325
乙酸乙烯	丁二烯	0.013	38.45
丙烯腈	丁二烯	0.02	0.3

4. 指出下列各对单体能否进行自由基共聚。哪些可以交替共聚?

(1) 偏氯乙烯和氯乙烯   (2) 苯乙烯和马来酸酐

(3) 异丁烯和丙烯   (4) 乙烯和乙酸乙烯酯

5. 试举例说明两种单体进行理想共聚、有恒比点的非理想共聚和交替共聚的必要条件。

6. 为什么要对共聚物的组成进行控制? 在工业上有哪几种控制方法? 它们各针对什么样的聚合反应? 试各举一实例说明。

7. 在生产聚丙烯腈-苯乙烯共聚物(AS 树脂)时,所采用的丙烯腈(M_1)和苯乙烯(M_2)的投料质量比为 24:76。其竞聚率 $r_1 = 0.04$, $r_2 = 0.40$。如果在生产中采用单体一次投料的聚合工艺,并在高转化率下才停止反应,试讨论所得共聚物组成的均匀性。

8. 为了改进聚氯乙烯的性能,常将氯乙烯(M_1)与乙酸乙烯(M_2)共聚得到以氯乙烯为主的氯醋共聚物。已知在 60℃下上述共聚体系的 $r_1 = 1.68$, $r_2 = 0.23$,试具体说明要合成含氯乙烯质量分数为 80% 的组成均匀的氯醋共聚物应该用何种聚合工艺。

9. 在 20 世纪 40 年代曾用 $AlCl_3$ 为催化剂,氯甲烷为溶剂,在 -100℃下由异丁烯(M_1)和丁二烯(M_2)经阳离子聚合制备丁基橡胶。得到的共聚物中异丁烯占 98%(摩尔分数)。在该条件下,$r_1 = 115 \pm 15$, $r_2 = 0.02$,后将共聚单体改为异戊二烯(M_2),其他条件不变,这时 $r_1 = 2.5 \pm 0.5$, $r_2 = 0.4 \pm 0.1$。这一改变使丁基橡胶的生产工艺控制和生产流程大大简化,丁基橡胶硫化胶的质量也提高了。试对此进行分析讨论。

10. 考虑苯乙烯(M_1)和丙烯酸甲酯(M_2)在苯中的共聚合:$[M_1]_0 = 1.5\text{mol/L}$,

$[M_2]_0 = 3.0 \text{mol/L}, r_1 = 0.75, r_2 = 0.2$。

(1) 如果聚合在 60℃，用 BPO 引发，$[\text{BPO}]_0$ 为 $5.0 \times 10^{-4} \text{mol/L}$、$3.0 \times 10^{-3} \text{mol/L}$，则起始共聚物的组成为多少？

(2) 如果体系中有 $5.0 \times 10^{-5} \text{mol/L}$ 的正丁基硫醇存在，则起始共聚物的组成为多少？

(3) 如果用正丁基锂或 BF_3 与少量水引发，则共聚物组成如何变化？

11. 苯乙烯(M_1)和氯丁烯(M_2)共聚($r_1 = 17, r_2 = 0.02$)；氯乙烯(M_1)和马来酸酐(M_2)共聚($r_1 = 0.9, r_2 = 0$)。试定性讨论这两组共聚合所生成的共聚物中两单体单元的排列方式。

12. 甲基丙烯酸甲酯、丙烯酸甲酯、苯乙烯、马来酸酐、乙酸乙烯和丙烯腈等单体与丁二烯共聚，已知有关 $Q\text{-}e$ 数值（表 4-8），试以交替共聚的倾向次序排列，并说明理由。

表 4-8　有关 $Q\text{-}e$ 数值

单体	丁二烯	甲基丙烯酸甲酯	丙烯酸甲酯	苯乙烯	马来酸酐	乙酸乙烯	丙烯腈
Q	2.39	0.74	0.40	1.0	0.23	0.026	0.60
e	−1.05	0.40	0.60	−0.8	2.25	−0.22	1.20

四、计算题

1. 苯乙烯(M_1)和丁二烯(M_2)在 5℃下进行自由基乳液共聚时，其 $r_1 = 0.64, r_2 = 1.38$，已知苯乙烯和丁二烯的均聚链增长速率常数分别为 49L/(mol·s)和 25.1L/(mol·s)。

(1) 计算共聚时的反应速率常数。

(2) 比较两种单体和两种链自由基的反应活性的大小。

(3) 作出此共聚反应的 $F_1\text{-}f_1$ 曲线。

(4) 要制备组成均一的共聚物需要采取什么措施？

2. 已知苯乙烯(M_1)和 1-氯-1,3-丁二烯(M_2)的共聚物中碳和氯的质量分数如表 4-9 所示。

表 4-9　相关实验数据

f_1	0.892	0.649	0.324	0.153
$w_C/\%$	81.80	71.34	64.59	58.69
$w_{Cl}/\%$	10.88	20.14	27.92	34.79

求共聚物中苯乙烯的单元的相应含量 F_1。

3. 若苯乙烯和丙烯腈在 60℃进行自由基共聚反应 1h 后取出，用凯氏定氮法测定其共聚物的含氮量，数据如表 4-10 所示。试定性描述用简易法求竞聚率(r_1, r_2)的方法步骤。

M_1' 为苯乙烯链节相对分子质量，M_2' 为丙烯腈链节相对分子质量。

表 4-10　相关实验数据

编号	单体 1(苯乙烯)/g	单体 2(丙烯腈)/g	含氮量(质量分数)/%
①	m_1	n_1	A_1
②	m_2	n_2	A_2
③	m_3	n_3	A_3

4. 丙烯酸二茂铁乙酯(FEA)和丙烯酸二茂铁甲酯(FMA)分别与苯乙烯、丙烯酸甲酯、乙酸乙烯共聚,竞聚率如表 4-11 所示。

表 4-11　相关实验数据

M_1	M_2	r_1	r_2
FEA	St	0.41	1.06
FEA	MA	0.76	0.69
FEA	VAc	3.4	0.074
FMA	St	0.02	2.3
FMA	MA	0.14	4.4
FMA	VAc	1.4	0.46

(1) 比较 FEA 和 FMA 单体的活性大小以及 FEA 和 FMA 自由基活性中心的活性大小。

(2) 预测 FEA 和 FMA 在均聚时哪个有较高的 k_p,并解释之。

(3) 列出苯乙烯、丙烯酸甲酯、乙酸乙烯与 FEA 增长中心的活性递增顺序。这一活性增加次序和它对 FMA 增长中心的活性增加次序是否相同?

(4) 上述共聚数据表征上述共聚反应是自由基、阳离子还是阴离子共聚? 并解释之。

5. 苯乙烯(M_1)与丁二烯(M_2),在 5℃下进行自由基共聚合。已知:M_1、M_2 均聚链增长速率常数分别为 $49.0L/(mol \cdot s)$、$25.1L/(mol \cdot s)$;M_1 与 M_2 共聚、M_2 与 M_1 共聚链增长速率常数分别为 $76.6L/(mol \cdot s)$、$18.2L/(mol \cdot s)$;起始单体投料比 $m_1 : m_2 = 1 : 8$(质量比)。计算聚合初期共聚物组成 x_1'。

测试题参考答案

一、名词解释

1. 由一种单体进行的连锁聚合反应。

2. 由两种或两种以上单体共同参加的连锁聚合反应。形成的聚合物中含有两种或多种单体单元。

3. 由均聚形成的聚合物。

4. 由共聚形成的聚合物。

5. 聚合物中组成聚合物的结构单元呈无规排列。

6. 聚合物中两种或多种结构单元严格相间。

7. 聚合物由较长的一种结构单元链段和其他结构单元链段构成,每链段由几百到几千个结构单元组成。

8. 聚合物主链只由某一种结构单元组成,支链则由其他单元组成。

9. 表示共聚物组成与单体混合物(原料)组成间的定量关系。

10. 该聚合竞聚率 $r_1 r_2 = 1$,共聚物某瞬间加上的单体中 1 组分所占分数 $F_1 = r_1 f_1/(r_1 f_1 + f_2)$,并且其组成曲线关于另一对角线成对称(非恒比对角线)。

11. 该聚合的竞聚率 $r_1 = r_2 = 1$,这种聚合无论配比和转化率如何,共聚物组成和单体组成完全相同,$F_1 = f_1$,并且随着聚合的进行,F_1、f_1 的值保持恒定不变。

12. 该聚合竞聚率 $r_1 = r_2 = 0$ 或 $r_1 \to 0, r_2 \to 0$,这种聚合两种自由基都不能与同种单体加成,只能与异种单体共聚,因此无论单体组成如何,结果都是 $F_1 = 0.5$,形成交替共聚物。

13. 竞聚率 $r_1 r_2 \neq 1$ 的聚合都是非理想聚合,非理想聚合还可再往下细分。

14. 竞聚率 $r_1 < 1$ 且 $r_2 < 1$ 的非理想聚合,该共聚物组成曲线与恒比对角线有一交点,在这一点上共聚物的组成与单体组成相同,且随着聚合的进行二者的单体和聚合物的组成都保持恒定不变。

15. 该聚合竞聚率 $r_1 > 1$ 且 $r_2 > 1$,两种自由基都有利于加上同种单体,形成"嵌段共聚物",但两种单体的链段都不长,很难用这种方法制得商品上的真正嵌段共聚物。

16. 竞聚率是均聚和共聚链增长速率常数之比,$r_1 = k_{11}/k_{12}$,$r_2 = k_{22}/k_{21}$,用来直观地表征两单体的共聚倾向。

17. 前末端是指自由基活性端的倒数第二个结构单元,带有位阻或极性较大的基团的烯类单体进行自由基共聚时,前末端单元对末端自由基将产生一定的作用,即前末端效应。

18. 单体的活性:一般通过单体的相对活性来衡量,一般用某一自由基同另一单体反应的增长速率常数与该自由基同其本身单体反应的增长速率常数的比值(竞聚率的倒数)来衡量。

19. 一般表示自由基之间的相对活性,可用不同自由基与同一单体反应的增长速率常数来衡量。

20. 极性相反的单体(带负电性与带正电性)之间易进行共聚,并有交替倾向,这个效应称为极性效应。

21. $Q\text{-}e$ 公式将自由基同单体的反应速率常数与共轭效应、极性效应相联系起来,可用于估算竞聚率,式中,P_1 和 Q_2 表示从共轭效应衡量 1 自由基和 2 单体的活性,而 e_1 和 e_2 分别为 1 自由基和 2 单体极性的度量。

二、填空题

1. (聚合速率)、(平均聚合度)、(相对分子质量分布)、(共聚物组成)、(序列分布)

2. (温度)、(压力)、(反应介质)、(大)、(离子对的性质)

3. (无规共聚物)、(交替共聚物)、(嵌段共聚物)、(接枝共聚物)

4. (随转化率)、(瞬时组成)、(平均组成)、(序列分布)

5. (无规)、(交替)、(嵌段)、(接枝)

6. (共聚链增长速率常数之比,表征两个单体的相对活性)、(共轭效应)、(极性效应)、(位阻效应)

7. (Q、e 值相近)

8. (有恒比点的非理想共聚)、(恒比点投料)、(恒比点组成)

9. (大于)、(小)

10. (无规)、(接枝)、(嵌段)、(交替)

11. (竞聚率的倒数)、(k_{12})、(单体的共轭效应)、(自由基或者单体的极性效应)、(理想)、(难以聚)、(交替共聚倾向较大)、(没有包括位阻效应)

12.（聚合反应不可逆）、（等活性）、（无前末端效应）、（聚合度很大）、（稳态）

三、简答题

1. 竞聚率是单体均聚链增长速率常数和共聚链增长速率常数之比，即 $r_1=k_{11}/k_{12}$，$r_2=k_{22}/k_{21}$，它表征两单体的相对活性。根据 r 值可以估计两个单体共聚的可能性和判断共聚物的组成情况。

2. 共聚物分为无规共聚物、交替共聚物、嵌段共聚物和接枝共聚物四种。

无规共聚物中两种单体单元无规排列，M_1、M_2 连续的单元数不多；交替共聚物中 M_1、M_2 两种单体单元严格相间排列；嵌段共聚物是由较长的 M_1 链段和另一较长的 M_2 链段构成的共聚物；接枝共聚物主链由一种（或两种）单体单元构成，支链由另一种（或另两种）单体单元构成的共聚物。

无规共聚物、交替共聚物可由自由基共聚制备；嵌段共聚物可由阴离子聚合制备；接枝共聚物可由聚合物的化学反应制备。

3. 如表 4-12 所示，根据 r_1r_2 的大小，可以判断两种单体交替共聚的倾向，即 r_1r_2 趋向于 0，两单体发生交替共聚；r_1r_2 越趋于 0，交替倾向越大。根据单体的 r_1、r_2 和 r_1r_2 值，上述各单体与丁二烯产生交替共聚的次序为：马来酸酐＞丙烯腈＞丙烯酸甲酯＞甲基丙烯酸甲酯＞乙酸乙烯＞苯乙烯。

表 4-12　相关数据

单体（M_1）	单体（M_2）	r_1	r_2	r_1r_2
甲基丙烯酸甲酯	丁二烯	0.25	0.75	0.1875
丙烯酸甲酯	丁二烯	0.05	0.76	0.038
苯乙烯	丁二烯	0.58	1.35	0.783
马来酸酐	丁二烯	5.74×10^{-5}	0.325	1.86×10^{-5}
乙酸乙烯	丁二烯	0.013	38.45	0.499
丙烯腈	丁二烯	0.02	0.3	0.006

4. Q 值相差大的单体难以进行自由基共聚；e 值相近，进行理想共聚；Q、e 值均相近，理想恒比共聚；e 值相差较大，交替共聚。

（1）自由基共聚　（2）交替共聚　（3）不能自由基共聚　（4）自由基共聚

5.（1）当 $r_1r_2=1$ 时，可进行理想共聚；此时，$k_{11}/k_{12}=k_{21}/k_{22}$，活性链对单体无选择性。例如，丁二烯（$r_1=1.39$）和苯乙烯（$r_2=0.78$）的共聚即属此类。当 $r_1r_2=1.08$，极端情况 $r_1=r_2=1$；此时，$d[M_1]/d[M_2]\equiv[M_1][M_2]$，或 $F_1\equiv f_1$。例如，四氟乙烯（$r_1=1.0$）和三氟氯乙烯（$r_2=1.0$）的共聚属于此类。

（2）当 $r_1<1$ 且 $r_2<1$ 时可进行有恒比点的非理想共聚，此时，$F_1=f_1=(1-r_2)/(2-r_1-r_2)$。例如，苯乙烯（$r_1=0.41$）和丙烯腈（$r_2=0.04$）的共聚即属此类。

（3）当 $r_1\ll1$，$r_2\ll1$，$r_1>0$，$r_2>0$ 或 $r_1=r_2=0$ 时发生交替共聚，此时，$d[M_1]/d[M_2]=1$，$F_1=0.5$。例如，马来酸酐（$r_1=0.04$）和苯乙烯（$r_2=0.015$）的共聚近似交替共聚。

6. 由于在共聚反应中，两单体共聚活性不同，其消耗速率就不一致，故体系物料配比不断改变，所得共聚物的组成前后不均一。要获得组成均一的共聚物，主要控制方法有：

（1）对 r_1 和 r_2 均小于 1 的单体对，首先计算出恒比点的配料比，随后在恒比点附近投料，其前提条件是所需共聚物组成恰在恒比点附近。例如，苯乙烯和丙烯腈共聚，$r_1=0.4$，$r_2=0.04$，恒比点 f_1 为 0.615，此时 St/AN＝76/24（质量比）。

（2）控制转化率，因为 f_1 与 F_1 均随转化率增加而变化，但变化程度不一样。例如，氯乙烯-乙酸乙烯（$r_1=1.68$，$r_2=0.23$），若起始单体 $f_1\geqslant0.92$，在转化率＜90% 时，F_1 均大于 90%，所以生产上可用控制高转化率(达 90%)的方法制得富氯乙烯单元组成均一的共聚物。

(3) 不断补加转化快的单体,即保持 f_1 值变化不大。例如,氯乙烯和丙烯腈共聚反应中($r_1 = 0.02, r_2 = 3.28$),丙烯腈消耗快,可采用不断补加丙烯腈以保持 f_1 变化不大的办法来保证共聚物组成的均一。

7. 此共聚体系属于 $r_1 < 1, r_2 < 1$ 有恒比点的共聚体系,恒比点的 f_1 若为 $(f_1)_A$,则

$$(f_1)_A = \frac{1 - r_2}{2 - r_1 - r_2} = \frac{1 - 0.4}{2 - 0.04 - 0.4} = 0.385$$

根据两单体的相对分子质量可知,两单体投料质量比为 24:76 相当于其物质的量比为 45:70,则 f_1 为 0.39,f_1 与 $(f_1)_A$ 十分接近。因此,用这种投料比,一次投料于高转化率下停止反应仍可制得组成相当均匀的共聚物。

8. 该共聚体系的竞聚率为 $r_1 = 1.68, r_2 = 0.23$,单体的相对分子质量分别为 $M_1 = 62.5, M_2 = 86$,要合成含氯乙烯质量分数为 80% 的氯醋共聚物,此共聚物中含氯乙烯的摩尔分数 $F_1 = 0.846$。

按共聚物组成方程计算,与之相应的 $f_1 = 0.75$。

在共聚反应中,氯乙烯的活性大于乙酸乙烯的活性,因此随着共聚反应的进行,剩余物料中氯乙烯的比例下降,即 f_1 逐渐减小。因此,要合成组成均匀的含氯乙烯质量分数为 80% 的共聚物,可采用 $f_1 = 0.75$ 的配比投料,在反应过程中不断补加氯乙烯单体以维持体系中单体配比保持在 0.75 左右。由于氯乙烯单体为气体,其配比可按确定温度下的压力来计算。随着氯醋共聚物的生成,剩余物料中的 f_1 下降,体系压力会下降。因此,补加氯乙烯的速度以维持体系一定压力为准。实际生产中常采用这一工艺。

9. (1) 异丁烯-丁二烯共聚体系。

$$r_1 = 115 \pm 15(\text{异丁烯}) \qquad r_2 = 0.02(\text{丁二烯})$$

根据表 4-13 的数据,要合成含丁二烯 2% 的共聚物,f_1 应选 0.3,这就是说,要得到含 2% 丁二烯的共聚物,物料中 70%(摩尔分数)应为丁二烯。如果用 $f_1 = 0.5$ 作为起始投料,当 f_1 降至 0.2 停止反应,这时共聚物中丁二烯的平均摩尔分数约为 2.3%,但这时反应的转化率 C 由下式计算约得 40%。

表 4-13　相关实验数据

f_1	0.1	0.2	0.3	0.4	0.5
F_1	0.921	0.963	0.98	0.987	0.991

$$C = 1 - \left(\frac{f_1}{f_{10}}\right)^{\alpha} \left(\frac{f_2}{f_{20}}\right)^{\beta} \left(\frac{f_1^0 - \delta}{f_1 - \delta}\right)^{\gamma}$$

$$\alpha = \frac{r_2}{1 - r_2} \qquad \gamma = \frac{1 - r_1 r_2}{(1 - r_1)(1 - r_2)}$$

$$\beta = \frac{r_1}{1 - r_1} \qquad \delta = \frac{1 - r_2}{2 - r_1 - r_2}$$

因此,异丁烯和丁二烯共聚由于 r_1 与 r_2 相差太大,要保持共聚物组成在一个很小的范围内波动,必须严格控制转化率(低于 40%)。这样就有大量的异丁烯和丁二烯要回收使用,而且每次投入的丁二烯量很多,但实际参加反应的又很少。整个回收工艺复杂,反应控制困难。所合成的共聚物组成波动较大,影响硫化胶的质量。

(2) 异丁烯-异戊二烯共聚体系。

$r_1 = 2.5 \pm 0.5(\text{异丁烯})$,$r_2 = 0.4 \pm 0.1(\text{异戊二烯})$ 是属于 $r_1 r_2 = 1$ 的理想共聚体系。要得到 $F_1 = $

0.98 的共聚物，$f_1 = 0.952$ 即可。按上面的方法计算，如果允许 F_1 在 $0.98 \sim 0.96$ 变化，相应的 f_1 可在 $0.95 \sim 0.90$ 变化，这时反应的转化率可达 70%，如果在反应过程中适当补充一些异丁烯，转化率还可控制得更高。这一共聚反应回收单体量少，异戊二烯可以不回收，所以生产流程大大简化。所得的共聚物组成比较均匀，两单体单元又呈无规分布，所得硫化胶的质量也较好。

10. （1）（2）只要引发方式一定，起始共聚物的组成就与采用何种引发剂、引发剂的浓度、链转移及终止方式无关。所以在（1）与（2）所叙述的三种情况下，F_1 都相同。

因为 $r_1 = 0.75, r_2 = 0.2$，所以

$$\frac{d[M_1]}{d[M_2]} = \frac{[M_1]}{[M_2]} \cdot \frac{r_1[M_1] + [M_2]}{r_2[M_2] + [M_1]} = 0.98$$

故 $F_1 \approx 0.5$。

（3）如果用正丁基锂引发，则进行阴离子共聚，此时丙烯酸甲酯的活性提高，导致 $r_1 < 1, r_2 > 1$，因此 F_1 下降，且小于 0.5。

如果用 $(BF_3 + H_2O)$ 引发，则属阳离子共聚，导致 $r_1 > 1, r_2 < 1$，因此 F_1 上升，且大于 0.5。

11. （1）因为 $r_1 = 17, r_2 = 0.02, r_1 \gg r_2$，故得到的共聚物中，$M_1$ 链段比 M_2 链段长，在许多 M_1 连接的长链上有 $1 \sim 2$ 个 M_2 单体单元，即

$$M_1 M_1 M_1 M_1 M_2 M_1 M_1 M_1 M_1 M_1 \cdots M_1 M_2 M_1 M_1 M_1$$

（2）$r_1 = 0.9, r_2 = 0$，说明单体 M_2 只能共聚不能均聚，所得共聚物组成与（1）的情况相似，即在若干个 M_1 链段中夹入一个 M_2 单体链节，即

$$\cdots M_1 M_1 M_1 M_2 M_1 M_1 M_1 M_1 M_1 \cdots$$

12. e 值代表单体的极性和自由基的极性，根据极性效应理论，具有正 e 值的单体与负 e 值的单体容易发生交替共聚，而且绝对值越大，交替共聚的倾向越大，因此以上单体交替共聚的倾向次序如下：丁二烯-马来酸酐＞丁二烯-丙烯腈＞丁二烯-丙烯酸甲酯＞丁二烯-甲基丙烯酸甲酯＞丁二烯-乙酸乙酯＞丁二烯-苯乙烯。

四、计算题

1. （1）$k_{12} = k_{11}/r_1 = 49/0.64 = 76.56[\text{L}/(\text{mol} \cdot \text{s})]$，$k_{21} = k_{22}/r_2 = 25.1/1.38 = 18.19[\text{L}/(\text{mol} \cdot \text{s})]$

（2）$1/r_1$ 为丁二烯单体的相对活性，$1/r_2$ 为苯乙烯单体的相对活性，$1/r_1 = 1.56 > 1/r_2 = 0.725$，说明丁二烯单体活性比苯乙烯单体活性大；$k_{12} > k_{22}$ 说明丁二烯自由基活性比苯乙烯自由基活性小。

（3）两种单体共聚属无恒比点的非理想共聚，共聚物组成方程为 $F_1 = (r_1 f_1^2 + f_1 f_2)/(r_1 f_1^2 + 2 f_1 f_2 + r_2 f_2^2)$，代入 r_1 和 r_2 值，作图如图 4-5 所示。

（4）欲得组成均匀的共聚物，可按组成要求计算投料比，且在反应过程中不断补加丁二烯单体，以保证原配比基本保持恒定。

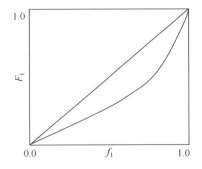

图 4-5 共聚物组成曲线

2. 设共聚物的组成为

$$+CH_2-CH \underset{C_6H_5}{]_m} [CH-CH=CH-CH_2 \underset{Cl}{]_n}$$

则每 m 个苯乙烯链节内含 $8m$ 个碳原子，每 n 个氯丁二烯链节内含 $4n$ 个碳原子和 n 个氯原子，故

$$w_C = \frac{12(8m+4n)}{104m+88.5n}$$

$$w_{Cl} = \frac{35.5n}{104m+88.5n}$$

(104 和 88.5 分别为苯乙烯和氯丁二烯链节的相对分子质量)

将已知 w_C 和 w_{Cl} 代入上面两式中,即可求得 m/n 值,则由 $F_1 = m/(m+n)$ 可求得共聚物组成,结果如表 4-14 表示。

表 4-14 相关数据

f_1	0.892	0.649	0.324	0.153
F_1	0.693	0.434	0.256	0.108

3. 设 $R = [M_1][M_2]$,$\rho = d[M_1]/d[M_2]$,由含氮量可以得出聚合物中两和单体链节的物质的量比 ρ。

设有 100 份(质量)聚合物,则其中氮原子的物质的量为 $A/14$,即丙烯腈链节的物质的量为 $A/14$,那么可以进一步得出苯乙烯链节的物质的量为 $[100-(A/14)\times53]/104$,所以有

$$\rho_1 = \{[100-(A_1/14)\times53]/104\}/(A_1/14)$$

$$\rho_2 = \{[100-(A_2/14)\times53]/104\}/(A_2/14)$$

$$\rho_3 = \{[100-(A_3/14)\times53]/104\}/(A_3/14)$$

同时

$$R_1 = [M_1]_1/[M_2]_1 = (m_1/M_1)/(n_1/M_2) = 53m_1/104n_1$$

$$R_2 = [M_1]_2/[M_2]_2 = (m_2/M_1)/(n_2/M_2) = 53m_2/104n_2$$

$$R_3 = [M_1]_3/[M_2]_3 = (m_3/M_1)/(n_3/M_2) = 53m_3/104n_3$$

根据共聚物组成方程

$$\left(R - \frac{R}{\rho}\right) = -r_2 + r_1\frac{R^2}{\rho}$$

利用上述三组数据将 $R - \dfrac{R}{\rho}$ 对 $\dfrac{R^2}{\rho}$ 作图,得一直线,则斜率是 r_1,截距是 $-r_2$。

4. (1) 对苯乙烯自由基活性中心,FEA 和 FMA 单体相对活性分别为 1/1.06 和 1/2.3。对丙烯酸甲酯自由基活性中心,FEA 和 FMA 单体相对活性分别为 1/0.69 和 1/4.4。对乙酸乙烯自由基活性中心,FEA 和 FMA 单体相对活性分别为 1/0.074 和 1/0.46。可见,FEA 单体的活性比 FMA 单体的活性大,因此 FMA 自由基活性中心的活性比 FEA 自由基活性中心的活性大。

(2) 均聚反应的反应速率常数的大小与单体和自由基活性中心的活性都有关系,一般来说,自由基活性中心的影响更大,所以 FMA 在均聚时可能有较高的 k_p,但由题中所给条件无法做出确切判断。

(3) St、MA、VAc 三单体与 FEA 活性中心的相对反应活性分别为 1/0.41、1/0.76、1/3.4,因此三单体与 FEA 活性中心的活性次序为 St>MA>VAc。

同理,St、MA、VAc 三单体与 FMA 活性中心的相对反应活性分别为 1/0.020、1/0.14、1/1.4,因此三单体与 FMA 活性中心的活性次序为 St>MA>VAc,与上面的次序完全相同。

(4) 聚合数据表明这些共聚反应是自由基共聚反应,因为单体活性次序符合自由基共聚规律。

5.

$$r_1 = \frac{k_{11}}{k_{12}} = \frac{49.0}{76.6} = 0.64$$

$$r_2 = \frac{k_{22}}{k_{21}} = \frac{25.1}{18.6} = 1.38$$

$$x_1 = \frac{1/104}{1/104 + 8/54} = 0.061$$

$$x_1' = \frac{r_1 x_1^2 + x_1 x_2}{r_1 x_1^2 + 2 x_1 x_2 + r_2 x_2^2} = \frac{0.64 \times 0.061^2 + 0.061 \times 0.939}{0.64 \times 0.061^2 + 2 \times 0.061 \times 0.939 + 1.38 \times 0.939^2} = 0.044$$

第 5 章　聚 合 方 法

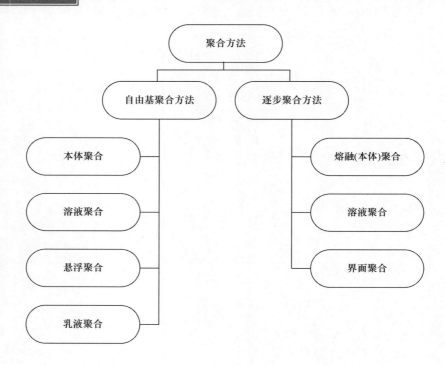

5.1　引　　言

自由基聚合有四种基本的实施方法。

（1）本体聚合：不加任何其他介质，仅是单体在引发剂、热、光或辐射源作用下引发的聚合反应。

（2）溶液聚合：单体和引发剂溶于适当溶剂中进行的聚合反应。

（3）悬浮聚合：借助机械搅拌和分散剂的作用，使油溶性单体以小液滴（直径 $10^{-3} \sim$ 1cm）悬浮在水介质中，形成稳定的悬浮体进行聚合。

（4）乳液聚合：借助机械搅拌和乳化剂的作用，使单体分散在水或非水介质中形成稳定的乳液（直径 $1.5 \sim 5\mu m$）而聚合的反应。

四种聚合方法比较如表 5-1 所示。

表 5-1 四种聚合方法比较

	本体聚合	溶液聚合	悬浮聚合	乳液聚合
配方主要成分	单体、引发剂	单体、引发剂、溶剂	单体、油溶性引发剂、分散剂、水	单体、水溶性引发剂、水溶性乳化剂、水
聚合场所	本体内	溶液内	液滴内	胶束和乳胶粒内
聚合机理	遵循自由基聚合一般机理,提高聚合速率往往使相对分子质量、聚合度下降	伴有向溶剂的链转移反应,聚合速率和聚合度(相对分子质量)都较低	类似本体聚合	能同时提高聚合速率和相对分子质量(聚合度)
生产特征	设备简单,易制备板材和型材,一般间歇法生产,热不容易导出	散热容易,可连续生产。产物为溶液状,不宜制成干燥粉状或粒状树脂	散热容易。间歇法生产,后续工艺复杂(需有分离、洗涤、干燥等工序)	散热容易,可连续生产。产物为乳液状,制备成固体后续工艺复杂(需经凝聚、洗涤、干燥等工序)
主要工业生产品种	合成树脂: LDPE(颗粒状) HDPE(粉状或颗粒状) PS(粉状) PVC(粉状) PMMA(板、管、棒等) PP(颗粒状)	合成树脂: PAN(溶液或颗粒) PVAc(溶液) HDPE(粉或颗粒) PP(颗粒) 合成橡胶: 顺丁橡胶(胶粒或胶片) 异戊橡胶(胶粒或胶片) 乙丙橡胶(胶粒或胶片) 丁基橡胶(胶粒或胶片)	合成树脂: PVC(粉状) PS(珠状) PMMA(珠状)	合成树脂: PVC(粉状) PVAc 及其共聚物(乳液) 聚丙烯酸酯及其共聚物(乳液) 合成橡胶: 丁苯橡胶(胶粒或乳液) 丁腈橡胶(胶粒或乳液) 氯丁橡胶(胶粒或乳液)

逐步聚合多采用熔融聚合、溶液聚合、界面聚合等实施方法。

5.2 本 体 聚 合

(1) 配方:单体＋引发剂,选择性加入少量色料、增塑剂、润滑剂、分子质量调节剂等。

(2) 优点:无杂质,产品纯度高,后处理简单。

缺点:体系黏度大,聚合热不易扩散,反应难以控制,易局部过热,造成产品发黄。自动加速作用大,体系黏度增大,使相对分子质量分布变宽,严重时可导致爆聚。

解决的关键问题:反应热的排放。

（3）本体聚合工艺。

鉴于本体聚合的特点，为了使本体聚合能够正常进行，本体聚合工艺分"预聚"和"聚合"两段进行。

"预聚"是在聚合初期，转化率不高，体系的黏度不大，聚合热容易排出的阶段，采用较高的温度在较短的时间内，利用搅拌加速反应，以便使自动加速现象提前到来。这样，就缩短了聚合周期，提高了生产效率。

"聚合"是一旦自动加速现象到来，就要降低聚合温度，以降低正常聚合的速率，充分利用自动加速现象，使反应基本上在平稳的条件下进行。这就避免了由于自动加速现象而造成的局部过热，既保证了安全生产，又保证了产品质量，这就是本体聚合分"预聚"和"聚合"两段进行的原因。

（4）本体聚合根据聚合产物是否溶于单体可分为两类。

a. 均相聚合：聚合产物可溶于单体，如苯乙烯、MMA 等。

b. 非均相聚合（沉淀聚合）：聚合产物不溶于单体，如乙烯、聚氯乙烯等，在聚合过程中聚合产物不断从聚合体系中析出，产品多为白色不透明颗粒。在沉淀聚合中，由于聚合产物不断析出，体系黏度不会明显增加。但无论是均相聚合还是沉淀聚合，都会导致自动加速作用。

（5）高分子合成工业中本体聚合的体系在高聚物生产中应用本体聚合方法的有：

a. 甲基丙烯酸甲酯浇铸本体聚合。

b. 苯乙烯热聚合。

c. 乙烯高压气相自由基本体聚合。

c. 氯乙烯非均相本体聚合。

5.3　溶　液　聚　合

溶液聚合是将单体和引发剂溶于适当溶剂中，在溶液状态下进行的聚合反应。生成的聚合物溶于溶剂的称为均相溶液聚合；聚合产物不溶于溶剂的称为非均相溶液聚合。

1. 优点

（1）聚合热易扩散，聚合反应温度易控制。

（2）体系黏度低，自动加速作用不明显，反应物料易输送。

（3）体系中聚合物浓度低，向高分子的链转移生成支化或交联产物较少，因而产物相对分子质量易控制，相对分子质量分布较窄。

（4）可以溶液方式直接成品。

2. 缺点

（1）单体被溶剂稀释，聚合速率慢，产物相对分子质量较低。

（2）消耗溶剂,溶剂的回收处理困难,设备利用率低,导致成本增加。

（3）溶剂很难完全除去。

（4）链自由基向溶剂的转移反应使聚合物的平均聚合度 $\overline{X}_n$ 降低。

（5）溶剂的使用导致环境污染问题。

3. 溶剂的选择

溶剂对聚合活性有很大影响,因为溶剂难以做到完全惰性,对引发剂有诱导分解作用,对自由基有链转移反应。溶剂对引发剂分解速率按以下顺序递增:芳烃、烷烃、醇类、醚类、胺类。

4. 离子型溶液聚合

采用有机溶剂,水、醇、氧、二氧化碳等含氧化合物会破坏离子和配位引发剂,单体和溶剂含水量必须低。

分类:均相聚合,沉淀聚合。

离子型溶液聚合选择溶剂的原则:首先考虑溶剂化能力,即溶剂对活性种离子对紧密程度和活性的影响,这对聚合速率、相对分子质量及其分布、聚合物微结构都有深远的影响;其次考虑溶剂的链转移反应。

5.4　悬 浮 聚 合

悬浮聚合是通过强力搅拌并在分散剂的作用下,把单体分散成无数的小液珠悬浮于水中由油溶性引发剂引发而进行的聚合反应。在悬浮聚合体系中,单体不溶或微溶于水,引发剂只溶于单体,水是连续相,单体为分散相,是非均相聚合反应。

（1）优点:

a. 聚合热易扩散,聚合反应温度易控制,聚合产物相对分子质量分布窄。

b. 聚合产物为固体珠状颗粒,易分离、干燥。

（2）缺点:

a. 存在自动加速作用。

b. 必须使用分散剂,且在聚合完成后,很难从聚合产物中除去,影响聚合产物的性能（如外观、老化性能等）。

c. 聚合产物颗粒包藏少量单体,不易彻底清除,影响聚合物性能。

（3）聚合反应发生在各个单体液珠内,对每个液珠而言,其聚合反应机理与本体聚合一样,因此悬浮聚合也称小珠本体聚合。单体液珠在聚合反应完成后成为珠状的聚合产物。

均相聚合:得到透明、圆滑的小珠。

非均相聚合:得到不透明、不规整的小珠。

在悬浮聚合过程中,不溶于水的单体依靠强力搅拌的剪切力作用形成小液滴分散于水中,单体液滴与水之间的界面张力使液滴呈圆珠状,但它们相互碰撞又可以重新凝聚,即分散和凝聚是一个可逆过程。

(4) 液-液分散和成粒过程。

为了阻止单体液珠在碰撞时不再凝聚,必须加入分散剂,分散剂在单体液珠周围形成一层保护膜或吸附在单体液珠表面,在单体液珠碰撞时起隔离作用,从而阻止或延缓单体液珠的凝聚。

分散剂作用机理:吸附在液滴表面,形成一层保护膜。

(5) 悬浮聚合分散剂主要有两大类:

a. 水溶性的高分子,如聚乙烯醇、明胶、羟基纤维素等。

b. 难溶于水的无机物,如碳酸钙、滑石粉、硅藻土等。

(6) 分散剂的选择:

a. 用量<0.1%。

b. 紧密型 PVC:明胶;疏松型 PVC:1788 聚乙烯醇。

c. 助分散剂:表面活性剂。

(7) 影响悬浮聚合的因素:①搅拌强度;②分散剂的性质和浓度;③水/单体;④温度;⑤引发剂用量和种类;⑥单体种类。

颗粒大小与形态:

a. 悬浮聚合得到的是粒状树脂,粒径为 0.01~5mm。粒径在 1mm 左右,称为珠状聚合。粒径在 0.01mm 左右,称为粉状悬浮聚合。

b. 粒状树脂的颗粒形态不同。颗粒形态是指聚合物粒子的外观形状和内部结构状况。

5.5　乳　液　聚　合

乳液聚合是在乳化剂的作用下并借助机械搅拌,使单体在水中分散成乳状液,由水溶性引发剂引发而进行的聚合反应。

单体:一般为油溶性单体,在水中形成水包油型。

引发剂:为水溶性或组分为水溶性引发剂。

过硫酸盐:如钾盐、钠盐、铵盐。

氧化还原引发体系:水、无离子水、乳化剂。

1. 优点

(1) 聚合热易扩散,聚合反应温度易控制。

(2) 聚合体系即使在反应后期黏度也很低,因而也适于制备高黏性的聚合物。

(3) 能获得高相对分子质量的聚合产物。

(4) 可直接以乳液形式使用。

2. 缺点

(1) 需要固体产品时,乳液需经凝聚、洗涤、脱水、干燥等工序,成本较高。
(2) 产品中留有乳化剂等杂质,难以完全除净,有损电性能等。
应用:PVC 糊用树脂,苯丙乳胶漆,PVAc 胶黏剂。

3. 与悬浮聚合的区别

(1) 粒径:悬浮聚合物 $50\sim2000\mu m$,乳液聚合物 $0.1\sim0.2\mu m$。
(2) 引发剂:悬浮聚合采用油溶性引发剂,乳液聚合采用水溶性引发剂。
(3) 聚合机理:悬浮聚合相当于本体聚合,聚合发生在单体液滴中;乳液聚合发生在胶束中。
乳液聚合机理特殊,在前三种聚合中,使聚合速率提高的因素往往使相对分子质量降低;在乳液聚合中,聚合速率和相对分子质量可同时提高。

4. 乳化剂的作用

(1) 降低表面张力,便于单体分散成细小的液滴,即分散单体。
(2) 在单体液滴表面形成保护层,防止凝聚,使乳液稳定。
(3) 增溶作用:当乳化剂浓度超过一定值时,就会形成胶束,胶束呈球状或棒状,胶束中乳化剂分子的极性基团朝向水相,亲油基指向油相,能使单体微溶于胶束内。乳化剂能形成胶束的最低浓度称为临界胶束浓度(简称 CMC)。CMC 越小,越易形成胶束,乳化能力越强。

5. 乳液聚合机理

单体和乳化剂在聚合前的四种状态:
(1) 极少量单体和少量乳化剂以分子分散状态溶解在水中。
(2) 大部分乳化剂形成胶束,$4\sim5nm$,$10^{17\sim18}$ 个 $/cm^3$。
(3) 少部分单体溶于胶束形成增溶胶束,$6\sim10nm$。
(4) 大部分单体分散成液滴,$1000nm$,$10^{10\sim12}$ 个 $/cm^3$。

6. 聚合场所具备的条件

(1) 单体、产生自由基的引发剂。
(2) 对聚合物有较好的溶解性能。
分析:
a. 水相不是乳液聚合的场所,因为水中单体浓度较低,增长链在相对分子质量很小时沉淀下来,停止增长。
b. 单体液滴不是乳液聚合的场所,因为单体液滴中无引发剂。
c. 胶束是乳液聚合的主要场所,因为胶束是油溶性单体与水溶性引发剂相聚的场所。

聚合应发生在胶束中,原因是:

a. 胶束数量多,为单体液滴数量的 100 倍。

b. 胶束内部单体浓度较高。

c. 胶束表面为亲水基团,亲水性强,因此自由基能进入胶束引发聚合。胶束的直径很小,因此一个胶束内通常只能允许容纳一个自由基。但第二个自由基进入时,就将发生终止。前后两个自由基进入的时间间隔为几十秒,链自由基有足够的时间进行链增长,因此相对分子质量较大。

7. 典型乳液聚合的三个阶段

(1) Ⅰ阶段:乳胶粒生成期,从开始引发到胶束消失为止,R_p 递增。

转化率为 0%～15%,这一阶段乳胶粒直径从 6～10nm 增长到 20～40nm;乳胶粒的数目从此固定下来,为 $10^{14\sim15}$ 个/mL H_2O。

(2) Ⅱ阶段:恒速期,从胶束消失到单体液滴消失为止,R_p 恒定。

①单体液滴全部消失;②转化率为 15%～50%;③单体-聚合物乳胶粒中单体和聚合物各占一半,乳胶粒中单体浓度基本保持不变,乳胶粒数目恒定,聚合速率恒定,单体-聚合物乳胶粒直径最大为 50～150nm。

(3) Ⅲ阶段:降速期,从单体液滴消失到聚合结束,R_p 下降。

①转化率从 50% 增至 100%;②单体已无补充的来源,链引发、链增长只能消耗单体-聚合物乳胶粒中的单体。聚合速率随单体-聚合物乳胶粒中单体浓度的下降而下降,最后单体完全转变成聚合物。

8. 乳液聚合动力学

1) 聚合速率

动力学研究多着重Ⅱ阶段——恒速阶段,乳液聚合的聚合速率表达式与一般自由基聚合相同:

$$R_p = k_p[M][M\cdot]$$

式中:$[M]$ 为乳胶颗粒中的单体浓度;$[M\cdot]$ 为链自由基浓度。在乳液聚合中,$[M]$ 表示乳胶粒中单体浓度(mol/L);$[M\cdot]$ 与乳胶粒数有关。

由于每个自由基只容许一个链自由基进入,第二个链自由基进入即终止,因此体系中只有 1/2 的自由基对增长反应起作用,或者可认为体系中只有一半颗粒中有自由基,另一半则没有。N 为乳胶颗粒的浓度(个/L),N_A 为阿伏伽德罗常量。因此

$$R_p = \frac{k_p N[M]}{2N_A} = k_p' N[M]$$

从上式可分析:

在Ⅰ阶段,N 不断增加,故 R_p 不断上升。

在Ⅱ阶段,N 不变,而 $[M]$ 不断下降,故 R_p 不断下降。

在Ⅲ阶段,N 恒定,而且由于单体液滴存在,不断向乳胶颗粒补充单体,故[M]也恒定,则 R_p 也恒定。

2) 聚合度

设体系中总引发速率为 ρ[生成的自由基个数/(mL·s)],对一个乳胶粒,引发速率为 r_i,增长速率为 r_p,则初级自由基进入一个聚合物粒子的速率为

$$r_i = \frac{\rho}{N}$$

每秒一个乳胶粒吸收的自由基数

$$r_p = k_p[M]$$

即 r_p 的单位为自由基个数/(mL·s)。

每个乳胶粒内只能容纳一个自由基,每秒加到一个初级自由基上的单体分子数,即聚合速率:

$$v = k_p[M]\tau$$

平均聚合度为聚合物的链增长速率除以初级自由基进入乳胶粒的速率:

$$\overline{X}_n = \frac{r_p}{r_i} = \frac{k_p[M]N}{\rho}$$

类似于乳液聚合的平均聚合度就等于动力学链长。

9. 乳液聚合动力学特点

(1) 乳液聚合的场所在增溶单体的胶束中,而增溶单体的胶束的体积很小,往往在同一时刻只能容纳一个自由基,所以乳液聚合中的终止方式一般认为是一个长链自由基与一个短链自由基(或单体自由基)的双基终止,可以看作单基终止,因而不存在自动加速现象。

(2) 不存在链转移反应,聚合物的平均聚合度用动力学链长表示,即

$$\overline{X}_n = \frac{k_p[M]N}{\rho}$$

(3) 增加乳胶粒的数目可以同时增加聚合速率和聚合物的相对分子质量。

$$R_p = \frac{10^3 N k_p[M]}{2N_A}$$

5.6 乳液聚合技术进展

种子乳液聚合(制备粒径较大的乳液):先将少量单体进行乳液聚合(种子乳液),再加同种单体聚合。

核壳乳液聚合:先将少量单体进行乳液聚合(种子乳液),再加不同种单体聚合,是种子聚合的发展。

无皂乳液聚合:不加乳化剂或微量乳化剂进行聚合。要使分散液稳定,关键是将极性基团引入大分子中,使聚合物本身为类似表面活性剂。

　　微乳液聚合:可制备纳米级乳液。配方特点:单体用量少,乳化剂用量多,丙二醇等为助乳化剂。

　　反相乳液聚合:对水溶性单体而言,采用有机溶剂作介质和油溶性乳化剂,形成油包水型(W/O)乳液。

　　分散聚合(稀水溶液沉淀聚合):主要是非水介质的分散聚合,即单体和引发剂溶于有机溶剂中进行溶液聚合,但聚合物不溶于溶剂,从溶液中沉淀出来,成为沉淀聚合。

典型例题

　　例 5-1　悬浮聚合的配方至少有哪几个组分? 单靠搅拌能否得到聚合物颗粒? 加入悬浮稳定剂的目的和作用是什么? 常用的悬浮稳定剂有哪几种? 影响聚合产物粒径的因素有哪些? 悬浮聚合的主要缺点是什么?

　　答　(1)悬浮聚合的配方一般至少有四个组分,即单体、引发剂、水和分散剂。

　　(2)搅拌的剪切力可使油状单体在水中分散成小液滴。当液滴分散到一定程度后,剧烈搅拌反而有利于细小液滴的合并(成大液滴),特别是当聚合反应发生后,由于液滴中含有一定量的聚合物,此时搅拌增大了这些液滴的碰撞黏结概率,最后导致聚合物结块,所以单靠搅拌不能得到稳定的悬浮体系,体系中必须加入悬浮稳定剂。

　　(3)加入悬浮稳定剂可降低表面张力,使分散的小液滴表面形成一层保护膜,防止彼此合并和相互黏结,从而使聚合在稳定的悬浮体系的液滴中进行。如果只加悬浮稳定剂而不进行搅拌,则单体就不会自动分散成小液滴,同样不能形成稳定的悬浮体系。

　　(4)可作悬浮稳定剂的物质有:水溶性聚合物,如聚乙烯醇、明胶和苯乙烯-马来酸酐共聚物等;水不溶性无机物,如磷酸钙、碳酸镁、碳酸钡和硫酸钡等。

　　(5)影响聚合物粒径的主要因素有:①搅拌速率越快,液滴越小;②单体与水的比例越大,粒径越大;③悬浮稳定剂的种类及添加量;④搅拌叶片的宽度及位置。

　　(6)悬浮聚合的主要缺点是:①单位反应器的产量少;②因聚合珠粒上一定会附有残余的悬浮稳定剂,其纯度不如本体聚合产物;③无法进行连续式聚合。

　　例 5-2　什么是乳液聚合? 乳液聚合的主要场所是什么?

　　答　乳液聚合是指借助机械搅拌和乳化剂的作用,使单体分散在水或非水介质中形成稳定的乳液(粒子直径 $0.05 \sim 0.15\,\mu m$)并加入少量引发剂而进行的聚合反应。

　　乳液聚合的主要场所是表面积很大的增溶胶束。

　　例 5-3　从乙酸乙烯酯单体到维尼纶纤维,需哪些反应? 各反应的要点和关键是什么? 写出反应式。

　　答　需经自由基聚合反应、醇解反应及缩醛化反应。

　　各步反应要点和关键如下:

　　(1)自由基聚合反应

$$n\text{CH}_2\text{=CH} \quad \xrightarrow[\triangle]{\text{AIBN}} \quad \text{+CH}_2\text{CH+}_n$$
$$\quad\quad | \qquad\qquad\qquad\qquad\qquad | $$
$$\text{OCOCH}_3 \qquad\qquad\qquad\quad \text{OCOCH}_3$$

要点:用甲醇为溶剂进行溶液聚合以制取适当相对分子质量的聚乙酸乙烯酯溶液。

关键:选择适宜的反应温度,控制转化率,用甲醇调节相对分子质量以制得适当相对分子质量,且基本不存在不能被醇解的乙酸乙烯酯侧基。

(2) 醇解反应

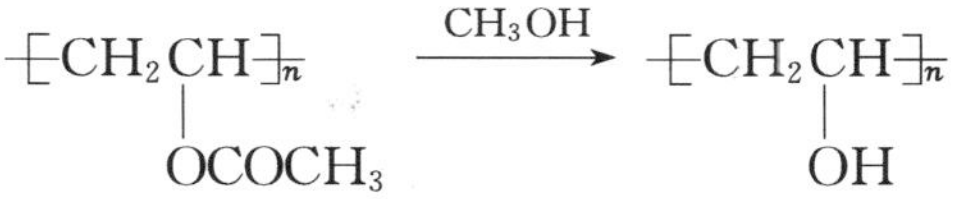

$$\text{—CH}_2\text{CH—}_n \xrightarrow{\text{CH}_3\text{OH}} \text{—CH}_2\text{CH—}_n$$
$$\quad\quad | \quad\quad\quad\quad\quad\quad\quad | $$
$$\quad\quad \text{OCOCH}_3 \quad\quad\quad\quad\quad \text{OH}$$

要点:用醇、碱或甲醇钠作催化剂,在甲醇溶液中醇解。

关键:控制醇解度在 98% 以上。

(3) 缩醛化反应(包括分子内和分子间)

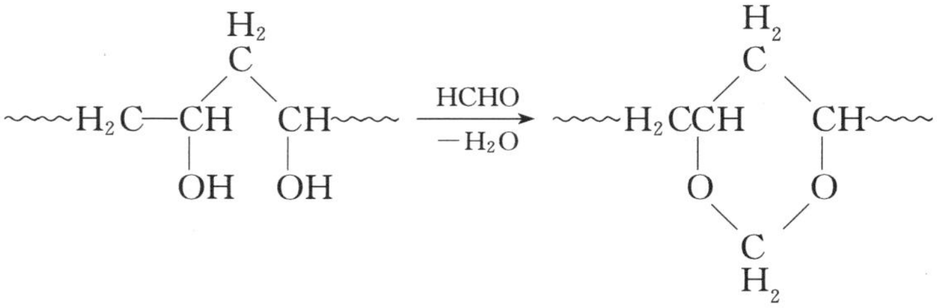

要点:用酸作催化剂,在甲醛水溶液中反应。

关键:缩醛化程度必须接近 90%。

用纤维和悬浮聚合分散剂用的聚乙烯醇的差别在于醇解度不同。前者要求醇解度高(98%~99%),以便缩醛化。后者要求醇解度中等(87%~89%),以使其水溶性好。

例 5-4　乳液聚合的特点是什么?

答　(1) 以水为介质价廉安全,乳液聚合中聚合物的相对分子质量可以很高,但体系的黏度可以很低,故有利于传热、搅拌和物料输送,便于连续操作。

(2) 聚合物胶乳可以作为黏合剂、涂料或表面处理剂等直接利用。

(3) 乳液聚合体系中基本上消除了自动加速现象;乳液聚合的聚合速率可以很高,聚合物的相对分子质量也很高。

(4) 用于固体聚合物时需要加电解质破乳、水洗和干燥等工序,过程复杂,生产成本比悬浮聚合高。

(5) 产品中的乳化剂难以除净,影响聚合物的电性能。

例 5-5　乳液聚合动力学的特点是什么?

答　(1) 聚合场所在增溶单体的胶束中。

(2) 终止方式为链自由基和初级自由基(或短链自由基)的双基终止,可看作单基终止,因此不存在自动加速现象。

(3) 无链转移反应,而且是单基终止,因此 $\overline{X}_n = v$。

(4) 根据动力学方程,增加乳胶粒的数目 N 可同时提高聚合速率和聚合物的平均聚合度。

$$R_p = \frac{k_p[\text{M}]N \times 10^3}{2N_A}$$

$$\overline{X}_n = v = \frac{k_p[M]N}{2\rho}$$

例 5-6 简述理想乳液聚合体系的组分、聚合前体系中的"三相"和聚合的"三个阶段"的标志。

答 理想乳液聚合体系由难溶于水的单体、介质水、水溶性引发剂和阴离子型乳化剂四部分组成。

聚合前体系中有三相:水相、油相和胶束相。

乳液聚合三个阶段的标志:

乳胶粒生成期(增速期):水溶性引发剂在水相中分解成初级自由基,可使溶于水中的单体迅速引发,形成单体自由基或短链自由基,并进入增溶单体的胶束中继续进行链增长。未增溶单体的胶束消失,乳胶粒数目固定($10^{14\sim15}$),聚合转化率从 0% 达 15%。未增溶单体的胶束消失,标志着第一阶段的结束和第二阶段的开始。

乳胶粒恒速期:聚合反应在乳胶粒中继续进行链增长,乳胶粒中的单体不断消耗,由单体液滴经水相不断扩散而加以补充。单体液滴仍然起供应单体的仓库的作用,至单体液滴消失。由于乳胶粒数目固定,其中单体浓度恒定,聚合速率恒定。此时,乳胶粒中单体和聚合物各占一半,称为单体-聚合物乳胶粒,聚合转化率从 15% 达 50%。单体液滴消失,标志着第二阶段的结束和第三阶段的开始。

乳胶粒降速期:当转化率达 50% 左右时,单体液滴全部消失,单体液滴中单体全部进入乳胶粒,形成单体-聚合物乳胶粒。此时,再无单体补充,聚合只能消耗单体-聚合物乳胶粒中的单体,随聚合反应的进行,单体浓度降低,聚合速率降低,直至单体耗尽,聚合结束,最后形成聚合物乳胶粒。

例 5-7 苯乙烯本体聚合的工业生产分两个阶段。首先于 80~85℃使苯乙烯预聚至转化率达 33%~35%,然后流入聚合塔,塔内温度从 100℃递升至 200℃,最后将熔体挤出造粒。试解释采取上述步骤的原因。

答 如何排散聚合热、维持聚合温度恒定是实施本体聚合时必须考虑和解决的主要问题。苯乙烯本体聚合的生产分段进行是为了先在较低温度下使苯乙烯以较低的聚合速率转化,有利于聚合热的排散;同时由于转化率不高,聚合体系黏度低,也有利于排散自动加速效应带来的集中放热,以避免由于局部过热导致产物相对分子质量分布较宽以及由温度失控而引起的爆聚。在聚合塔中逐渐升温是为了逐渐提高单体转化率,尽量使单体完全转化,减少残余单体。

例 5-8 ABS 树脂是由哪些单体合成的? 有几种合成方法? 这种树脂的基本特征是什么?

答 ABS 树脂是由丙烯腈、丁二烯和苯乙烯三种单体合成的。一般 ABS 树脂的合成方法有以下三种:一是接枝共聚法,即将苯乙烯和丙烯腈在聚丁二烯乳胶(或丁二烯-苯乙烯-二乙烯基苯的胶乳)上接枝;二是以 AS 和 AB 两种树脂进行机械共混;三是接枝与共混相结合,即先将苯乙烯和丙烯腈在丁二烯-苯乙烯-二乙烯基苯的胶乳共聚物上接枝,然后将该接枝共聚物和苯乙烯-丙烯腈的共聚物树脂共混。ABS 树脂有较高的抗冲击强度、较大的韧性和可模塑性,主要用作抗冲击塑料。

例 5-9 乳液聚合丁苯橡胶有冷(胶)热(胶)之分,试分别列举一种引发剂体系和聚合条件。单体转化率为什么通常控制在 60% 左右? 聚合时如何调节聚合物颗粒的大小?

答 (1) 热丁苯:引发剂为 $K_2S_2O_8$,聚合温度为 50~60℃。

冷丁苯:引发剂体系为 $C_6H_5C(CH_3)_2OOH+Fe^{2+}$,聚合温度为 5℃。

(2) 转化率控制在 60% 左右的主要原因是:

a. 转化率再高会导致丁苯分子链的烯丙基氢发生链转移,产生支化或凝胶,导致丁苯质量变劣。

b. 由于丁二烯的共聚活性远大于苯乙烯,随着转化率的提高,体系中剩余的苯乙烯相对增多,导致结合苯乙烯含量增大,甚至形成长序列苯乙烯嵌段,使弹性和力学性能下降。

c. 转化率>60% 后,单体浓度减少导致聚合速率下降。再延长时间提高转化率,致使生产效率大大降低。

(3) 增大聚合物颗粒尺寸的措施有:

a. 降低乳化剂的用量,但不能降低临界胶束浓度。

b. 提高单体浓度,但单体(油相)与水相之比一般不大于 1。

c. 适当降低聚合温度,但一般不能低于引发剂的分解温度(或产生自由基的最低温度)。

例 5-10 判断下列聚合体系哪些是均相溶液聚合体系,并说明理由。

(1) 乙酸乙烯酯以甲醇为溶剂的溶液聚合体系。

(2) 丙烯腈以浓的 NaCNS 水溶液为溶剂的溶液聚合体系。

(3) 丙烯腈以水为溶剂的溶液聚合体系。

(4) 苯乙烯、马来酸酐以苯为溶剂的溶液共聚合体系。

(5) 丙烯酸以水为溶剂的溶液聚合体系。

答 单体溶于溶剂中,聚合物也溶于该溶剂中,该聚合体系为均相体系。

(1) 乙酸乙烯酯以甲醇为溶剂的溶液聚合体系是均相体系。

(2) 丙烯腈以浓的 NaCNS 水溶液为溶剂的溶液聚合体系是均相体系。

(3) 丙烯腈以水为溶剂的溶液聚合体系不是均相体系。

(4) 苯乙烯、马来酸酐以苯为溶剂的溶液共聚合体系不是均相体系。

(5) 丙烯酸以水为溶剂的溶液聚合体系是均相体系。

测试题

一、名词解释

1. 自由基聚合实施方法 2. 离子聚合实施方法 3. 逐步聚合实施方法

4. 本体聚合 5. 悬浮聚合 6. 溶液聚合

7. 乳液聚合　　　　　8. 分散剂　　　　　9. 乳化剂

10. 胶束　　　　　11. 亲水亲油平衡值（HLB）　　　12. 胶束成核

13. 均相成核

二、填空题

1. 核壳乳液聚合基本上有两种类型，即（　　）和（　　）。

2. 悬浮聚合的基本配方是（　　）、（　　）、（　　）和（　　），影响颗粒形态的两种重要因素是（　　）和（　　）。聚合场所在（　　）。

3. 理想体系乳液聚合时，每个乳胶粒中平均自由基数是（　　），但对具有高的向单体转移常数者，其平均自由基数是（　　）。

4. 乳液聚合的特点是可同时提高（　　）和（　　），原因是（　　）。

5. 采用膨胀计法测甲基丙烯酸甲酯本体聚合初期反应速率是依据（　　）原理。

6. 某聚合体系的配方为：苯乙烯 50 份，水 100 份，$K_2S_4O_8$ 0.1 份，$C_{12}H_{25}SO_4Na$ 5 份，该聚合方法是（　　），$C_{12}H_{25}SO_4Na$ 起（　　）作用。聚合反应的场所是在（　　）内，用（　　）和（　　）的方法可以同时提高聚合反应速率与相对分子质量。

7. 由过硫酸钾和亚硫酸氢钠构成的（　　）引发体系适合水溶性聚合体系。

8. 典型的乳液聚合采用（　　）溶性引发剂，聚合可分成三个阶段，第一阶段聚合速率增加是由于（　　），第二阶段速率恒定，是因为（　　），第三阶段因为（　　）而使聚合速率减慢。

9. 表征乳化剂性能的主要指标是（　　）、（　　）和（　　）等。

10. 乳液聚合的成核方式有（　　）、（　　）和（　　）。

三、简答题

1. 常用的逐步聚合方法有几种？各自的主要特点是什么？

2. 界面缩聚体系的基本组成有哪些？对单体有什么要求？水相通常为碱性的原因是什么？聚合速率是化学控制还是扩散控制？试举出几种利用界面聚合法进行工业生产的聚合物品种。

3. 界面缩聚的特点是什么？

4. 为什么聚氯乙烯在 200℃ 以上加工会使产品颜色变深？为什么聚丙烯腈不能采用熔融纺丝而只能采用溶液纺丝？

5. 简要解释下列名词，并指出它们之间的异同点。

（1）本体聚合、气相聚合、固相聚合、熔融缩聚

（2）悬浮聚合、乳液聚合、界面缩聚

（3）溶液聚合、淤浆聚合、均相聚合、沉淀聚合

6. 简述胶束成核、液滴成核、水相成核的机理和区别。

7. 乳液聚合的一般规律是：初期聚合速率随聚合时间的延长而逐渐增加，然后进入恒速聚合，之后聚合速率逐渐下降。试从乳液聚合机理和动力学方程分析发生上述

现象的原因。

四、计算题

1. 定量比较苯乙烯在 60℃下本体聚合和乳液聚合的速率和聚合度。乳胶粒数＝1.0×10^{15} 个/mL，$c(M)=5.0$ mol/L，$\rho=5.0 \times 10^{12}$ 个/(mL・s)。两体系的速率常数相同：$k_p=176$ L/(mol・s)，$k_t=3.6 \times 10^7$ L/(mol・s)。

2. 苯乙烯用三种方法在 80℃下聚合，条件如表 5-2 所示，回答下列问题。

表 5-2　相关实验数据

项目	Ⅰ	Ⅱ	Ⅲ
苯乙烯		50g(0.5mol，60mL)	
BPO/mol	1.6×10^{-3}	1.0×10^{-4}	1.0×10^{-4}
稀释剂	苯，940mL	—	水，940mL
添加剂	—	—	硫酸镁，4g

（1）方法Ⅰ、Ⅱ和Ⅲ各为何种聚合方法？

（2）若方法Ⅰ中的起始聚合反应速率 $R_p=5.7 \times 10^{-2}$ mol/(L・h)，则方法Ⅱ和Ⅲ的 R_p 各为多少？

测试题参考答案

一、名词解释

1. 主要有本体聚合、溶液聚合、乳液聚合和悬浮聚合四种。

2. 主要有溶液聚合和本体聚合。

3. 主要有熔融聚合、溶液聚合和界面聚合。

4. 本体聚合是单体本身和加入少量引发剂（或不加）的聚合。

5. 悬浮聚合一般是单体以液滴状悬浮在水中的聚合，体系主要由单体、水、油溶性引发剂、分散剂四部分组成。

6. 单体和引发剂溶于适当溶剂的聚合。

7. 单体在水中分散成乳液状而进行的聚合，体系由单体、水、水溶性引发剂、水溶性乳化剂组成。

8. 分散剂大致可分为两类：①水溶性有机高分子，作用机理主要是吸附在液滴表面，形成一层保护膜，起保护作用，同时还使表面（或界面）张力降低，有利于液滴分散；②不溶于水的无机粉末，作用机理是细粉末吸附在液滴表面，起机械隔离的作用。

9. 常用的乳化剂是水溶性阴离子表面活性剂，其作用有：①降低表面张力，使单体乳化成微小液滴；②在液滴表面形成保护层，防止凝聚，使乳液稳定；③更为重要的作用是超过某一临界浓度之后，乳化剂分子聚集成胶束，成为引发聚合的场所。

10. 当乳化剂浓度超过临界胶束浓度（CMC）以后，一部分乳化剂分子聚集在一起，乳化剂的疏水基伸向胶束内部，亲水基伸向水层的一种状态。

11. 该值用来衡量表面活性剂中亲水部分和亲油部分对水溶性的贡献，该值的大小表示亲水性的大小。

12. 在经典的乳液聚合体系中,由于胶束的表面积大,更有利于捕捉水相中的初级自由基和短链自由基。自由基进入胶束,引发其中的单体聚合,形成活性种,这就是胶束成核。

13. 又称水相成核,当选用水溶性较大的单体,溶于水的单体被引发聚合成的短链自由基将含有较多的单体单元,并有相当的亲水性,水相中多条这样较长的短链自由基相互聚集在一起,絮凝成核,以此为核心,单体不断扩散入内,聚合成乳胶粒,这个过程即为均相成核。

二、填空题

1. (软核硬壳)、(硬核软壳)

2. (单体)、(水)、(油溶性引发剂)、(分散剂)、(搅拌速率)、(分散剂用量)、(液滴内)

3. (0.5)、(小于 0.5)

4. (聚合反应速率)、(相对分子质量)、(包埋在乳胶粒的自由基寿命较长)

5. (聚合过程中体积收缩与单体转化率呈线性关系)

6. (乳液聚合)、(乳化)、(胶束和乳胶粒)、(提高乳化剂浓度)、(提高单体浓度)

7. (水溶性)

8. (水)、(乳胶粒增加)、(乳胶粒数恒定)、(胶粒内单体浓度降低)

9. (临界胶束浓度 CMC)、(亲水亲油平衡值 HLB)、(三相平衡点)

10. (液滴成核)、(水相成核)、(胶束成核)

三、简答题

1. (1) 熔融缩聚。

优点:生产工艺过程简单,生产成本较低;可连续生产直接纺丝;聚合设备的生产能力高。

缺点:反应温度高,要求单体和缩聚物在反应温度下不分解,单体配比要求严格;反应物料黏度高,小分子不易脱除;局部过热可能产生副反应,对聚合设备密封性要求高。

适用范围:广泛用于大品种缩聚物,如聚酯、聚酰胺的生产。

(2) 溶液缩聚。

优点:溶剂存在下可降低反应温度,避免单体和产物分解,反应平稳易控制;可与产生的小分子共沸或与其反应而脱除;聚合物溶液可直接用作产品。

缺点:溶剂可能有毒,易燃,提高了成本;增加了缩聚物分离、精制、溶剂回收等工序;生产高相对分子质量产品时需将溶剂蒸出后进行熔融缩聚。

适用范围:适用于生产单体或缩聚物熔融后易分解的产品,主要是芳香族聚合物、芳杂环聚合物等。

(3) 界面缩聚。

优点:反应条件缓和,反应是不可逆的;对两种单体的配比要求不严格。

缺点:必须使用高活性单体,如酰氯;需要大量溶剂;产品不易精制。

适用范围:适用于气-液相、液-液相界面缩聚和芳香族酰氯生产芳酰胺等特种性能聚合物。

2. 界面缩聚体系的基本组分有:互不相溶的两种溶剂,如水和 CCl_4;两种带活泼官能团的单体(通常为二元胺和二酰氯),分别溶于溶剂中,有时还加入表面活性剂(如季铵盐)。

所用单体必须是高活性的、含活泼反应基团的双官能团化合物,如含活泼氢的二元胺或双酚 A 与含活泼氯的己二酰氯或光气($Cl—COCl$)等。

水相为碱性是为了中和缩聚生成的 HCl,从这个意义上说,碱性可提高缩聚速率,使缩聚成为不可逆反应。

　　由于活泼的胺官能团和酰氯之间的反应极快,故聚合速率主要取决于二胺和二酰氯扩散至两相界面的扩散速率,因而界面缩聚属于扩散控制(物理),为了促进单体在溶剂中的扩散,缩聚反应常在搅拌下进行;如果要边缩聚边成膜,则缩聚也可以在"静止"的界面上进行。

　　利用界面缩聚进行生产的品种有:聚碳酸酯、聚酰胺、聚苯酯和新型的聚间苯二甲酰间苯二胺纤维等。

　　3.(1)界面缩聚是不平衡缩聚,需采用高反应活性的单体,反应可在低温下进行,逆反应的速率很低,甚至为 0,属于不平衡缩聚。缩聚中产生的小分子副产物容易除去,不需要熔融缩聚中的真空设备。同时,由于温度较低,避免了高温下产物氧化变色降解等不利问题。

　　(2)反应温度低,相对分子质量高。

　　(3)反应总速率与体系中单体的总浓度无关,而仅取决于界面处的反应物浓度。只要及时更换界面,就不会影响反应速率。聚合物的相对分子质量与反应程度、单体中官能团物质的量比关系不大,但与界面处官能团物质的量有关。

　　(4)界面缩聚由于需要高反应活性单体,大量溶剂的消耗使设备体积庞大,利用率低,因此其应用受到限制。

　　4.聚氯乙烯加热到 200℃ 以上会发生分子内和分子间脱去 HCl 反应,使主链部分带有共轭双键结构而使颜色变深。聚丙烯腈在高温条件下会发生环化反应而不会熔融,所以只能采用溶液纺丝。

　　5.(1)不加任何其他介质(如溶剂、稀释剂或分散介质),仅是单体在引发剂、热、光或辐射源作用下引发的聚合反应称为本体聚合。

　　只用极少量稀释剂作催化剂的分散介质,并在单体沸点以上的温度下聚合称为气相聚合。这种聚合实际上是气相单体在固体催化剂上的本体聚合。

　　固体(或晶相)单体在其熔点下发生的聚合反应,或是在单体熔点以上但在形成的聚合物的熔融温度以下进行的聚合反应称为固相聚合。前者是"真正"的固相聚合,实质上它也是不添加其他介质的本体聚合。

　　聚合温度不仅高于参加聚合的单体的熔点,还常比形成的聚合物的熔融温度高 10~20℃,整个聚合体系始终处于熔融状态,称为熔融聚合;由于它常是固体的官能单体的缩聚,故常称为熔融缩聚。这种聚合除有时加入少量催化剂外,一般均不加任何稀释介质,所以实质上它也是本体聚合。

　　(2)借助机械搅拌和悬浮剂的作用,使油溶性单体以小液滴(直径 10^{-3}~1cm)悬浮在水介质中,形成稳定的悬浮体进行聚合,称为悬浮聚合。

　　借助机械搅拌和乳化剂的作用,使单体分散在水或非水介质中形成稳定的乳液(粒子直径 1.5~5μm),并加入少量引发剂而聚合的反应称为乳液聚合。它在形式上和悬浮聚合同属非均相聚合体系,但是由于乳液聚合有胶束的存在,其聚合机理和聚合反应特征均和悬浮聚合有显著不同。

　　两种单体分别溶于互不相溶的溶剂中,随后把两种单体溶液倒在一起,在两相界面上发生的快速缩聚反应称为界面缩聚。其特点是:使用活泼单体,反应速率极快;两单体的配比和纯度要求不很严格;大多是不可逆反应(区别于平衡缩聚);缩聚反应可以在静止的界面上,也可在搅拌下进行。它也是非均相聚合体系,但聚合场所既不是在悬浮小液滴内(悬浮聚合),也不是在胶束中(乳液聚合),而是在互不相溶的两相界面上发生。

　　(3)单体和引发剂溶于适当的溶剂中进行的聚合反应称为溶液聚合。大多数情况下,生成的聚合物也溶于同一溶剂,整个聚合过程呈均相溶液。

　　催化剂(引发剂)和形成的聚合物均不溶于单体和溶剂(稀释剂)的聚合反应称为淤浆聚合。由于催化剂在稀释剂中呈分散体,形成的聚合物也呈细分散体析出,整个聚合体系呈淤浆状,故专称淤浆聚合。由于聚合时使用了溶剂(或稀释剂),一般也常列入溶液聚合的范畴。

　　单体、引发剂和形成的聚合物均溶于同一溶剂的聚合反应;或引发剂和形成的聚合物均溶于单体的本体聚合或熔融缩聚反应,聚合体系始终为均相者,均称为均相聚合。

　　生成的聚合物不溶于单体和溶剂,在聚合过程中形成的聚合物不断沉淀析出的聚合反应称为沉淀聚合。将丙烯腈溶于水中(或分散在水中),加入水溶性氧化还原引发剂($NaClO_3/Na_2SO_3$)体系进行聚合,生成的聚丙烯腈不断从水相中析出,常称为丙烯腈的水相沉淀聚合。

　　6. 难溶于水的单体所进行的经典乳液聚合以胶束成核为主。经典乳液聚合体系选用水溶性引发剂,在水中分解成初级自由基,引发溶于水中的微量单体,在水相中增长成短链自由基。聚合物疏水时,短链自由基只增长少量单元就沉析出来,与初级自由基一起被增溶胶束捕捉,引发其中的单体聚合而成核,即胶束成核。

　　液滴粒径较小或采用油溶性引发剂有利于液滴成核。一种情况是液滴小而多时,表面积与增溶胶束相当,可参与吸附水中的自由基,引发成核,而后发育成胶粒;另一种情况是用油溶性引发剂,溶于单体液滴内,就地引发聚合,类似液滴内的本体聚合。微悬浮聚合具备此双重条件,属液滴成核。

　　有相当多的水溶性的单体进行乳液聚合时,以均相成核为主。亲水性大的单体,在水中的溶解性大。溶于水中的单体经引发聚合后,所形成的短链自由基亲水性也较大,聚合度上百后才能从水中沉析出来。水相中多条这样较长的短链自由基相互聚集在一起,絮凝成核。以此为核心,单体不断扩散入内,聚合成胶粒。胶粒形成以后,更有利于吸取水相中的初级自由基和短链自由基,而后在胶粒中引发增长。这就是水相(均相)成核机理。

　　7. 乳液聚合的机理是:在胶束中引发,随后在乳胶粒中进行增长。单体/聚合物乳胶粒中平均只有一半含有自由基,因而其聚合速率方程为

$$R_p = k_p[M]N/2$$

式中:k_p 为链增长速率常数;$[M]$为乳胶粒中的单体浓度;N 为乳胶粒数目。

　　由速率方程可知,当聚合温度一定时,k_p 是常数,此时聚合速率主要取决于$[M]$和 N,在聚合初期,由于单体液滴(单体储库)存在,扩散速率一定,所以乳胶粒中的单体浓度$[M]$也近似为常数。随着聚合反应的进行,乳胶粒的数目不断增多,由此导致聚合速率随聚合时间的延长而增大。当聚合进行一定时间后,乳胶粒的数目达到最大值,同时单体液滴又未消失,此时 N 和$[M]$都近似恒定,所以聚合速率进入恒速期。最后由于单体液滴消失,乳胶粒中的$[M]$急剧下降,导致聚合速率下降。

四、计算题

　　1. 本体聚合:

$$R_i = \frac{\rho}{N_A} = \frac{5.0 \times 10^{12}}{6.023 \times 10^{23}} = 8.3 \times 10^{-9} [\text{mol/(L} \cdot \text{s)}]$$

$$R_p = k_p[M]\left(\frac{R_i}{2k_t}\right)^{1/2} = 176 \times 5.0 \times \left(\frac{8.3 \times 10^{-9}}{2 \times 3.6 \times 10^7}\right)^{1/2} = 9.45 \times 10^{-6}[\text{mol/(L} \cdot \text{s)}]$$

$$v = \frac{k_p^2[M]^2}{2k_t R_p} = \frac{176^2 \times 5.0^2}{2 \times 3.6 \times 10^7 \times 9.45 \times 10^{-6}} = 1.138 \times 10^3$$

$$\overline{X}_n = \frac{v}{C/2+D} = \frac{1138}{0.77/2+0.23} = 1850.4$$

　　乳液聚合:

$$R_p = k_p c(M) \frac{N \times 10^3}{2N_A} = \frac{10^3 \times 1.0 \times 10^{15} \times 176 \times 5.0}{2 \times 6.023 \times 10^{23}} = 7.3 \times 10^{-4} [\text{mol}/(\text{L} \cdot \text{s})]$$

$$\overline{X}_n = \frac{N k_p c(M)}{2\rho} = \frac{1.0 \times 10^{15} \times 176 \times 5.0}{2 \times 5.0 \times 10^{12}} = 8.8 \times 10^4$$

2. （1）方法 Ⅰ 的配方包括单体、溶剂、引发剂，为溶液聚合。方法 Ⅱ 的配方只含有单体和引发剂，属于本体聚合。方法 Ⅲ 的配方中包括单体、油溶性引发剂、悬浮剂硫酸镁和水，属于悬浮聚合。

（2）方法 Ⅱ ：$R_p = 0.97\text{mol}/(\text{L} \cdot \text{h})$。方法 Ⅲ ：$R_p = 0.97\text{mol}/(\text{L} \cdot \text{h})$。悬浮聚合在小液滴中进行，相当于一个个悬浮的小本体聚合。

第6章 离子聚合

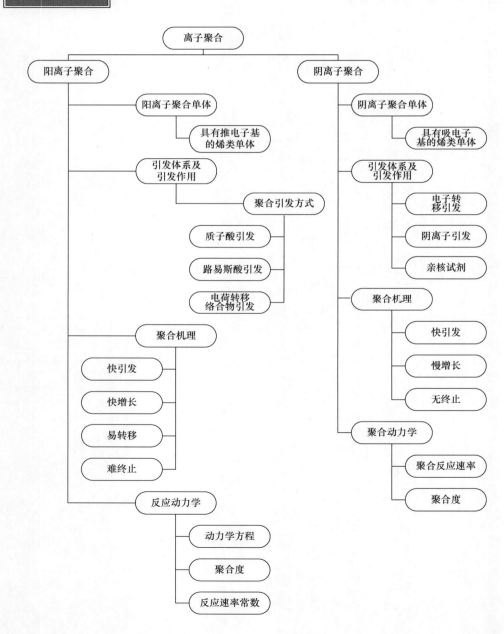

6.1　引　　言

离子聚合是由离子活性种引发的聚合反应。根据离子电荷性质的不同,又可分为阴(负)离子聚合和阳(正)离子聚合。

烯类单体自由基聚合、阴离子聚合、阳离子聚合的活性链末端分别是碳自由基(C·)、碳阴离子(C$^{\ominus}$)、碳阳离子(C$^{\oplus}$),三种活性种的分子结构不同,反应特性和聚合机理各异。

离子聚合有别于自由基聚合的特点:根本区别在于聚合活性种不同,离子聚合的活性种是带电荷的离子,通常是碳阳离子和碳阴离子。

离子聚合对单体有较高的选择性:带有 1,1-二烷基、烷氧基等推电子基的单体才能进行阳离子聚合;具有氰基、羰基等强吸电子基的单体才能进行阴离子聚合。

离子聚合的特点:单体的选择性高;聚合条件苛刻,通常需在低温下进行,体系中不能有水或杂质存在;聚合速率快;引发体系往往为非均相;反应介质对聚合有很大影响,实验重现性差。

6.2　阴离子聚合

阴离子活性种末端 B$^{\ominus}$ 附近往往伴有金属阳离子作为反离子 A$^{\oplus}$,形成离子对 B$^{\ominus}$A$^{\oplus}$,特别标以“$\ominus\oplus$”,以示与真正的无机离子区别。

阴离子聚合反应的通式可用下式表示,单体插入离子对引发聚合。

$$B^-A^+ + M \longrightarrow BM^-A^+ \xrightarrow{\text{M}} \cdots \xrightarrow{\text{M}} BM_n^-A^+$$

能否聚合取决于两种因素:

(1) 是否具有 π-π 共轭体系。吸电子基团具有 π-π 共轭体系,能够进行阴离子聚合,如 AN、MMA、硝基乙烯;吸电子基团并不具有 π-π 共轭体系,则不能进行阴离子聚合,如 VC、VAc;环氧乙烷、环氧丙烷、己内酰胺等杂环化合物可由阴离子催化剂开环聚合。

(2) 与吸电子能力有关。+e 值越大,吸电子能力越强,越易进行阴离子聚合;若 +e 值虽不大,但 Q 值较大的共轭单体也易阴离子聚合。

6.2.1　阴离子聚合的烯类单体

阴离子聚合的单体可以粗分为烯类和杂环两大类,具有吸电子基团的烯类原则上容易阴离子聚合。但 p-π 共轭而带吸电子基团的烯类单体,如氯乙烯却难阴离子聚合。因为 p-π 共轭效应和诱导效应相反,削弱了双键电子云密度降低的程度,不利于阴离子的进攻。

Q-e 概念中的 e 值(极性或吸电子性)以及 Hammett 方程[$\lg(1/r_1)=\rho\sigma$]中的基团

特性常数 σ 值可用来半定量地衡量阴离子聚合活性。有些单体 $+e$ 值虽不大,但 Q 值较大(共轭效应),也可阴离子聚合。

6.2.2　阴离子聚合的引发剂和引发反应

阴离子聚合的引发剂有碱金属、碱金属和碱土金属的有机化合物、三级胺等碱类、给电子体或亲核试剂。

(1)碱金属-电子转移引发。钠、钾等碱金属原子最外层只有一个电子,易转移给单体,形成阴离子而后引发聚合。

a. 电子直接转移引发碱金属,如 Li、Na、K 等。

$$M + H_2C{=}CH\underset{X}{|} \longrightarrow M^+{}^-CH_2{-}\underset{X}{\overset{|}{CH}}\cdot \rightleftharpoons M^+{}^-\underset{X}{\overset{|}{CH}}{-}CH_2\cdot$$

$$M^+{}^-\underset{X}{\overset{|}{CH}}{-}CH_2\cdot \longrightarrow M^+{}^-\underset{X}{\overset{|}{CH}}CH_2{-}CH_2\underset{X}{\overset{|}{CH}}{}^-Na^+ \longrightarrow 从两端增长聚合$$

b. 电子间接转移引发。碱金属将最外层的一价电子直接转移给单体,生成自由基阴离子,自由基阴离子末端很快偶合终止,生成双阴离子,两端阴离子同时引发单体聚合。例如,丁钠橡胶的生产,金属钠引发丁二烯本体聚合。碱金属不溶于溶剂,属非均相体系,利用率低。

(2)有机金属化合物-阴离子引发。有机金属化合物、引发金属氨基化合物是研究得最早的一类引发剂,主要有 $NaNH_2$-液氨、KNH_2-液氨体系。

$$2K + 2NH_3 \rightleftharpoons 2KNH_2 + H_2\uparrow 形成自由阴离子$$

$$KNH_2 \rightleftharpoons K^+ + {}^-NH_2 \text{ 单阴离子}$$

$${}^-NH_2 + H_2C{=}CH\underset{\text{(苯基)}}{|} \longrightarrow H_2N{-}CH_2{-}\underset{\text{(苯基)}}{\overset{|}{CH}}{}^- \overset{M}{\longrightarrow}\cdots$$

(3)其他亲核试剂。R_3N、R_3P、ROH、H_2O 等中性亲核试剂或给电子体都有未共用的电子对,引发和增长过程中生成电荷分离的两性离子,但其活性很弱,只能引发很活泼的单体聚合。

$$R_3N{:} + CH_2{=}CH\underset{X}{|} \longrightarrow R_3N^+{-}CH_2\underset{X}{\overset{|}{CH}}{}^- \longrightarrow \cdots \longrightarrow R_3N^+{\left[CH_2\underset{X}{\overset{|}{CH}}\right]}_n CH_2\underset{X}{\overset{|}{CH}}{}^-$$

6.2.3　单体和引发剂的匹配

阴离子聚合的引发剂和单体的活性可以差别很大,两者配合得当,才能聚合。

阴离子聚合引发剂属于路易斯碱类,其活性即引发单体的能力与碱性强度有关。pK_a 值大的烷基金属化合物可以引发 pK_a 值较小的单体,反之则不能。

pK_a 值很小的化合物,如甲醇($pK_a{=}16$),所形成的甲氧基阴离子活性很低,不再引发苯乙烯、丙烯酸酯类单体,甲醇就成为这些单体阴离子聚合的阻聚剂。

自由基聚合中曾有单体活性次序与自由基活性次序相反的规律,阴离子聚合中也类似,即单体活性越低,其阴离子活性越高。

6.2.4 活性阴离子聚合的机理和应用

阴离子聚合中,单体一经引发成阴离子活性种,就以相同的模式进行链增长,一般无链终止和链转移,直至单体耗尽,几天乃至几周都能保持活性,因此称为活性聚合。

因此,活性阴离子聚合的机理特征是快引发、慢增长、无终止、无链转移,成为最简单的聚合机理。根据无终止的机理特征,活性阴离子聚合可以有以下应用:

(1)合成相对分子质量均一的聚合物。

(2)制备嵌段聚合物。

(3)制备带有特殊官能团的遥爪聚合物。

6.2.5 特殊链终止和链转移反应

活性阴离子可以向氨、甲苯、极性单体转移而终止。氧气、水、二氧化碳等含氧杂质均可使阴离子终止。活性聚合结束时,需加特定终止剂使聚合终止。

6.2.6 活性阴离子聚合动力学

1. 聚合速率

链引发:

$$B^- A^+ + M \longrightarrow BM^- A^+$$

链增长:

$$BM^- A^+ + nM \longrightarrow BM^-_{n+1} A^+$$

$$R_p = \frac{d[M]}{dt} = k_p [B^-][M]$$

2. 聚合度和聚合度分布

活性聚合物的平均聚合度等于消耗单体数(或起始和 t 时刻的单体浓度差 $[M]_0 - [M]$)与活性端基浓度 $[M^-]$ 之比,$[C]$ 为引发剂浓度,因此可将活性聚合称为化学计量聚合。

$$\overline{X}_n = \frac{[M]_0 - [M]}{[M^-]/n} = \frac{n([M]_0 - [M])}{[C]}$$

总结以上机理,活性聚合有下列四大特征,这些特征可以用作活性聚合的判据:

(1)大分子具有活性末端,有再引发单体聚合的能力。

(2)聚合度与单体浓度和起始引发剂浓度的比值成正比。

(3)聚合物的相对分子质量随转化率线性增加。

(4)所有大分子链同时增长,增长链数不变,聚合物相对分子质量分布窄。

6.2.7 影响阴离子聚合增长速率常数的因素

（1）溶剂的影响。

（2）反离子的影响。

（3）温度的影响。

6.2.8 丁基锂的缔合和解缔合

n-丁基锂是目前应用最广的阴离子聚合引发剂，在正己烷、环己烷、苯、甲苯等非极性溶剂中往往以缔合体存在，缔合度为 2、4、6 不等。其缔合体无引发活性，只在解缔合成单量体以后才有活性。

6.2.9 丁基锂的配位能力和定向作用

丁基锂在烃类溶剂中的缔合现象实质上就是丁基锂分子本身的配位作用，用作阴离子聚合引发剂时，则与单体配位。

6.3 阳离子聚合

可供阳离子聚合的单体种类有限，主要是异丁烯；但引发剂种类却很多，从质子酸到路易斯酸。可选用的溶剂不多，一般选用卤代烃，如氯甲烷。主要聚合物商品有聚异丁烯、丁基橡胶等。

烯烃阳离子聚合的活性种是碳阳离子 A^+，与反离子（或抗衡离子）B^- 形成离子对，单体插入离子对而引发聚合。阳离子聚合的通式如下：

$$A^+B^- + M \longrightarrow AM^+B^- \xrightarrow{M} \cdots \xrightarrow{M} AM_n^+B^-$$

6.3.1 阳离子聚合的烯类单体

除羰基化合物、杂环外，阳离子聚合的烯类单体主要是带有供电子基团的异丁烯、烷基乙烯基醚，以及有共轭结构的苯乙烯类、二烯烃等少数几种。

（1）异丁烯和 α-烯烃：异丁烯几乎是单烯烃中能阳离子聚合的主要单体。

（2）烷基乙烯基醚。

（3）共轭烯烃。

（4）其他：N-乙烯基咔唑、乙烯基吡咯烷酮、茚和古马隆等都是可进行阳离子聚合的活泼单体。

6.3.2 阳离子聚合的引发体系和引发作用

阳离子聚合的引发剂主要有质子酸和路易斯酸两大类，都属于亲电试剂。

1. 质子酸

浓硫酸、磷酸、高氯酸、氯磺酸（HSO_3Cl）、氟磺酸（HSO_3F）、三氯代乙酸（CCl_3COOH）、三氟代乙酸（CF_3COOH）、三氟甲基磺酸（CF_3SO_3H）等强质子酸在非水介质中部分电离，产生质子 H^+，能引发一些烯类聚合。

2. 路易斯酸

路易斯酸是最常用的阳离子聚合的引发剂，种类很多，主要有 BF_3、$AlCl_3$、$TiCl_4$、$SnCl_4$、$ZnCl_2$、$SbCl_5$ 等。聚合多在低温下进行，所得聚合物相对分子质量可以很高（$10^5 \sim 10^6$）。

3. 其他

其他阳离子引发剂还有碘、氧鎓离子以及比较稳定的阳离子盐，如高氯酸盐 $[CH_3CO^+(ClO_4)^-]$、三苯基甲基盐 $[(C_6H_5)_3C^+(SbO_6)^-$ 和 $(C_6H_5)_3C^+(BF_4)^-]$ 和环庚三烯盐 $[C_7H_7^+(SbO_6)^-]$ 等。

6.3.3 阳离子聚合机理

阳离子聚合的机理特征可以概括为快引发、快增长、易转移、难终止，其中转移是终止的主要方式，是影响聚合度的主要因素。

（1）链引发。

（2）链增长。阳离子聚合的链增长反应有下列特征：

a. 增长速率快，活化能低（$E_p = 8.4 \sim 21kJ/mol$），几乎与链引发同时瞬间完成，反映出"低温高速"的宏观特征。

b. 阳离子聚合中，单体按头尾结构插入离子对而增长，对单体单元构型有一定控制能力，但控制能力远不及阴离子聚合和配位聚合，较难达到真正活性聚合的标准。

c. 伴有分子内重排、转移、异构化等副反应。例如，3-甲基-1-丁烯的阳离子聚合物含有下列两种结构单元，就是重排的结果，因此有异构化聚合或分子内氢转移聚合之称。

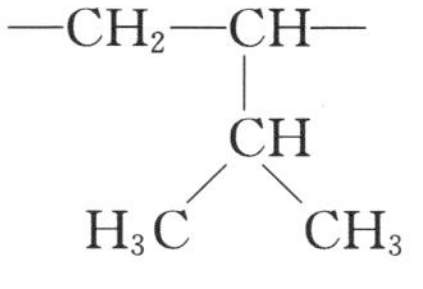

正常产物 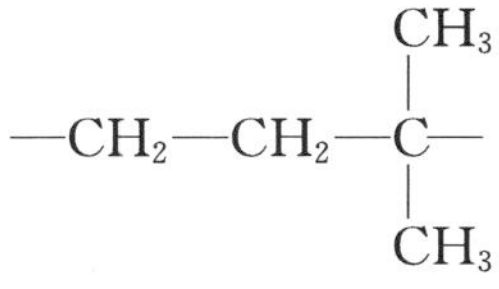　　　　　　　　重排产物

（3）链转移：阳离子聚合的活性种很活泼，容易向单体或溶剂链转移。

（4）链终止：

a. 自发终止。

b. 反离子加成。

c. 活性中心与反离子中的一部分结合而终止，不再引发。

6.3.4　阳离子聚合动力学

（1）聚合速率：

$$R_p = \left(\frac{k_p}{k_t}\right)[M] R_i = \frac{Kk_ik_p[C][RH][M]^2}{k_t}$$

自终止比较困难，而向单体转移往往是主要终止方式，如果 $R_t = R_{tr}$，也可导得类似的速率方程，只是与单体浓度的一次方成正比。

$$R_p = \frac{Kk_tk_p[C][RH][M]}{k_{tr}}$$

（2）聚合度。

阳离子聚合物的聚合度综合式如下：

$$\frac{1}{\overline{X}_n} = \frac{k_t}{k_p[M]} + C_M + C_S\frac{[S]}{[M]}$$

（3）阳离子聚合动力学参数（表 6-1）。

表 6-1　苯乙烯阳离子聚合和自由基聚合动力学参数比较

参数	阳离子聚合	自由基聚合
$[I]/(mol/L)$	10^{-3}	10^{-8}
$k_p/[L/(mol \cdot s)]$	7.6	10
$k_{tr,M}/[L/(mol \cdot s)]$	1.2×10^{-1}	—
自终止 k_t/s^{-1}	4.9×10^{-2}	10^7
结合终止 k_t/s^{-1}	$k_p/k_t = 10^2$	$k_p/k_t^{1/2} = 10^{-2}$

6.3.5　影响阳离子聚合速率常数的因素

1. 溶剂

活性中心离子与反离子的结合形式，自由离子的增长速率常数比离子对大 $1 \sim 3$ 个数量级，对总聚合速率的贡献比离子对大得多。

如何选择溶剂：当溶剂极性和溶剂化能力大时，自由离子和离子对比例增加，使聚合速率与聚合度增大。因此，高极性溶剂有利于链增长，聚合速率快；但溶剂还要求不与中心阳离子反应（如极性含氧化合物四氢呋喃等），故常选用低极性溶剂，如卤代烃等。

2. 反离子

若反离子亲核性过强，将使链终止；反离子的体积越大，形成离子对越松散，聚合速率就越大。

3. 聚合温度

阳离子聚合速率和聚合度的综合活化能为

$$R_p = \frac{Kk_ik_p[C][RH][M]^2}{k_t}$$

$$E_R = E_i + E_p - E_t$$

$E_R = -21 \sim 42\text{kJ/mol}$，无论正负，绝对值较小，故温度对聚合速率的影响比自由基聚合小。

6.3.6　聚异丁烯的丁基橡胶

由异丁烯合成聚异丁烯和丁基橡胶是阳离子聚合的重要工业应用。异丁烯以 $AlCl_3$ 作引发剂，在 $-40 \sim 0℃$ 下聚合，得到低相对分子质量产物，用作黏结剂、密封材料等。在 $-100℃$ 下聚合，得到高相对分子质量聚异丁烯。丁基橡胶是异丁烯和少量异戊二烯的共聚产物，以 $AlCl_3$ 作引发剂，CH_3Cl 为稀释剂，在 $-100℃$ 下连续阳离子聚合。丁基橡胶不溶于氯甲烷，以细粉状沉淀出来，属于淤浆聚合。

丁基橡胶是一种性能优良的橡胶产品，具有耐候、耐臭氧、气密性好等优点，是内胎的理想材料。

6.4　离子聚合与自由基聚合的比较

自由基聚合与离子聚合的特点如表 6-2 所示。

表 6-2　自由基聚合与离子聚合的特点比较

聚合反应	自由基聚合	离子聚合	
		阴离子聚合	阳离子聚合
引发剂	过氧和偶氮类化合物。本体、溶液、悬浮聚合选用油溶性引发剂；乳液聚合选用水溶性引发剂	路易斯碱、碱金属、有机金属化合物、碳阴离子、亲核试剂	路易斯酸、质子酸、碳阳离子、亲电试剂
单体聚合活性	带弱吸电子基团的烯类单体、共轭单体	带吸电子基团的共轭烯类单体、易极化为正电性的单体	带供电子基团的烯类单体、易极化为负电性的单体
活性中心	自由基	碳阴离子等	碳阳离子等
主要终止方式	双基终止	难终止，活性聚合	向单体和溶剂转移
阻聚剂	生成稳定自由基和化合物的试剂，如对苯二酚、DPPH	亲电试剂，水、醇、酸、氧、二氧化碳等	亲核试剂，水、醇、酸、胺类
水和溶剂	可用水作介质，帮助散热	烷烃、四氢呋喃等	氯代烃，如氯甲烷等
		溶剂的极性影响离子对的紧密程度，从而影响聚合速率和立构规整性	
聚合速率	$[M][I]^{1/2}$	$k'[M]^2[C]$	
聚合度	$k'[M][I]^{-1/2}$	$k'[M]$	
聚合活化能	较大，$84 \sim 105\text{kJ/mol}$	小，$0 \sim 21\text{kJ/mol}$	
聚合温度	一般 $50 \sim 80℃$	低温，$0℃$ 以下	室温或低温，$-100℃$
聚合方法	本体、溶液、悬浮、乳液	本体、溶液	

典型例题

例 6-1　以萘锂为引发剂、THF 为溶剂合成线形聚苯乙烯,单体浓度为 10%(g 苯乙烯每毫升聚合液)。聚合液总体积为 1040mL,萘锂溶液的浓度为 0.5mol/L,单体转化率为 100%,$\bar{X}_n=1000$。需加入多少毫升萘锂溶液?

解　苯乙烯相对分子质量为 104,因此聚苯乙烯数均聚合度为

$$\bar{X}_n=\frac{\bar{M}_n}{104}=\frac{10\,000}{104}=96.15$$

该体系为活性阴离子聚合,因此有

$$\bar{X}_n=n\frac{[M]_0}{[C]}C$$

设需要加入 $V_C(L)$ 萘锂溶液

$$[M]_0=\frac{\dfrac{1040\times10\%}{104}}{1040\times10^{-3}+V_C}\qquad [C]=\frac{0.5\times V_C}{1040\times10^{-3}+V_C}\qquad C=100\%$$

萘锂为双阴离子引发剂,$n=2$,因此可得

$$\bar{X}_n=2\times\frac{\dfrac{1040\times10\%}{104}}{\dfrac{0.5\times V_C}{1040\times10^{-3}+V_C}}\times100\%=\frac{10\,000}{104}$$

$$V_C=0.0416L=41.6mL$$

例 6-2　0℃时在充分搅拌下依次向装有四氢呋喃的反应釜中加入正丁基锂和苯乙烯,若产物的相对分子质量分布指数为 1,则将 20kg 苯乙烯转化成数均相对分子质量为 20×10^4 的聚苯乙烯,需要加入多少摩尔引发剂?

解　生成聚合物的物质的量为

$$n_{PS}=\frac{20\times10^3}{20\times10^4}=0.1(mol)$$

由于相对分子质量分布为 1,因此表明聚合为活性阴离子聚合,每一个引发剂分子均引发相同数目的苯乙烯单体,则表明引发剂的物质的量和高分子的物质的量相同,也即需要加入 0.1mol 引发剂。

例 6-3　假定在异丁烯聚合反应中向单体链转移是主要终止方式,聚合末端是不饱和端基。现有 4.00g 的聚合物使 6.0mL 0.01mol/L 的溴-四氯化碳溶液正好褪色,计算聚合物的数均相对分子质量。

解　向单体转移终止,生成含有不饱和端基的大分子,同时再形成能引发的离子对,也即下式中的 M_{n+1} 为不饱和端基的聚合物

$$HM_nM^{\oplus}(CR)^{\ominus}+M\xrightarrow{K_{tr,M}}M_{n+1}+HM^{\oplus}(CR)^{\ominus}$$

1mol 聚合物含有 1mol 不饱和端基,因此计算出不饱和端基含量即可得知聚合物

物质的量,不饱和端基与溴可以 1∶1 加成,因此聚合物的物质的量＝不饱和端基的物质的量＝溴的物质的量＝$0.01×6.0×10^{-3}=6.0×10^{-5}(mol)$。

聚合物的质量为 4.00g,因此其数均相对分子质量

$$\overline{M}_n=\frac{4.00}{6.0×10^{-5}}=6.67×10^4$$

例 6-4　在一定条件下异丁烯聚合以向单体转移为主要终止方式,所得聚合物末端为不饱和端基。现在 4g 聚异丁烯可恰好使 6mL 浓度为 0.01mol/L 的溴-四氯化碳溶液褪色。计算聚异丁烯的相对分子质量。

解

$$\sim\!\!\sim\!\!CH_2\!-\!\underset{\underset{CH_3}{|}}{C}\!=\!CH_2+Br_2\longrightarrow\ \sim\!\!\sim\!\!CH_2\underset{\underset{CH_3}{|}}{C}(Br)CH_2Br$$

根据以上反应式,每个聚异丁烯分子链消耗一分子溴。

已知:聚异丁烯为 4g,消耗溴量为

$$\frac{0.01}{1000}×6=6×10^{-5}(mol)$$

所以可求得聚合物的数均相对分子质量

$$\overline{M}_n=\frac{4}{6×10^{-5}}=6.7×10^4$$

例 6-5　用萘钠的四氢呋喃溶液为引发剂引发苯乙烯聚合。已知萘钠溶液的浓度为 1.5mol/L,苯乙烯为 300g。(1) 若制备相对分子质量为 30 000 的聚苯乙烯需要加多少毫升引发剂? (2) 若体系中含有 $1.8×10^{-4}$mol 的水,需要加多少引发剂?

解　(1) 生成聚苯乙烯的物质的量为

$$n_{PS}=\frac{300}{3×10^4}=0.01(mol)$$

聚合为活性阴离子聚合,用萘钠引发,理想的情况下每一条聚苯乙烯大分子链上含有两分子引发剂,则表明引发剂的物质的量是聚苯乙烯的物质的量的两倍,也即需要加入 0.02mol 引发剂,则引发剂的体积为 $0.02/1.5=0.0133(L)=13.3(mL)$。

(2) 如果体系中含有 $1.8×10^{-4}$mol 的水,则会使 $1.8×10^{-4}$mol 的萘钠失活,因此需要多加 $1.8×10^{-4}mol/(1.5mol/L)=1.2×10^{-4}L=0.12mL$ 萘钠,因此总共需要萘钠 $13.33+0.12=13.45(mL)$。

例 6-6　用萘钠为引发剂,制备相对分子质量为 354 000 的聚 α-甲基苯乙烯 1.77kg,需要多少克钠?

解　萘钠引发的阴离子聚合反应属于双向增长的阴离子聚合

$$\overline{M}_n=\frac{nW}{C}$$

式中:W 为单位质量;C 为引发剂的物质的量。

代入数据

$$354\ 000=\frac{2×1.77×1000}{C}$$

解得 $C=0.01\text{mol}$，所以需要钠为 $0.01\times23=0.23(\text{g})$。

测试题

一、名词解释
 1. 活性聚合　　　　　2. 化学计量聚合　　　　　3. 开环聚合

二、填空题
 1. 苯乙烯(St)的 $\text{p}K_d=40\sim42$，甲基丙烯酸甲酯(MMA)$\text{p}K_d=24$，如果以 KNH_2 为引发剂进行阴离子聚合，制备嵌段共聚物应先引发(　　)，再引发(　　)，引发活性中心是(　　)，如以金属 K 为引发剂，则其引发机理是(　　)。
 2. 异丁烯和少量异戊二烯以 $\text{SnCl}_4\text{-H}_2\text{O}$ 为引发体系在 CH_2Cl_2 中反应。其聚合机理是(　　)，产物为(　　)。
 3. 阳离子聚合中为了获得高相对分子质量，必须控制反应温度在(　　)下进行，原因是(　　)。
 4. 3-甲基-1-丁烯阳离子聚合中出现异构化结构是(　　)的结果。
 5. 在高分子合成中，容易制得有实用价值的嵌段共聚物的是(　　)聚合。
 6. 在离子聚合中，活性中心离子附近存在着(　　)，它们之间的结合，随溶剂和温度的不同，可以是(　　)、(　　)、(　　)、(　　)四种结合方式，并处于平衡中。溶剂的极性增加，自由离子数目(　　)，聚合速率(　　)。
 7. 阳离子聚合的特点是(　　)、(　　)、(　　)和(　　)。
 8. 阴离子聚合中溶剂的极性加大，反应速率(　　)，原因是(　　)。
 9. 路易斯酸通常作为(　　)聚合的引发剂，路易斯碱可作为(　　)聚合的引发剂。
 10. 异丁烯阳离子聚合最主要的终止方式是(　　)。
 11. SBS 是一种(　　)，用途广泛，SBS 有多种制备工艺，都属于(　　)聚合。例如，可采用萘锂作为引发剂引发(　　)聚合，再加入(　　)，聚合完成后加入终止剂使反应停止。
 12. 阴离子聚合的慢增长的含义是(　　)；阴离子聚合反应的速率比自由基聚合要(　　)。
 13. 阴离子聚合的引发剂按照引发机理，可分为(　　)、(　　)和(　　)引发三类。
 14. 离子聚合包括(　　)、(　　)和(　　)三类。
 15. 阳离子聚合的单体有(　　)、(　　)、(　　)和(　　)等。
 16. 阴离子聚合的单体有(　　)、(　　)、(　　)和(　　)等。
 17. 阴离子聚合的引发体系有(　　)、(　　)和(　　)等。
 18. 阴离子聚合体系中活性中心离子对可能以(　　)、(　　)和(　　)三种形态存在。
 19. 阳离子聚合的引发体系有(　　)、(　　)和(　　)等。

20. 丙烯只能进行(　　)聚合反应。

21. 配位阴离子聚合的引发剂又称(　　)引发剂。

22. 最初的齐格勒-纳塔引发剂由两组分构成。第一组分是(　　),称为主引发剂,第二组分是有机金属化合物,称为助引发剂。

23. 高效引发剂的特点是(　　)或(　　)。

三、简答题

1. 试从单体、引发剂、聚合方法及反应的特点等方面对自由基、阴离子和阳离子聚合反应进行比较。

2. 在离子聚合反应过程中,能否出现自动加速效应? 为什么?

3. 在离子聚合反应过程中,活性中心离子和反离子之间的结合有几种形式? 其存在形式受哪些因素的影响? 不同存在形式和单体的反应能力如何?

4. 为什么阳离子聚合反应一般需要在很低的温度下才能得到高相对分子质量的聚合物?

5. 分别叙述进行阴离子、阳离子聚合时,控制聚合反应速率和聚合物相对分子质量的主要方法。

6. 为什么进行离子聚合和配位聚合反应时需预先将原料和聚合容器净化、干燥、除去空气并在密封条件下聚合?

7. 写出以氯甲烷为溶剂,以 $SnCl_4$ 为引发剂的异丁烯聚合反应机理。

8. 什么是异构化聚合? 举例说明产生异构化聚合的原因。

9. 什么是活性聚合物? 为什么阴离子聚合可为活性聚合? 说明活性聚合物的合成方法、特点和应用。

10. 合成相对分子质量窄分布聚合物的聚合反应条件有哪些?

四、计算题

1. 2.0 mol/L 苯乙烯的二氯乙烷溶液,于 25℃时在 4.0×10^{-4} mol/L 硫酸存在下聚合,计算开始时的聚合度。假如单体溶液中含有浓度为 8.0×10^{-5} mol/L 的异丙苯,则聚苯乙烯的聚合度是多少? 为便于计算,可利用表 6-3 中数据。

表 6-3　相关实验数据

参数	数值
$k_p /[L/(mol \cdot s)]$	7.6
k_{t1}/s^{-1}(自发终止)	4.9×10^{-2}
k_{t2}/s^{-1}(与反离子结合终止)	6.7×10^{-3}
$k_{tr,M}/[L/(mol \cdot s)]$	1.2×10^{-1}
C_S(25℃,在二氯乙烷中用异丙苯作转移剂)	4.5×10^{-2}

2. 将 1.0×10^{-3} mol 萘钠溶于四氢呋喃中,然后迅速加入 2.0mol 苯乙烯,溶液的总体积为 1L。假如单体立即均匀混合,发现 2000s 时已有一半单体聚合,计算在聚合 2000s 和 4000s 时的聚合度。

3. 在搅拌下依次向装有四氢呋喃的反应釜中加入 0.2mol n-BuLi 和 20kg 苯乙烯。当单体聚合了一半时,向体系中加入 1.8g 水,然后继续反应。假如用水终止的和继续增长的聚苯乙烯的相对分子质量分布指数均是 1,试计算:

(1) 水终止的聚合物的数均相对分子质量。

(2) 单体完全聚合后体系中全部聚合物的数均相对分子质量。

(3) 最后所得聚合物的相对分子质量分布指数。

4. 用 $TiCl_4$ 作引发剂和水为共引发剂,使异丁烯在一定条件下于苯中进行阳离子聚合时,实验的聚合速率方程式为 $R_p = k[TiCl_4][CH_2=C(CH_3)_2][H_2O]$。如果链终止是通过活性中心的重排进行的,并产生不饱和端基聚合物和引发剂-共引发剂络合物,试写出这个聚合过程的基元反应、聚合速率和聚合度方程式。

在什么条件下聚合速率可为:(1) $[H_2O]$ 为一级反应;(2) 对 $[TiCl_4]$ 为零级反应;(3) 对 $[CH_2=C(CH_3)_2]$ 为二级反应?

5. 在 THF 中用萘钠引发 MMA 进行阴离子聚合,反应开始时萘钠浓度为 2.0×10^{-3} mol/L,单体浓度为 3.0mol/L,已知经过 200s 有 80% 的单体转化为聚合物,试计算 k_p 和聚合物的数均聚合度。当聚合进行到 300s 时,所得聚合物的数均聚合度又是多少?(假定聚合过程中阴离子浓度不变)

6. 在 2L 2.0mol/L 苯乙烯四氢呋喃溶液中加入 2.5×10^{-3} mol/L 的 C_4H_9Li 溶液 500mL,当苯乙烯完全聚合后,加入 340g 异戊二烯,完全聚合后加水终止反应,求最后聚合物的相对分子质量。(已知苯乙烯的相对分子质量为 104,异戊二烯的相对分子质量为 68)

7. 以丁基锂和少量单体反应,得到一活性聚合物种子(S):

$$C_4H_9Li + 2M \longrightarrow C_4H_9MMLi$$

再将 10^{-3}S 和 2mol 新鲜单体混合,50min 内单体的一半转化成聚合物,计算 k_p 值。(体系总体积为 1L,无链转移)

8. 以 BuLi 为引发剂,环己烷为溶剂,合成线形三嵌段共聚物 SBS。单体总量为 150g,BuLi 环己烷溶液的浓度为 0.4mol/L,单体的转化率为 100%。若使共聚物的组成(苯丁比)为 S/B=40/60(质量比),相对分子质量为 1×10^5,试计算需丁二烯和苯乙烯各多少克,需 BuLi 溶液多少毫升。

测试题参考答案

一、名词解释

1. 当单体转化率达到 100% 时,聚合仍不终止,形成具有反应活性聚合物(活性聚合物)的聚合称为活性聚合。

2. 阴离子的活性聚合由于其聚合度可由单体和引发剂的浓度定量计算确定,因此也称化学计量聚合。

3. 环状单体在引发剂作用下开环,形成线形聚合物的聚合反应。

二、填空题

1. (St)、(MMA)、(单阴离子)、(电子转移引发)

2. （阳离子聚合）、（丁基橡胶）

3. （低温）、（低温下链转移减弱）

4. （碳阳离子重排）

5. （活性阴离子）

6. （反离子）、（共价键）、（紧密离子对）、（疏松离子对）、（自由电子）、（增加）、（增大）

7. （快引发）、（快增长）、（易转移）、（难终止）

8. （加大）、（离子对的解离度变大）

9. （阳离子）、（阴离子）

10. （向单体转移终止）

11. （热塑性弹性体）、（活性阴离子）、（丁二烯）、（苯乙烯）

12. （相对于快引发而言）、（快）

13. （电子转移引发）、（阴离子引发）、（亲核试剂）

14. （阳离子聚合）、（阴离子聚合）、（配位阴离子聚合）

15. （异丁烯）、（乙烯基醚）、（丁二烯）、（苯乙烯）

16. （丙烯腈）、（偏二氰基乙烯）、（偏二氯乙烯）、（甲基丙烯酸甲酯）

17. （碱金属）、（碱金属配合物）、（强碱）

18. （紧密离子对）、（被溶剂隔开的离子对）、（自由离子）

19. （含氢酸）、（路易斯酸）、（有机金属化合物）

20. （配位阴离子）

21. （齐格勒-纳塔）

22. （ⅣB～Ⅷ族的过渡金属化合物）

23. （使用了载体）、（改进载体）

三、简答题

1. 自由基、阴离子和阳离子聚合反应的特点比较如表 6-4 所示。

表 6-4　自由基、阴离子和阳离子聚合反应的特点

比较项目 ＼ 聚合反应类型	自由基聚合	阳离子聚合	阴离子聚合
单体	带有吸电子取代基的乙烯基单体，特别是取代基和双键存在共轭的单体	带有供电子取代基的乙烯基单体，共轭单体及某些羰基和杂环化合物	带有吸电子取代基的乙烯基单体，共轭单体及某些羰基和杂环化合物
引发剂	易分解产生自由基的试剂	亲电试剂	亲核试剂
活性中心	自由基	阳离子	阴离子
链终止方式	常为双基终止	常为单基终止	常为单基终止
表观活化能	较大	较小	较小
阻聚剂	能产生自由基或与活性链形成稳定结构的试剂	亲核试剂	亲电试剂
聚合实施方法	本体、悬浮、溶液或乳液	通常为本体和溶液	通常为本体和溶液

续表

比较项目 聚合反应类型	自由基聚合	阳离子聚合	阴离子聚合
聚合反应温度	较高	很低	较低
聚合物相对分子质量与聚合时间关系	相对分子质量与聚合时间无关	相对分子质量与聚合时间无关	相对分子质量随聚合时间延长而增大
溶剂类型的影响	影响反应速率,不影响聚合物结构	对聚合反应速率和聚合物结构均有很大影响	

2. 在离子聚合反应过程中不会出现自动加速(效应)现象。

自由基聚合反应过程中出现自动加速现象的原因是:随着聚合反应的进行,体系的黏度不断增大。当体系黏度增大到一定程度时,双基终止受阻碍,因而 k_t 明显变小,链终止速率下降;但单体扩散速率几乎不受影响,k_p 下降很小,链增长速率变化不大,因此相对提高了聚合反应速率,出现了自动加速现象。在离子聚合反应过程中,由于活性中心带有相同电荷,它们之间互相排斥,不存在双基终止,因此不会出现自动加速效应。

3. 在离子聚合中,活性中心正离子和反离子之间有以下几种结合方式:

$$A—B \rightleftharpoons A^+B^- \rightleftharpoons A^+ /\!/ B^- \rightleftharpoons A^+ + B^-$$

$$\begin{array}{cccc} & 接触离 & 溶剂分开 & \\ 共价键 & 子对 & 的离子对 & 自由离子 \\ & (紧对) & (松对) & \end{array}$$

以上各种形式之间处于平衡状态。结合形式和活性种的数量受溶剂性质、温度及反离子大小等因素的影响。

溶剂的溶剂化能力越大,越有利于形成松对,甚至自由离子;随着温度的降低,解离平衡常数(K值)变大,因此温度越低越有利于形成松对甚至自由离子;反离子的半径越大,越不易被溶剂化,所以一般在具有溶剂化能力的溶剂中随反离子半径的增大,形成松对和自由离子的可能性减小;在无溶剂化作用的溶剂中,随反离子半径的增大,A^+ 与 B^- 之间的库仑引力减小,A^+ 与 B^- 之间的距离增大。

活性中心离子与反离子的不同结合形式和单体的反应能力顺序如下:

$$A^+ + B^- > A^+ /\!/ B^- > A^+ B^-$$

共价键连接的 A—B 一般无引发能力。

4. 因为阳离子聚合的活性种一般为碳阳离子。碳阳离子很活泼,极易发生重排和链转移反应。向单体的链转移常数($C_M \approx 10^{-4} \sim 10^{-2}$)比自由基聚合($C_M \approx 10^{-5} \sim 10^{-4}$)大得多。为了减少链转移反应的发生,提高聚合物的相对分子质量,阳离子反应一般需在很低的温度下进行。

5. 进行离子聚合时,一般多采用改变聚合反应温度或改变溶剂极性的方法来控制聚合反应速率。

阴离子聚合一般为无终止聚合,所以通过引发剂的用量可调节聚合物的相对分子质量。有时也通过加入链转移剂(如甲苯)调节聚合物的相对分子质量。

阳离子聚合极易发生链转移反应;链转移反应是影响聚合物相对分子质量的主要因素,而聚合反应温度对链转移反应的影响很大,所以一般通过控制聚合反应温度来控制聚合物的相对分子质量。有时也通过加入链转移剂来控制聚合物的相对分子质量。

6. 离子聚合和配位聚合的引发剂及活性链均很活泼,许多杂质以及空气中的水、氧气、二氧化碳均可破坏引发剂使活性中心失活。因此,对所用溶剂、单体等以及聚合容器必须进行严格净化和干燥。聚合反应必须在密封条件下进行,否则将导致聚合失败。

7. 链引发:

$$CH_3Cl + SnCl_4 \longrightarrow \overset{+}{C}H_3(SnCl_5)^-$$

$$\overset{+}{C}H_3(SnCl_5)^- + CH_2{=}C(CH_3)_2 \longrightarrow CH_3CH_2\overset{CH_3}{\underset{CH_3}{\overset{|}{\underset{|}{C^+}}}}(SnCl_5)^-$$

链增长:

$$CH_3CH_2\overset{CH_3}{\underset{CH_3}{\overset{|}{\underset{|}{C^+}}}}(SnCl_5)^- + nCH_2{=}C(CH_3)_2 \longrightarrow CH_3{\left[CH_2\overset{CH_3}{\underset{CH_3}{\overset{|}{\underset{|}{C}}}}\right]}_n CH_2\overset{CH_3}{\underset{CH_3}{\overset{|}{\underset{|}{C^+}}}}(SnCl_5)^-$$

链终止:

(1) 向单体转移终止(动力学链不终止):

$$\sim\sim\sim H_2C{-}\overset{CH_3}{\underset{CH_3}{\overset{|}{\underset{|}{C^+}}}}(SnCl_5)^- + nCH_2{=}C(CH_3)_2 \longrightarrow \begin{cases} \sim\sim\sim CH_2C(CH_3){=}CH_2 + (CH_3)_3C^+(SnCl_5)^- \\ \sim\sim\sim CH_2C(CH_3)_2{-}CH_2{-}\underset{+}{C}(CH_3)_2(SnCl_5)^- \end{cases}$$

(2) 自发链终止(动力学链不终止):

$$\sim\sim\sim H_2C{-}\overset{CH_3}{\underset{CH_3}{\overset{|}{\underset{|}{C^+}}}}(SnCl_5)^- \longrightarrow \sim\sim\sim CH_2C(CH_3){=}CH_2 + H^+(SnCl_5)^-$$

(3) 与反离子的一部分结合终止:

$$\sim\sim\sim H_2C{-}\overset{CH_3}{\underset{CH_3}{\overset{|}{\underset{|}{C^+}}}}(SnCl_5)^- \longrightarrow \sim\sim\sim CH_2C(CH_3)_2Cl + SnCl_4$$

与反离子结合后生成的 $SnCl_4$ 还可以与溶剂 CH_3Cl 重新生成引发剂,故动力学链仍未终止。

(4) 与链转移剂或终止剂反应:

$$\sim\sim\sim H_2C{-}\overset{CH_3}{\underset{CH_3}{\overset{|}{\underset{|}{C^+}}}}(SnCl_5)^- + AB \longrightarrow \sim\sim\sim CH_2C(CH_3)_2B + A^+(SnCl_5)^-$$

与链转移剂的反应是否属于动力学链终止,要看生成的 $A^+(SnCl_5)^-$ 是否有引发活性。与终止剂的反应物一般无引发活性,属动力学链终止。

8. 在增长过程中伴有分子内重排的聚合常称异构化聚合。

阳离子聚合易发生重排反应。重排反应常通过电子、键、原子或原子团的转移进行。重排反应的推动力是:活性离子总是倾向于生成热力学稳定结构。碳阳离子稳定性顺序是:伯碳阳离子<仲碳阳离子<叔碳阳离子。例如,在 3-甲基-1-丁烯的聚合过程中(催化剂为 $AlCl_3$,溶剂为氯乙烷)伴随有

仲碳阳离子异构化为叔碳阳离子的反应,所以聚合产物含有两种结构单元,即

$$—CH_2CH— \qquad 和 \qquad —CH_2CH_2C—$$
$$CH(CH_3)_2 \qquad\qquad\qquad CH_3$$
(上方 CH_3,下方 CH_3)

9. 活性聚合物是指在链增长反应中,活性链直到单体全部耗尽仍保持活性的聚合物,再加入单体还可以继续引发聚合,聚合物的相对分子质量继续增加。

在阴离子聚合反应中,带同电荷的活性链离子不能发生双基终止;活性链碳阴离子的反离子常为金属离子,而不是原子团,它一般不能夺取链中的某个原子或 H^+ 而终止;活性链通过脱去 H^+ 发生链终止又很困难,所以当体系中无引起链转移或链终止的杂质时,实际上是无终止聚合,即活性聚合。

活性聚合物的合成方法大多采用溶液聚合,其特点是快引发、慢增长、无终止、无链转移。

活性聚合物的应用主要有:①合成相对分子质量均一的聚合物;②制备嵌段聚合物;③制备带有特殊官能团的遥爪聚合物。

10. 合成相对分子质量窄分布聚合物的条件是:

(1) 在聚合过程中不发生链转移和链终止。

(2) 与链增长速率相比,链引发速率相对很快,链增长几乎同时开始。

(3) 搅拌良好,反应物的反应机会均等。

(4) 解聚可以忽略。

四、计算题

1. 阳离子聚合速率方程为

$$R_p = k_p[M][M^+] = 7.6 \times 2.0 \times 4.0 \times 10^{-4} = 6.08 \times 10^{-3}[mol/(L \cdot s)]$$

该体系终止反应为自发终止、与反离子结合终止、向单体转移终止之和

$$R_t = k_{t1}[M^+] + k_{t2}[M^+] + k_{tr,M}[M^+][M]$$

$$(\overline{X}_n)_0 = \frac{R_p}{R_t} = \frac{k_p[M]}{k_{t1} + k_{t2} + k_{tr,M}[M]} = \frac{7.6 \times 2.0}{4.9 \times 10^{-2} + 6.7 \times 10^{-3} + 1.2 \times 10^{-1} \times 2.0} = 51.4$$

当存在链转移剂异丙苯时

$$\frac{1}{\overline{X}_n} = \frac{1}{(\overline{X}_n)_0} + C_S\frac{[S]}{[M]} = \frac{1}{51.4} + 4.5 \times 10^{-2} \times \frac{8.0 \times 10^{-5}}{2.0} = 0.0195$$

$$\overline{X}_n = 51.4$$

2. 无终止的阴离子聚合速率为

$$R_p = k_p[M^-][M]$$

以萘钠为引发剂时,由于聚合开始前,引发剂就已定量地解离成活性中心

$$[M^-] = [C] = 1.0 \times 10^{-3} mol/L$$

将 R_p 式改写为

$$-d[M]/dt = k_p[C][M]$$

积分得

$$\ln([M]_0/[M]) = k_p[C]t$$

已知 $t_1 = 2000s$ 时,$[M]_0/[M]_1 = 2$,代入上面的积分式:

$$\ln2 = k_p[C] \times 2000$$

$$k_p[C] = \ln2/2000$$

假设当 $t_2 = 4000s$ 时,剩余单体浓度为 $[M]_2$

$$\ln([M]_0/[M]_2) = k_p[C]t_2 = \ln2/2000 \times 4000 = 1.386$$
$$[M]_2 = [M]_0/4$$

则反应掉的单体浓度为

$$[M]_0 - [M]_0/4 = 3[M]_0/4$$

根据阴离子聚合的聚合度公式

$$\overline{X}_n = \frac{n[M]_0}{[C]} \times C \qquad (双阴离子 \ n=2, [C] 为引发剂浓度)$$

聚合到 2000s 时,单体转化率为 50%,则反应掉的单体浓度为 $50\%[M]_0$

$$\overline{X}_n = n \times 50\%[M]_0/[C] = 2 \times 50\% \times 2.0/(1.0 \times 10^{-3}) = 2000$$

已求得聚合到 4000s 时,反应掉的单体浓度为 $3[M]_0/4$

$$\overline{X}_n = n \times (3[M]_0/4)/[C] = 2 \times (3 \times 2.0 \div 4)/(1.0 \times 10^{-3}) = 3000$$

3. (1) 单体反应一半时加入 1.8g 水,由水终止所得聚合物的相对分子质量 $\overline{M}_{n_1}$ 为

$$\overline{M}_{n_1} = \frac{参与反应的单体的质量}{活性中心物质的量} = \frac{20\,000/2}{0.2} = 50\,000$$

(2) 单体完全转化后全部聚合物的数均相对分子质量仍然是个平均的概念,即指的是平均来讲每一个活性种所加上的单体的质量(若是数均聚合度,即为所加上的单体的个数),无论中途是否加终止剂,还是发生了其他不均匀增长。

单体完全转化后全部聚合物的数均相对分子质量为

$$\overline{M}_n = \frac{所有单体的质量}{活性中心物质的量} = \frac{20\,000}{0.2} = 100\,000$$

也可以这样理解:整个体系由两种分子组成。

由水终止的大分子,其物质的量为 1.8/18 = 0.1(mol),数均相对分子质量 $\overline{M}_{n_1}$ 为 50 000。

没被水终止而继续增长所形成的大分子,其物质的量为 0.2 − 0.1 = 0.1(mol),数均相对分子质量设为 $\overline{M}_{n_2}$,则

$$\overline{M}_{n_2} = \overline{M}_{n_1} + \frac{剩余单体的质量}{剩余活性中心物质的量} = 50\,000 + \frac{20\,000/2}{0.2-0.1} = 150\,000$$

这样,单体完全聚合后体系中全部聚合物的数均相对分子质量为

$$\overline{M}_n = \frac{\sum N_i M_i}{\sum N_i} = \frac{0.1 \times 50\,000 + 0.1 \times 150\,000}{0.1 + 0.1} = 100\,000$$

(3) 已知在这一体系中存在两类分子,一类是由水终止的大分子,另一类是没被水终止而得以继续增长所形成的大分子,且已知这两类分子的相对分子质量分布指数均为 1,说明它们各自均为均一体系,相对分子质量都是单一值,分别求出这两种分子的物质的量和数均相对分子质量,即可求得相对分子质量分布指数。由水终止的大分子,其物质的量为 0.1mol,数均相对分子质量 $\overline{M}_{n_1}$ 为 50 000,单分布。没被水终止而继续增长所形成的大分子,其物质的量为 0.1mol,数均相对分子质量 $\overline{M}_{n_2}$ 为 150 000,单分布。

$$\overline{M}_w = \frac{\sum N_i M_i^2}{\sum N_i M_i} = \frac{0.1 \times 50\,000^2 + 0.1 \times 150\,000^2}{0.1 \times 50\,000 + 0.1 \times 150\,000} = 125\,000$$

最后所得聚合物的相对分子质量分布指数为

$$D=\frac{\overline{M}_w}{\overline{M}_n}=\frac{125\,000}{100\,000}=1.25$$

4. 聚合过程基元反应如下：

链引发

$$TiCl_4+H_2O(\text{过量})\xrightarrow{k_i}\left[\begin{array}{c}H\\ \\O:TiCl_4\\ \\H\end{array}\right]\longrightarrow H^+(TiCl_4OH)^-$$

$$H^+(TiCl_4)OH^-+CH_2\!=\!\underset{CH_3}{\overset{CH_3}{C}}\xrightarrow{k_p}H\!-\!CH_2\!-\!\underset{CH_3}{\overset{CH_3}{C^+}}(TiCl_4)OH^-$$

链增长

$$H\!-\!CH_2\!-\!\underset{CH_3}{\overset{CH_3}{C^+}}(TiCl_4OH)^-+(n-1)CH_2\!=\!\underset{CH_3}{\overset{CH_3}{C}}\xrightarrow{k_p}H\!\!\left[\!CH_2\!-\!\underset{CH_3}{\overset{CH_3}{C}}\!\right]_{\!n}\!\!-\!CH_2\!-\!\underset{CH_3}{\overset{CH_3}{C^+}}(TiCl_4OH)^-$$

链终止

$$\sim\!\!\sim\!CH_2\!-\!\underset{CH_3}{\overset{CH_3}{C^+}}(TiCl_4OH)^-\xrightarrow{k_t}\sim\!\!\sim\!CH_2\!-\!\underset{CH_3}{\overset{}{C}}\!=\!CH_2+H^+(TiCl_4OH)^-$$

由此

$$R_i=k_i[TiCl_4]$$

$$R_p=k_p[CH_2\!=\!C(CH_3)_2][H^+(TiCl_4OH)^-]$$

$$R_t=k_t[H^+(TiCl_4OH)^-]$$

在稳态下，增长链活性中心浓度始终不变，即 $R_i=R_t$，则

$$[H^+(TiCl_4OH)^-]=R_i/k_t=k_i[TiCl_4]/k_t$$

于是

$$R_p=k_ik_p[TiCl_4][CH_2\!=\!C(CH_3)_2]/k_t$$

$$\overline{X}_n=R_p/R_t=R_p/R_i=k_p[CH_2\!=\!C(CH_3)_2]/k_t$$

(1) 在链引发反应中，由反应速率慢的一步决定反应速率。若水不过量，则

$$R_i=k_i[TiCl_4][H_2O]\qquad R_p\propto[H_2O]$$

(2) 在链引发反应中，若 $TiCl_4$ 过量，水为适量，则

$$R_i=k_i[TiCl_4]_0[H_2O]\qquad R_p\propto[TiCl_4]_0$$

(3) 若链引发反应为

$$TiCl_4+H_2O\xrightleftharpoons{K}H^+(TiCl_4OH)^-$$

$$H^+(TiCl_4OH)^-+CH_2\!=\!\underset{CH_3}{\overset{CH_3}{C}}\xrightarrow{k_i}H_3C\!-\!\underset{CH_3}{\overset{CH_3}{C^+}}(TiCl_4OH)^-$$

则

$$k_t = K k_i [CH_2 = C(CH_3)_2] [TiCl_4] [H_2O] \qquad R_p \propto [CH_2 = C(CH_3)_2]^2$$

5. 因为 200s 时体系残存单体为 $3 \times (1-0.8)$。根据

$$R_p = -\frac{d[M]}{dt} = k_p [M^-][M]$$

则

$$-\int_3^{3 \times (1-0.8)} \frac{d[M]}{dt} = k_p \times 2.0 \times 10^3 \int_0^{200} dt$$

$$\ln \frac{[M_0]}{[M]} = \ln 3 - \ln 0.6 = k_p \times 2.0 \times 10^{-3} \times 200$$

$$k_p = 4.023 L/(mol \cdot s)$$

数均聚合度

$$\overline{X}_n = \frac{[M]}{\dfrac{[M^-]}{2}} = \frac{3 \times 0.8}{\dfrac{2.0 \times 10^{-3}}{2}} = 2.4 \times 10^3 = 2400$$

当聚合进行到 300s 时,因是同种单体,故 k_p 不变,设反应 300s 时体系的残存单体为 x,则

$$-\int_3^x \frac{d[M]}{dt} = 4.023 \times 2.0 \times 10^3 \times \int_0^{300} dt$$

$$\ln \frac{[M_0]}{[M]} = \ln 3 - \ln x = 2.414$$

$$1.098 - 2.414 = \ln x$$

$$\ln x = -1.316$$

$$x = 0.2683 < 0.6$$

$$\overline{X}_n = \frac{3 - 0.2683}{\dfrac{2.0 \times 10^{-3}}{2}} \approx 2732$$

6. 在阴离子聚合中,在没有链转移的情况下,活性链不终止,此活性聚合物又可作引发剂,故在 2L 2.0mol/L 苯乙烯与 500mL 2.5×10^{-3} mol/L C_4H_9Li 溶液中

$$[C] = \frac{2.5 \times 10^{-3} \times 0.5}{2 + 0.5} = 5 \times 10^{-4} (mol/L)$$

$$[M]_{苯乙烯} = \frac{2.0 \times 2}{2 + 0.5} = 1.6 (mol/L)$$

$$[M]_{异} = \frac{\dfrac{340}{68}}{2 + 0.5} = 2 (mol/L)$$

$$\overline{X}_{n苯乙烯} = \frac{[M]}{[C]} = \frac{1.6}{5 \times 10^{-4}} = 3.2 \times 10^3$$

$$\overline{X}_{n异} = \frac{[M]}{[C]} = \frac{2}{5 \times 10^{-4}} = 4 \times 10^3$$

$$\overline{M}_{n苯乙烯} = \overline{X}_n M_0 = 3.2 \times 10^3 \times 104 = 3.33 \times 10^5$$

$$\overline{M}_{n异} = 4 \times 10^3 \times 68 = 2.72 \times 10^5$$

$$\overline{M}_{n总} = \overline{M}_{n苯乙烯} + \overline{M}_{n异} = 3.33 \times 10^5 + 2.72 \times 10^5 = 6.05 \times 10^5$$

因此,最后聚合物的相对分子质量为 6.05×10^5。

7.
$$R_p = -\frac{d[M]}{dt} = k_p[M^-][M]$$

两边重排,积分

$$-\int_2^{\frac{1}{2} \times 2} \frac{d[M]}{dt} = \int_0^{3000} k_p \times 10^{-3} dt$$

左边

$$-\ln[M] \Big|_{[M]_0}^{[M]} = -\ln[M] \Big|_2^1 \qquad \ln\frac{[M_0]}{[M]} = \ln\frac{2}{1} = \ln 2$$

右边

$$\int_0^{3000} k_p \times 10^{-3} dt = k_p \times 3$$

$$k_p = \frac{\ln 2}{3} = 0.231[L/(mol \cdot s)]$$

8. 已知:BuLi 环己烷溶液的浓度 $=0.4mol/L$,单体总量 $=150g$,共聚物的丁苯比 $=60/40$,共聚物的相对分子质量 $=1 \times 10^5$。所以

需要的丁二烯量 $=150g \times 60/100 = 90g$

需要的苯乙烯量 $=150g \times 40/100 = 60g$

需要的 BuLi 溶液量 $=3.75mL$

第 7 章 配 位 聚 合

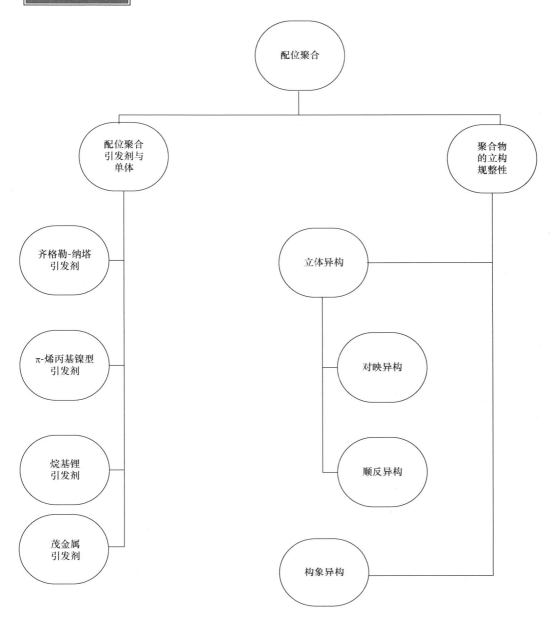

7.1 引　言

1953 年，德国人齐格勒以四氯化钛-三乙基铝 $[TiCl_4\text{-}Al(C_2H_5)_3]$ 作为引发剂，在温度（$60\sim90\,^\circ\text{C}$）和压力（$0.2\sim1.5MPa$）温和的条件下，使乙烯聚合成高密度聚乙烯（HDPE）。

1954 年，意大利人纳塔进一步以 $TiCl_3\text{-}Al(C_2H_5)_3$ 作为引发剂，使丙烯聚合成等规聚丙烯（熔点 $175\,^\circ\text{C}$）。

7.2　聚合物的立体异构现象

7.2.1　立体（构型）异构及图式

立体（构型，configuration）异构是原子在大分子中不同空间排列所产生的异构现象，与绕 C—C 单键内旋转而产生的构象（conformation）有别。

立体异构有对映异构和顺反异构两种。对映异构又称手性异构，是由手性中心产生的对映异构体 R（右）型和 S（左）型，如丙烯、环氧丙烷的聚合物。顺反异构是由双键引起的顺式（Z）和反式（E）的几何异构，两种构型不能互变。

1. 乙烯衍生物

丙烯、1-丁烯等 α-烯烃（$CH_2\!=\!CHR$）所形成的聚 α-烯烃大分子含有多个手性中心碳原子（C^*），C^* 连有 H、R 和两个碳氢链段。紧邻 C^* 的 CH_2 链段不等长，对旋光活性的影响差异很小，并不显示光学活性，这种手性中心常称为假手性中心（图 7-1）。

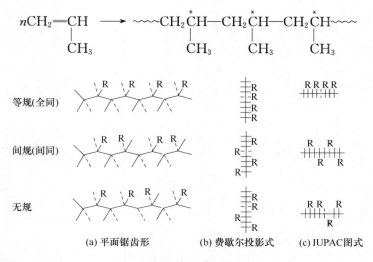

图 7-1　聚 α-烯烃的立构图像

1,2-双取代乙烯 RCH $=$ CHR′聚合物的立体异构更加复杂,该聚合物的结构单元有两个假手性中心,通过不同组合,就可能形成更多的立体异构现象。

如果两个手性原子均为等规,则可能出现两个双等规立构:①两个手性原子的构型互为对映体时,在 IUPAC 图式中 R 和 R′在主链两侧,称为苏型对双等规立构(threodiisotactic);②两个手性原子的构型相同时,R 和 R′在主链同侧,则称为赤型叠双等规立构(erythrodiisotactic)。相似地,也有苏型对双间规立构(threodisyndiotactic)和赤型叠双间规立构(erythrodisyndiotactic)。

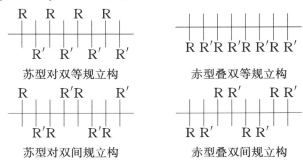

苏型对双等规立构　　　　　　赤型叠双等规立构

苏型对双间规立构　　　　　　赤型叠双间规立构

2. 聚环氧丙烷

环氧丙烷分子本身含有手性碳原子 C*。聚合后,手性碳原子仍留在聚环氧丙烷大分子中,属于真正的手性中心,可以显示出旋光性。

3. 聚二烯烃

1,3-异戊二烯聚合,有可能 1,4-、1,2-、3,4-加成;1,4-加成中有顺反结构,如下所示;1,2-或 3,4-加成,都有可能全同和间同,因此聚异戊二烯应有 6 种异构体。

反式1,4-聚异戊二烯　　　　　　　顺式1,4-聚异戊二烯

7.2.2　立构规整聚合物的性能

聚合物的立构规整性首先影响大分子堆砌的紧密程度和结晶度,进而影响到密度、熔点、溶解性能、强度、高弹性等一系列宏观性能。

7.2.3　立构规整度

1. 立构规整度的测定

立构规整度可由红外光谱、核磁共振谱等直接测定,也可以由结晶度、密度、溶解度等物理性质来间接表征。

2. 立构单元的序列分布

严格来说,立构规整度应由二单元组(diad)、三单元组(triad)的分数来表征,红外光谱难以分析这些立构单元的序列分布,核磁共振氢谱(^{1}H-NMR)和核磁共振碳谱(^{13}C-NMR)则是有力的工具。

7.3　齐格勒-纳塔引发剂

目前配位阴离子聚合的引发剂有下列四类:

(1) 齐格勒-纳塔引发剂:数量最多,可用于 α-烯烃、二烯烃、环烯烃的定向聚合。

(2) π-烯丙基镍(π-C_3H_5NiX)引发剂:仅限用于共轭二烯烃聚合,不能使 α-烯烃聚合。

(3) 烷基锂引发剂:可引发共轭二烯烃和部分极性单体定向聚合。

(4) 茂金属引发剂:这是新近的发展,可用于多种烯类单体的聚合,包括氯乙烯。

7.3.1　齐格勒-纳塔引发剂的两个主要部分

(1) ⅣB～Ⅷ族过渡金属(Mt)化合物:包括 Ti、V、Mo、Zr、Cr 的氯(或溴、碘)化合物 $MtCl_n$、氧氯化物 $MtOCl_n$、乙酰丙酮物 Mt(acac)$_n$、环戊二烯基(Cp)金属氯化物 Cp_2TiCl_2 等,这些组分主要用于 α-烯烃的配位聚合;$MoCl_5$ 和 WCl_6 组分专用于环烯烃的开环聚合;Co、Ni、Ru、Rh 等的卤化物或羧酸盐组分则主要用于二烯烃的定向聚合。

(2) ⅠA～ⅢA族有机金属化合物:如 AlR_3、LiR、MgR_2、ZnR_2 等,式中 R 为烷基或环烷基。其中有机铝用得最多,如 $AlR_{3-n}Cl_n$、AlH_nR_{3-n},一般 $n=0～1$。最常用的有 $Al(C_2H_5)_3$、$Al(C_2H_5)_2Cl$、$Al(i\text{-}C_4H_9)_3$。

7.3.2　齐格勒-纳塔引发剂的溶解性能

齐格勒-纳塔引发体系可分成不溶于烃类(非均相)和可溶(均相)两大类,溶解与否与过渡金属组分和反应条件有关。

7.3.3　齐格勒-纳塔引发剂的反应

以 $TiCl_4$-$Al(C_2H_5)_3$(或 AlR_3)为代表,剖析两组分的反应情况。

烷基化:

$$TiCl_4 + AlR_3 \longrightarrow RTiCl_3 + AlR_2Cl$$

$$TiCl_4 + AlR_2Cl \longrightarrow RTiCl_3 + AlRCl_2$$

$$RTiCl_3 + AlR_3 \longrightarrow R_2TiCl_2 + AlR_2Cl$$

自由基的终止：

$$2R \cdot \longrightarrow 偶合或歧化终止$$

7.3.4　齐格勒-纳塔引发剂两组分对聚丙烯等规度和聚合活性的影响

（1）过渡金属组分的影响。定向能力与过渡金属元素的种类和价态、相态和晶形、配体的性质和数量等有关。

（2）ⅠA～ⅢA 族金属烷基化合物的影响。ⅠA～ⅢA 族金属组分的参与对引发剂活性和定向能力都有显著影响。若所用的 $TiCl_3$ 相同,金属烷基化合物共引发剂中的金属和烷基对等规度有以下影响：

a. 金属：$BeEt_2 > MgEt_2 > ZnEt_2 > NaEt$

b. 烷基铝中的烷基：$AlEt_3 > Al(n\text{-}C_3H_7)_3 > Al(n\text{-}C_4H_9)_3 \approx Al(n\text{-}C_6H_{13})_3 \approx Al(n\text{-}C_6H_5)_3$

c. 一卤代烷基铝中的卤素：$AlEt_2I > AlEt_2Br > AlEt_2Cl \approx AlEt_2F$

d. 氯代烷基铝中的氯原子数：$AlEt_3 > AlEt_2Cl > AlEtCl_2 > AlCl_3$

7.3.5　齐格勒-纳塔引发体系的发展

（1）给电子体（路易斯碱）第三组分的影响：

$$2AlEtCl_2 + :B \longrightarrow AlEt_2Cl + AlCl_3 : B$$

$$B : AlCl_3 > B : AlRCl_2 > B : AlR_2Cl > B : AlR_3$$

（2）负载的影响：载体种类很多,如 $MgCl_2$、$Mg(OH)Cl$、$Mg(OR)_2$、SiO_2 等。活化方法有研磨法和化学反应法两种。

7.4　丙烯的配位聚合

丙烯是 α-烯烃的代表,经齐格勒-纳塔聚合,可制得等规聚丙烯。

7.4.1　丙烯配位聚合反应的机理

（1）链引发：钛-铝两组分反应后,形成活性种 Ⓒ$^{\delta+}$—R$^{\delta-}$（简写为 Ⓒ—R）,引发在表面进行。

$$Ⓒ—H + CH_2{=}\underset{\underset{R}{|}}{CH} \xrightarrow{k_1} Ⓒ—CH_2—\underset{\underset{R}{|}}{CH_2}$$

$$©—C_2H_5 + CH_2\!=\!\underset{R}{\underset{|}{CH}} \xrightarrow{k_2} ©—CH_2—\underset{R}{\underset{|}{CH}}—C_2H_5$$

（2）链增长：单体在过渡金属-碳键间（©—C 或 $Mt^{\delta+}—^{\delta-}CH_2 \sim\sim\sim P_n$）插入而增长。

（3）链转移：活性链可能向烷基铝、丙烯转移，但转移常数较小。生产时，需加入氢作链转移剂来控制相对分子质量。

（4）链终止：配位聚合难终止，经过长时间，也可能向分子链内的 β-H 转移而自身终止。

$$©—CH_2\underset{R}{\underset{|}{CH}}\text{-}\!\!\left[\!CH_2\underset{R}{\underset{|}{CH}}\!\right]_{\!\!n}\!\!C_2H_5 \xrightarrow{k_t} ©—H + CH_2\!=\!\underset{R}{\underset{|}{C}}\!\left[\!CH_2\underset{R}{\underset{|}{CH}}\!\right]_{\!\!n}\!\!C_2H_5$$

7.4.2　丙烯配位聚合动力学

对于均相体系配位聚合，可参照阴离子聚合写出下列增长速率方程：

$$R_p = k_p[C^*][M] \tag{7-1}$$

对于 A 型衰减期（Ⅱ段）的动力学，Keli 按照曲线形状，曾用式（7-2）来描述。

$$\frac{R_0 - R_\infty}{R_t - R_\infty} = e^{-kt} \tag{7-2}$$

式中：R 为速率；t 为时间；R_0 为起始最大值；R_∞ 为后期稳定值；k 为常数，与丙烯压力有关。

Langmuir-Hinschelwood 模型：

$$R_p = k_p \theta_{Al} \theta_M [S]$$

Rideal 模型假定：

$$\theta_{Al} = \frac{K_{Al}[Al]}{1 + K_{Al}[Al]}$$

$$R_p = \frac{k_p K_{Al}[M][Al][S]}{1 + K_{Al}[Al]}$$

7.4.3　丙烯配位聚合的定向机理

关于烯烃配位聚合，主要有双金属机理和单金属机理，目前单金属机理更易被接受，但双金属机理中某些部分可参考。

（1）纳塔双金属机理：

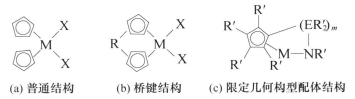

（2）Cossee-Arlman 单金属机理：

（a）Ti/Al 活性种　　　（b）烯烃配位　　　　　（c）烯烃络合

（d）插入增长　　　　（e）空位换位

7.5　极性单体的配位聚合

一般情况下，极性单体多选用自由基聚合或离子聚合。

7.6　茂金属引发剂

茂金属（metallocene）引发剂是由五元环的环戊二烯基（简称茂）、ⅣB 族过渡金属、非茂配体三部分组成的有机金属络合物的简称。

（a）普通结构　　　（b）桥键结构　　　（c）限定几何构型配体结构

均相茂金属引发剂发展迅速,因为它有许多优点:①高活性,几乎 100% 的金属原子均可形成活性中心;②单一活性中心,聚合物结构和性能容易控制,立构规整能力强,可合成纯等规或纯间规聚丙烯、间规聚苯乙烯;③相对分子质量分布窄(1.05~1.8),共聚物组成均一;④可聚合的烯类更广,包括环烯烃、共轭二烯烃,以及氯乙烯、丙烯腈等极性单体。

茂金属引发剂也有一些缺点,如合成困难、价格较贵、很难从聚合物中脱除、对氧和水分敏感等。

7.7　共轭二烯烃的配位聚合

7.7.1　共轭二烯烃和聚二烯烃的构型

1,3-二烯烃的配位聚合和聚合物的立构规整性比 α-烯烃更为复杂,原因如下:
(1) 加成有顺式、反式、1,2-、3,4-等多种形式。
(2) 单体有顺、反两种构象。
(3) 增长链端有 σ-烯丙基和 π-烯丙基两种键型。

7.7.2　二烯烃配位聚合的引发剂和定向机理

1. 齐格勒-纳塔引发剂和二烯烃单体-金属配位机理

齐格勒-纳塔体系引发丁二烯聚合时,可用单体-金属的配位来解释定向机理,其观点是单体在过渡金属(Mt)d 空轨道上的配位方式决定着单体加成的类型和聚合物的微结构。

2. π-烯丙基镍引发剂和 π-烯丙基配位机理

定义:环状单体在引发剂或催化剂作用下开环后聚合,形成线形聚合物。

典型例题

例 7-1　简述配位聚合反应的主要特征以及配位聚合术语的由来。

答　配位聚合反应的主要特征是：

（1）单体（如丙烯）首先在亲电性金属上配位形成 σ-π 络合物。

（2）反应大多是阴离子性质的。

（3）非均相引发剂-单体体系常显示高活性、高立构选择性。

（4）反应时单体和增长链形成四元环过渡态，随后插入 Mt—R 键中。插入时为顺式加成，且大多是 β-碳（$\overset{\alpha}{C}H_2 =\overset{\beta}{C}H—CH_3$）和增长的烷基链键合。

（5）反离子和非均相表面对形成立构规整结构起着重要的作用。

这些反应特征均有别于典型的自由基、阴离子、阳离子聚合反应。

配位聚合概念最早是纳塔在解释 α-烯烃聚合（用齐格勒-纳塔引发剂）机理时提出的。

例 7-2　简述配位聚合（络合聚合、插入聚合）、定向聚合（有规立构聚合）、齐格勒-纳塔聚合的特点以及相互关系。

答　配位聚合（络合聚合、插入聚合）从反应机理定义，主要是从单体如何与活性中心发生作用角度分析反应。

定向聚合从形成的产物角度定义，凡形成立构规整聚合物为主的聚合反应均属定向聚合，无论反应机理如何。

齐格勒-纳塔聚合的主要特点是以齐格勒-纳塔引发剂催化的聚合过程。

相互关系：齐格勒-纳塔聚合属配位聚合，配位聚合还包括其他催化体系，配位聚合的产物可以是立构规整的，也可能不是立构规整的，齐格勒-纳塔聚合分析同上。定向聚合可包括配位聚合、齐格勒-纳塔聚合，还包括其他聚合。

例 7-3　聚合物的立构规整性的含义是什么？如何评价？顺反异构和对映异构有什么不同？它们和单体的化学结构有什么关系？

答　聚合物的立构规整性是指聚合物中基团在空间排列的形态，它影响聚合物的堆砌紧密程度和结晶能力，进而影响密度、熔点、溶解性能和强度等一系列物理、力学性能。

立构规整度是评价聚合物的立构规整性的参数，立构规整度是指立构规整聚合物质量占聚合产物总量的百分数。

顺反异构（或称几何异构）是指分子中存在双键或环，使某些原子在空间的位置不同，从而导致立体结构不同。

对映异构，即分子中含有手性原子，使物体与其镜像不能叠合，从而使其有不同的旋光性，这种空间排布不同的异构体称为对映异构体。

前者单体是共轭双烯烃，而且发生 1,4-聚合，后者单体本身就有手性碳原子。

例 7-4 写出下列单体聚合后可能出现的立构规整聚合物的名称。

(1) $CH_2=CH-CH_3$

(2) $H_2C\overset{}{\underset{O}{-\!\!\!-\!\!\!-}}CH-CH_3$

(3) $CH_2=CH-CH=CH_2$

(4) $CH_2=\underset{\underset{CH_3}{|}}{C}-CH=CH_2$

答 (1) 全同聚丙烯,间同聚丙烯。

(2) 全同聚环氧丙烷,间同聚环氧丙烷。

(3) 顺 1,4-聚丁二烯,反 1,4-聚丁二烯,全同 1,2-聚丁二烯,间同 1,2-聚丁二烯。

(4) 全同 1,4-聚异戊二烯,间同 1,4-聚异戊二烯,全同 3,4-聚异戊二烯,间同 3,4-聚异戊二烯,顺 1,4-聚异戊二烯,反 1,4-聚异戊二烯。

例 7-5 简述齐格勒-纳塔引发剂开发的意义。

答 (1) 开发出一类新型聚合引发剂,不仅使当时最后一大类没有聚合的工业化单体 α-烯烃得以工业化生产,而且得到了用其他聚合方法得不到的立构规整聚合物。

(2) 理论上,提出了配位聚合机理、立构规整聚合物等概念。

例 7-6 使用齐格勒-纳塔引发剂时需注意什么问题?聚合体系、单体、溶剂等应采用何种保证措施?聚合结束后用什么方法除去残余引发剂?

答 齐格勒-纳塔引发剂大多是过渡金属卤化物和烷基金属化合物,与离子聚合引发剂在性质上有许多相似之处,活性中心易与水、空气中的氧、二氧化碳等发生剧烈反应,从而破坏引发剂。

齐格勒-纳塔引发剂主引发时,卤化钛性质非常活泼,在空气中吸湿后发烟、自燃,并可发生水解、醇解反应;共引发剂烷基铝性质也极活泼,易水解,接触空气中氧和潮气迅速氧化,甚至燃烧、爆炸,因此在保存和转移操作中必须在无氧干燥的 N_2 中进行,聚合体系、单体、溶剂在反应前应精制、净化,反应体系应有惰性气体保护,溶剂多用烃类化合物。在生产过程中,原料和设备要求除净杂质,尤其是氧和水分。聚合完毕,一般高效引发剂由于用量少,可不脱除。一般工艺中残余引发剂可通过加入水、醇、螯合剂来脱除。

例 7-7 α-烯烃和二烯烃的配位聚合,在选用齐格勒-纳塔引发剂时有哪些不同?除过渡金属种类外,还需考虑哪些问题?

答 一般来说,由 $\text{IVB} \sim \text{VIB}$ 族过渡金属卤化物、氧卤化物、乙酰丙酮(acac)或环戊二烯基过渡金属卤化物等与有机铝化物组成的引发剂主要用于 α-烯烃的配位聚合;而由 VIII 族过渡金属如 Co、Ni、Fe、Ru 和 Rh 的卤化物或羧酸盐与有机铝化物,如 AlR_3、AlR_2Cl 等组成的引发剂则主要用于二烯烃的配位聚合。例如,$CoCl_2/AlEt_2Cl$ 或 $NiCl_2/AlEt_2Cl$ 容易使丁二烯聚合,但不能使乙烯或 α-烯烃聚合;α-$TiCl_3/AlR_3$ 能使乙烯、丙烯聚合,并能制得全同聚丙烯,但用于丁二烯聚合则得反式 1,4-聚合物;对 α-烯烃有活性的引发剂,对乙烯聚合也有高活性,反之则不一定。

在选择引发剂时,除考虑过渡金属的种类外,还需通过实验考察共引发剂与主引发剂的配比、单体与引发剂体系的匹配、引发剂在所用溶剂中的溶解性(相态)、引发剂/共引发剂/单体的加料顺序、陈化条件。一般聚合体系还需要严格脱氧、脱水,否则将明显改变引发剂活性和聚合物的微观结构,甚至导致实验失败。

例 7-8　二烯烃配位聚合引发剂主要有哪几类?

答　(1)齐格勒-纳塔引发剂:组分的选择和两组分的比例对产物的立构规整性有很大的影响。

(2)π-烯丙基镍引发剂:过渡金属元素 Ti、V、Cr、Ni、Co、Ru、Rh 均与 π-烯丙基形成稳定聚合物,X 可以是卤素等负电性基团,其中 π-烯丙基镍型(π-C_3H_5NiX)引发剂最主要。

(3)烷基锂引发剂。

例 7-9　丁二烯有三种结构形式:顺 1,4-加成、反 1,4-加成及 1,2-加成,用何种齐格勒-纳塔引发剂可以得到这三种立构体?

答　用 TiI_4-$AlEt_3$、$CoCl_2$-$AlEt_3$ 可得顺式 1,4-结构为主的聚丁二烯(95%);用 $TiCl_4$-$AlEt_3$($Al/Ti=0.5$)或 $VOCl_3/AlEt_2Cl$ 可得反式 1,4-结构为主的聚丁二烯(97%~98%);用 $Ti(OR)_4$、AlR_3 或 $MoO_2(OR)_2/AlR_3$ 可得 1,2-结构为主的聚丁二烯(1,2-结构 96%,其中 75% 是间同 1,2-结构)。

例 7-10　用 α-$TiCl_3$-$AlEtCl_2$ 引发体系能否引发丙烯聚合? 如不能,则应加入哪些物质使聚合能够进行?

答　为了改善 α-$TiCl_3$-$AlEtCl_2$ 体系催化丙烯聚合,常添加含 O、N、S、P 的给电子体(B:)路易斯碱,如 $N(C_4H_9)_3$、$O(C_4H_9)_2$、$S(C_4H_9)_2$、$[(CH_3)_2N]_2P=O$、$P(C_4H_9)_3$ 和聚氧化乙烯 $+CH_2CH_2O+_n$、聚氧化丙烯等,添加剂的用量根据 B:同 $AlEtCl_2$ 间的反应来确定,若是 $AlEtCl_2$ 完全转化为 $AlEt_2Cl$,B:与 $AlEtCl_2$ 的比例应为 1/2,实际上 B:还会和 $AlEtCl_2$ 生成 B:$AlEtCl_2$(固体),也可以和 $AlEt_2Cl$、$AlEt_3$ 络合,因此实际比以 0.7 合适。但这些添加剂往往使聚合速率下降,等规度提高,后两种给电子体可在一定范围内使聚合速率和等规度同时提高。

例 7-11　丙烯进行自由基聚合、离子聚合及配位阴离子聚合时能否形成高分子聚合物? 为什么? 怎样分离和鉴定所得聚合物为全同聚丙烯?

答　丙烯自由基聚合时,自由基易从丙烯分子上提取氢,形成低活性烯丙基自由基,所以得不到高聚物。

离子聚合:由于甲基为推电子基,不易阴离子聚合,而一个甲基的推电作用弱,阳离子聚合也难,活性中心易发生异构化,变成相对稳定的结构,因此只能生成低聚物。

用齐格勒-纳塔催化剂进行配位聚合可得高聚物,因为单体聚合能力弱,但催化剂能力强。

鉴定可用沸腾庚烷萃取法和光谱法。

测 试 题

一、名词解释

1. 配位聚合　　2. 定向聚合　　3. 齐格勒-纳塔聚合　　4. 立体异构

5. 构型　　　　6. 构象　　　　7. 对映异构体　　　　8. 顺反异构体

9. 手性中心(chiral center)　10. 全同立构聚合物　　11. 间同立构聚合物

12. 无规立构聚合物　　13. 顺式(Z)构型　　14. 立构规整度

15. 全同指数　　　　16. 配位聚合引发体系　　17. 齐格勒-纳塔引发剂

二、填空题

1. 配位聚合的引发剂有(　　)、(　　)、(　　)和(　　)。

2. 制备全同聚丙烯时,加入第三组分的目的是(　　)。可加入(　　)调节相对分子质量。

3. 全同聚丙烯的反应机理有(　　)和(　　)两种理论。

4. 聚丙烯的等规度又称(　　),可用仪器直接测定,如(　　)法测定,也可以通过结晶度、密度、溶解性的不同来测定。工业上通常用(　　)法来测定。

5. 对齐格勒-纳塔引发剂而言,第一代典型的齐格勒引发剂组成为(　　),属(　　)相引发剂,而典型的纳塔引发剂组成为(　　),属(　　)相引发剂;乙丙橡胶合成中使用 $VOCl_3/AlEt_2Cl$ 或 $V(acac)_3/AlEt_2Cl$ 属于(　　)相引发体系。

6. 齐格勒-纳塔引发剂的主引发剂是(　　),共引发剂是(　　),第二代齐格勒-纳塔引发剂加入了(　　),也称第三组分,是一类含有(　　)、(　　)、(　　)和(　　)的路易斯碱。第三代引发剂是(　　),近年发展较快的是(　　)。

三、简答题

1. 比较阳离子引发剂、阴离子引发剂和齐格勒-纳塔引发剂有何异同。

2. 齐格勒-纳塔引发剂引发 α-烯烃聚合属于(阴离子)机理。间接证据和直接证据是什么?

3. α-烯烃聚合时的一级插入和二级插入有什么区别?

4. 下列引发剂何者能引发乙烯、丙烯或丁二烯的配位聚合? 形成何种立构规整聚合物?

(1) n-C_4H_9Li

(2) α-$TiCl_3/AlEt_2Cl$

(3) 萘-钠

(4) $(\pi$-$C_4H_7)_2Ni$

(5) $(\pi$-$C_3H_5)NiCl$

(6) $TiCl_4/AlR_3$

5. 有关 $TiCl_3$ 晶形(α、β、γ、δ)的研究,对解释 α-烯烃的配位聚合机理有哪些贡献?

6. 使用齐格勒-纳塔引发剂时,为保证实验成功,需采取哪些必要的措施? 用什么方法除去残存的引发剂? 怎样分离和鉴定全同聚丙烯?

　　7. RLi 引发二烯烃聚合,为什么说它是阴离子聚合,又属于配位聚合范畴?

　　8. 比较合成高压聚乙烯和低压聚乙烯在引发剂、聚合机理、产物结构上的异同。

　　9. 用齐格勒-纳塔引发剂进行丙烯聚合时,存在哪些链转移反应? 为什么能用氢气调节聚合物的相对分子质量? 转移的聚合物末端有什么区别?

　　10. 在用齐格勒-纳塔催化剂催化 α-烯烃聚合的研究和生产中常用催化效率和催化活性来评价催化剂的优劣,二者的含义和结果是否相同? 试给予说明。

　　11. 试讨论丙烯进行自由基、离子和配位聚合时,能否形成高相对分子质量聚合物,并解释之。

　　12. 试简述纳塔双金属机理和 Cossee-Arlman 单金属机理的基本论点、不同点和各自的不足之处。

测试题参考答案

一、名词解释

　　1. 单体与引发剂经过配位方式进行的聚合反应。具体地说,采用具有配位(或络合)能力的引发剂、链增长(有时包括引发)都是单体先在活性种的空位上配位(络合)并活化,然后插入烷基-金属键中。配位聚合又有络合聚合或插入聚合之称。

　　2. 任何聚合过程(包括自由基、阳离子、阴离子、配位聚合)或任何聚合方法(如本体、悬浮、乳液和溶液等),只要它是以形成有规立构聚合物为主,都是定向聚合。定向聚合等同于立构规整聚合。

　　3. 采用齐格勒-纳塔引发剂的任何单体的聚合或共聚合。

　　4. 分子中原子的不同空间排布而产生不同的构型。可分为对映异构和顺反异构。

　　5. 由原子(或取代基)在手性中心或双键上的空间排布顺序不同而产生的立体异构。

　　6. 构象则是对 C—C 单键内旋转异构体的一种描述,有伸展型、无规线团、螺旋型和折叠链等几种构象。

　　7. 由手性中心产生的异构体,分 R(右)型和 S(左)型。

　　8. 由双键产生的异构体,即 Z(顺)式和 E(反)式。

　　9. 非对称取代的烯类单体或 α-烯烃聚合物分子链中的不对称的碳原子。

　　10. 各手性碳原子构型相同,称为全同立构聚合物。以聚 α-烯烃为例,聚 α-烯烃中含有多个手性中心碳原子,若各个手性中心碳原子的构型相同,如~$RRRR$~或~$SSSS$~,就成为全同立构(等规)聚合物。

　　11. 若相邻手性碳原子构型相反且交替排列,则为间同立构聚合物。以聚 α-烯烃为例,若聚 α-烯烃中相邻的手性中心碳原子的构型相反并且交替排列,如~$RSRSRS$~,则成为间同立构聚合物。

　　12. 手性碳构型呈无规排列的聚合物。以聚 α-烯烃为例,若聚 α-烯烃中的手性中心碳原子的构型呈无规排列,如~$RRSRSSSRSSR$~,则为无规立构聚合物。

　　13. 当双键的两个碳原子各连接两个不同基团时,由于双键不能自由旋转,就有可能生成两种不同的由空间排列所产生的异构体。两个相同基团处于双键同侧的是顺式,反之是反式。

　　14. 立构规整聚合物的质量占总聚合物质量的分数。

　　15. 表征聚合物的立构规整程度的指数,即有规立体聚合物占总聚合物量的分数,以 IIP 表示。常用沸腾正庚烷的萃取剩余物所占分数来表示。

　　16. 用于配位聚合的引发剂,这类引发剂在聚合过程中的作用不仅为聚合提供活性种,而且它可使增长插入的单体配位,达到立构规化的目的。配位聚合引发体系大致有四类:一是齐格勒-纳塔引发剂;二是 π-烯丙基过渡金属引发剂;三是烷基锂引发剂;四是最近发展起来的茂金属引发剂。

17. 齐格勒-纳塔引发剂是一大类引发体系的统称,通常由两种组分构成:主引发剂是ⅣB～Ⅷ族过渡金属化合物,共引发剂是ⅠA～ⅢA族有机金属化合物。

二、填空题

1. (齐格勒-纳塔引发剂)、(茂金属引发剂)、(π-烯丙基镍引发剂)、(烷基锂引发剂)

2. (提高聚合活性和聚合物的立构规整度)、(氢气)

3. (Cossee-Arlman 单金属机理)、(纳塔双金属机理)

4. (立体规整度)、(红外光谱)、(沸腾正庚烷的萃取)

5. ($TiCl_4 + AlR_3$)、(均)、($TiCl_3 + AlR_3$)、(非均)、(均)

6. (ⅣB～Ⅷ族过渡金属化合物)、(ⅠA～ⅢA族有机金属化合物)、(给电子体)、(O)、(N)、(P)、(S)、(负载型引发剂)、(茂金属引发体系)

三、简答题

1. 阳离子聚合引发剂为路易斯酸类化合物。

阴离子聚合引发剂为路易斯碱类化合物。

齐格勒-纳塔引发剂中的主引发剂为路易斯酸,共引发剂为路易斯碱,但它不是阴、阳离子引发剂的简单加和。其反应机理为配位阴离子聚合,产物多为立构规整聚合物。

2. 间接证据是 α-烯烃的聚合速率随双键上烷基的增大而降低。直接证据是用标记 ^{14}C 元素的终止剂终止增长链,得到的聚合物无 ^{14}C 放射性,表明加上的是 H^+,由此可表明链端是阴离子。因此,配位聚合属于配位阴离子聚合。

3. 一级插入指单体插入后不带取代基的一端带负电荷并和过渡金属离子 Mt 相连,如丙烯的全同聚合是一级插入。

二级插入指带取代基的一端带负电荷并和过渡金属 Mt 相连,如丙烯的间同聚合是二级插入。

4. 引发剂(1)n-C_4H_9Li 和(3)萘-钠均能引发丁二烯聚合,属配位聚合范畴。但前者在非极性溶剂(如环己烷)中形成顺式 1,4-含量为 35%～40%的聚丁二烯,在极性溶剂(如 THF)中或采用后者则形成 1,2-或反式 1,4-聚合物。但它们均不能引发乙烯或丙烯聚合。

引发剂(2)$α$-$TiCl_3$/$AlEt_2Cl$ 可引发丙烯的配位聚合,形成全同立构(约 90%)聚丙烯;也可引发乙烯聚合。

引发剂(4)、(5)和(6)均可引发丁二烯的配位聚合,但(4)只能得环状低聚物,(5)可得顺式 1,4-大于 90%的聚丁二烯,(6)却可得顺式 1,4-和反式 1,4-各半的聚合物;(6)虽也能引发丙烯的配位聚合,但不仅活性低而且所得聚丙烯的全同指数仅有 30～60;引发剂(4)和(5)一般不能引发乙烯聚合,(6)却是引发乙烯聚合的常规引发剂。

5. 其主要贡献是:

(1) 弄清了 $TiCl_3$ 有四种晶形,其相应的结构为:$α$-$TiCl_3$(层状)、$β$-$TiCl_3$(链状)、$γ$-$TiCl_3$(层状,但与 $α$-$TiCl_3$ 的堆积方式不同)、$δ$-$TiCl_3$(层状,其结构一部分像 $α$-$TiCl_3$,一部分像 $γ$-$TiCl_3$,但不是二者的混合物,而是一种独立的晶形)。

(2) 根据四种 $TiCl_3$ 的不同结构,估算了它们失去氯原子而形成空位的可能性。例如,$α$、$γ$、$δ$-$TiCl_3$ 可能产生一个空位,而 $β$-$TiCl_3$ 既有一个空位,也有两个空位;根据失去氯原子能量的大小,计算出在晶体边、棱上产生空位的数目。该空位数与实验测得活性中心数基本相符,从而证明了活性中心是处于 $TiCl_3$ 晶体的边、棱上,且与聚合物在 $TiCl_3$ 上的形成轨迹一致。

（3）根据上述结果，可合理地解释 α-TiCl$_3$、γ-TiCl$_3$、δ-TiCl$_3$ 和 β-TiCl$_3$ 对 α-烯烃聚合活性的不同和所得聚合物结构上的差异。

（4）根据 TiCl$_3$ 的晶体结构，提出活性种是一个以 Ti^{3+} 为中心，Ti 上带有一个烷基（或增长链）、一个空位和四个氯的五配位（RTiCl$_4$）正八面体。活性种相对于晶体基面倾斜 54°44'。这是第一次为活性种的结构和几何形状提出具体形象的研究。

（5）根据活性种的立体化学和配位聚合论点解释了 α-烯烃在 TiCl$_3$/AlR$_3$ 上引发聚合的机理和立构规化成因。

（6）可由 Cossee 单金属机理的量化描述和分子轨道能量预期新的齐格勒-纳塔引发剂。

6. 由于齐格勒-纳塔引发剂大多是过渡金属卤化物和有机铝化合物，它们遇到水、氧气、二氧化碳等会发生剧烈反应，从而破坏引发剂，所以聚合时体系需保持干燥，所需试剂均需脱水脱氧处理。溶剂不能含活泼氢和有害杂质。为防止空气进入，聚合需要在高纯氮气保护下进行。残存的引发剂可通过加水、醇或螯合剂来脱除，随后进行干燥。原则上讲，聚丙烯可用熔点、密度、红外光谱（IR）或溶解萃取来鉴定其立构纯度。其中最常用的是沸腾庚烷萃取法和光谱法。

7. RLi 引发二烯烃（如丁二烯）聚合时，由于是 R$^-$ 进攻单体的 α-C，并形成增长 C$^-$，链增长过程均按阴离子进行，故常称为阴离子聚合；RLi 引发丁二烯聚合，由于引发和链增长的每一步都是丁二烯首先与反离子 Li$^+$ 配位，并由配位方式决定形成何种立构规整结构的聚丁二烯，所以也属于配位聚合范畴。

8. 结果如表 7-1 所示。

表 7-1　高压聚乙烯和低压聚乙烯的异同

项目	高压聚乙烯	低压聚乙烯
引发剂	O$_2$（微量）	齐格勒-纳塔催化剂
聚合机理	自由基聚合	配位阴离子聚合
产物	有很多支链（LDPE）	线形（HDPE）

9. 存在向单体、烷基铝的链转移反应。氢气是一种链转移剂。向单体转移，聚合物末端＝CH$_2$ 的不饱和结构，向氢气转移聚合物末端为—CH$_3$，向烷基铝转移聚合物末端为—AlEt$_2$。

10. 催化效率（E）是指在整个聚合时间内、某一定的聚合温度和压力下，每单位质量或毫摩尔的催化剂（如 Ti）所得聚合物（如 PE）的质量（g 或 kg）。其表达式为

$$E = g（或 kg）PE/(g\,Ti\ 或\ mmol\,Ti)$$

催化活性（α）是指单位质量或毫摩尔的催化剂在单位时间（t）、单位烯烃浓度或压力下所得聚合物（如 PE）的质量（g 或 kg）。其表达式为

$$\alpha = g（或 kg）PE/(g\,Ti\ 或\ mmol\,Ti \cdot t \cdot p)$$

二者的含义不同，计算结果相差很大。

11. （1）自由基聚合：由于丙烯上带有供电子基—CH$_3$，使 C＝C 键上的电子云密度增大，不利于自由基的进攻，故很难发生自由基聚合，即使能被自由基进攻，由于很快发生以下退化链转移：

$$R\cdot + CH_2{=}CH{-}CH_3 \longrightarrow R{-}CH_2{-}(CH_3)CH\cdot \xrightarrow{\text{丙烯}}$$

$$R{-}CH_2{-}CH_2{-}CH_3 + CH_2{=}CH{-}CH_2\cdot$$

形成稳定的 π-烯丙基自由基，它不能再引发单体聚合。

(2) 离子聚合：由于如上相同的原因，丙烯不利于 R^- 的进攻，不能进行阴离子聚合；丙烯虽有利于 R^+（或 H^+）的进攻，但由于下述原因，只能形成液体低聚物：

$$R^+X^- + CH_2{=}CH{-}CH_3 \longrightarrow R{-}CH_2{-}\underset{\underset{CH_3}{|}}{CH^+}X^- \xrightarrow{P} R{-}CH_2{-}\underset{\underset{CH_3}{|}}{CH}{-}CH_2{-}\underset{\underset{CH_3}{|}}{CH^+}X^-$$

在阳离子聚合中，增长的 $\sim\!CH^+X^-$（CH_3）容易重排为热力学上更加稳定的叔碳阳离子。

$$R{-}CH_2{-}\underset{\underset{CH_3}{|}}{CH}{-}CH_2{-}\underset{\underset{CH_3}{|}}{CH^+}X^- \xrightarrow{异构化} R{-}CH_2{-}\overset{\overset{X^-}{+}}{\underset{\underset{CH_3}{|}}{C}}{-}CH_2{-}\underset{\underset{CH_3}{|}}{CH_2}$$

由于类似原因，最终形成支化低聚物；如果采用无机酸或含强亲核性负离子催化剂，往往发生加成反应形成稳定的化合物。例如

$$CH_2{=}CH{-}CH_3 + HCl \longrightarrow Cl{-}H_2C{-}CH_2{-}CH_3$$

(3) 配位聚合，丙烯在 $\alpha\text{-}TiCl_3/AlR_3$ 作用下发生配位聚合。在适宜条件下可形成高相对分子质量结晶性的全同聚丙烯。

12. 纳塔双金属机理的基本论点如下：

(1) 离子半径小（ⅠA～ⅢA族）、电正性强的有机金属化合物在 $TiCl_3$ 表面上化学吸附，形成缺电子桥形配合物是聚合的活性种。

(2) 富电子的 α-烯烃在亲电子的过渡金属（如 Ti）上配位并引发。

(3) 该缺电子桥形络合物部分极化后，配位的单体和桥形络合物形成六元环过渡态。

(4) 当极化的单体插入 Al—C 键后，六元环结构瓦解，重新恢复到原来的四元环缺电子桥形络合物。由于聚合时是烯烃在 Ti 上配位，$CH_3CH_2^-$ 接到单体的 β-碳上，故称配位阴离子机理。

其主要特点是在 Ti 上引发，在 Al 上增长。

不足之处是：

(1) 由于活性种是双金属络合物，它不能解释单一过渡金属引发剂，如研磨的 $TiCl_3$、$TiCl_3\text{-}N(n\text{-}C_4H_9)_3$ 和 $TiCl_3\text{-}I_2$ 可引发丙烯聚合的实验结果。

(2) 由于 Ti 上卤素很容易和 Al 上的烷基发生交换，因而凭借端基分析得出的结论值得商榷。

(3) 未指明活性种上的空位对配位聚合的必要性，而且 Al—C 键上插入增长根据不足。

(4) 未涉及立构规化的成因。

Cossee-Arlman 单金属机理的主要论点是：

(1) 活性种是一个以 Ti^{3+} 为中心，并带有一个烷基（或增长链）、一个空位和四个氯的五配位正八面体单金属化合物。

(2) 活性种是通过 AlR_3 与五氯配位的 Ti^{3+} 发生烷基-氯交换而形成的。此时活性种上仍有一个可供单体配位的空位。

(3) 引发和增长都是单体首先在 Ti^{3+} 的空位上配位，形成四元环过渡态，随后 R—Ti 和单体发生顺式加成，结果是单体在 Ti—C 键间插入增长，同时空位改变位置。

(4) 对 Ti—R 键的断裂、单体配位、插入的能量变化进行了量化计算，并认为全同结构的成因是单体插入后的增长链，由于空间和能量上的有利条件又重新"飞回"到原来的空位上。

有待改进和需要完善之处是：

(1) 增长链"飞回"到原来空位的假定在热力学上不够合理。

(2) ⅠA～ⅢA 族有机金属共引发剂对 α-烯烃配位聚合的立构规整度的影响也难以解释。

纳塔双金属机理和 Cossee-Arlman 单金属机理的不同点如表 7-2 所示。

表 7-2　纳塔双金属机理和 Cossee-Arlman 单金属机理的不同

项目	纳塔双金属机理	Cossee-Arlman 单金属机理
活性种结构	空位不明确	单一金属,有一个空位
引发和增长	Ti 上引发,Al 上增长	引发、增长均在 Ti 上进行
立构规化成因	未涉及	从 TiCl$_3$ 表面的立体化学作出解释
活性种的部位	不明确	有明确的几何结构
配位和聚合的能量变化	无	有

第 8 章　开 环 聚 合

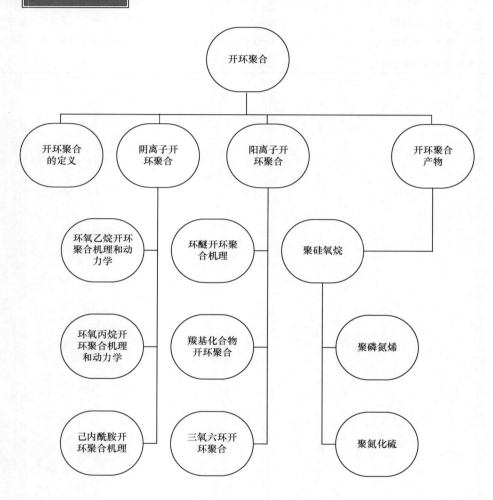

8.1 引　　言

定义:环状单体在引发剂或催化剂作用下开环后聚合,形成线形聚合物。

反应通式:

$$n\overbrace{R-X} \longrightarrow \{R-X\}_n$$

R 代表$\{CH_2\}_n$,X 代表 O、N、S 等杂原子或基团,主要单体有环醚、环缩醛、环酯(内酯)、环酰胺(内酰胺)、环硅氧烷等。

开环聚合的推动力:环张力的释放。

开环聚合的机理:大部分属离子聚合(连锁),小部分属逐步聚合。

开环聚合的单体:环醚、环缩醛、环酯、环酰胺、环硅氧烷等,环氧乙烷、环氧丙烷、己内酰胺、三聚甲醛等的开环聚合都是重要的工业化开环聚合反应。

8.2 环烷烃开环聚合热力学

能否开环及聚合能力的大小、环的大小、构成环的元素(碳环或杂环)、环上的取代基等都对开环的难易有影响。

有的环状化合物难以开环,如 γ-丁氧内酯、六元环醚等;有的聚合过程中环状单体和聚合物之间存在平衡,如己内酰胺。

双官能团单体线形缩聚还有环化倾向。

1. 环大小对环张力的影响

环张力的表示方法:键角大小或键的变形程度、环的张力能、聚合热乃至聚合自由焓。键的变形程度越大,环的张力能和聚合热越大;聚合自由焓越负,环的稳定性越低,越易开环聚合。

按碳的四面体结构,C—C—C 键角为 109°28′,而环状化合物的键角有不同程度的变形,因此产生张力。三、四元环角张力很大(三元环 60°,四元环 90°),环不稳定而易开环聚合;五元环键角接近正常键角,张力较小,环较稳定;五元以上环可不处于同一平面使键角变形趋于零而难开环;六元环常呈椅式结构,键角变形为 0,不能开环聚合;八元以上环有跨环张力,环上氢或取代基造成斥力,聚合能力十一元以上环跨环张力消失,环较稳定,不易聚合。环烷烃开环聚合能力为:3、4>8>5、7,九元以上的环很少见。

2. 取代基对开环聚合的影响

环上取代基的存在不利于开环聚合。有大侧基的线形大分子不稳定,易解聚成环。因为环上侧基间距大(如下式 a),斥力或热力学能小,而线形大分子的侧基间或侧基与链中原子间的距离小(如下式 b 和 c),斥力或热力学能相对较大,不利于开环聚合。

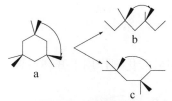

比较无取代的和有取代的环烷烃,随着取代程度的增加,$-\Delta H$ 依次递减,聚合难度递增。例如,四氢呋喃能聚合,2-甲基四氢呋喃却不能聚合。

8.3　杂环开环聚合热力学和动力学特征

1. 热力学因素

环酯、环醚、环酰胺等杂环化合物通常比环烷烃易聚合,因为杂环中的杂原子提供了引发剂亲核或亲电进攻的位置,但聚合能力与环中杂原子的性质有关。

例如,五元环醚(四氢呋喃)能够聚合,而五元环酯(γ-丁氧内酯)却不能聚合。相反,六元环醚(四氢吡喃、1,4-二氧六环)都不能聚合,但六元环酯(环戊内酯)却能聚合。五元和六元的环酰胺、环酐都较易聚合。

2. 引发剂和动力学因素

环中杂原子易被亲核或亲电活性种进攻,有利于开环。杂环开环聚合的引发剂有离子型和分子型两类。离子型引发剂较活泼,包括阴离子聚合的引发剂 Na、RO—、HO—化合物和阳离子聚合的引发剂 H^+、BF_3等。分子型引发剂(如水)活性较低,只限用于活泼单体。

大部分离子开环聚合属于连锁聚合机理,但有些带有逐步聚合性质。其特点有:相对分子质量随转化率而增加,聚合速率常数接近逐步聚合,存在聚合-解聚平衡。

8.4　三元环醚的阴离子开环聚合

无取代的三、四、五元环醚分别称为环氧乙烷、丁氧环、四氢呋喃,其聚合活性依次递减。

醚属路易斯碱,环醚的氧原子易受阳离子进攻,一般可用阳离子引发开环。但三元环醚(环氧化合物)的环张力大,很易开环,也可用阴离子引发剂引发开环。

工业上有价值的环醚开环聚合有:环氧乙烷、环氧丙烷的开环聚合制聚醚,三聚甲醛的开环聚合制聚甲醛。

三元环氧化合物主要品种:

$$H_2C \text{——} CH_2 \qquad H_2C \text{——} CHCH_3 \qquad H_2C \text{——} CHC_2H_5 \qquad H_2C \text{——} CHCH_2Cl$$
$$\underset{O}{\diagdown \diagup} \qquad\qquad \underset{O}{\diagdown \diagup} \qquad\qquad\quad \underset{O}{\diagdown \diagup} \qquad\qquad\quad \underset{O}{\diagdown \diagup}$$

　　　环氧乙烷　　　　　　环氧丙烷　　　　　　　环氧丁烷　　　　　　环氧氯丙烷

三元环氧化物的张力大，开环倾向较大，阳离子、阴离子甚至水均可使 C—O 键断裂而开环。阳离子开环聚合常伴有链转移反应，故工业上环氧烷多采用阴离子引发剂开环聚合。引发剂常采用氢氧化物（如 NaOH）、烷氧基化合物（如 CH_3ONa）。

仅采用这些引发剂虽可使三元环氧化物聚合，但其起始端为—OH 或 CH_3O—，末端或为离子对或为终止剂的基团。

为调控聚合物的结构与性能，往往在聚合体系中加入含活泼氢的化合物作为起始剂。例如

$$CH_3—CH_2—CH_2—\cdots CH_2—O(CH_2CH_2O)_{n-1}CH_2CH_2OH$$

为了使端基具有疏水性，从而使聚合物具有非离子表面活性剂的特性，常以 $C_{16}H_{33}OH$ 等长碳链化合物为起始剂。

8.4.1 环氧乙烷的阴离子开环聚合的机理和动力学

以醇钠为引发剂为例，机理如下：
引发

增长

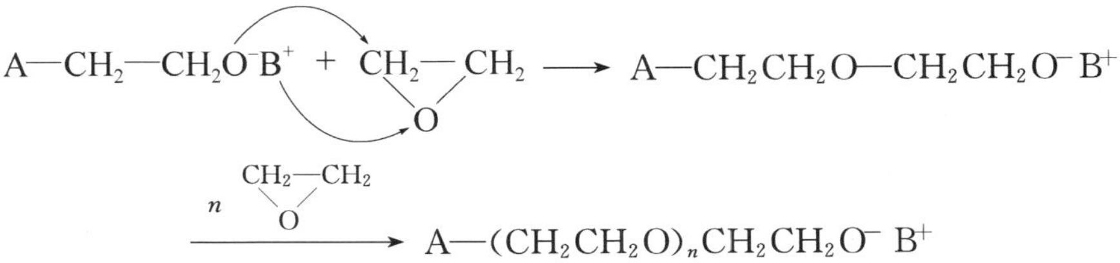

环氧化合物的开环聚合一般无链终止，需人为加入乙烯多胺为起始剂。环氧乙烷的开环聚合虽有阴离子聚合的性质，但其相对分子质量和转化率随时间逐步增加，又有逐步聚合的特征。聚合速率和数均聚合度为

$$v=\frac{d[M]}{dt} \qquad R_p=-\frac{d[M]}{dt}=k_p[C][M]$$

$$\overline{X}_n=\frac{[M]_0-[M]}{[C]_0}$$

式中：$[M]_0$ 和 $[M]$ 分别为环氧乙烷起始和 t 时刻的浓度；$[C]_0$ 为引发剂浓度；$[C]$ 为 t 时刻的引发剂浓度。

8.4.2 聚醚型表面活性剂的合成原理

聚醚型表面活性剂由疏水端基和亲水的聚氧乙烯链段组成，疏水端基由特定的起始剂提供。起始剂（RXH）和环氧乙烷（EO）聚合成聚醚的通式如下：

$$RXH + nEO \longrightarrow RX(EO)_n H$$

以 OP-10[$C_8 H_{17} C_6 H_4 O(EO)_{10} H$]为例,辛基酚起始剂提供的端基相对分子质量为189,10 单元的环氧乙烷相对分子质量为 440,属于低聚物,端基所占比例不能忽略。

改变疏水基 R、连接元素 X、环氧烷烃种类及聚合度 n,可衍生出上万种聚醚产品。

聚醚型表面活性剂的合成原理遵循环氧乙烷活性阴离子开环聚合的一般规律。但除引发、增长反应外,起始剂的引入,还有交换反应。例如,以脂肪醇 ROH 作起始剂,聚环氧乙烷活性种将与脂肪醇发生交换反应。

$$CH_3(EO)_n O^- Na^+ + ROH \Longleftrightarrow CH_3(EO)_n OH + RO^- Na^+$$

交换反应的结果:新形成起始剂活性种 $RO^- Na^+$ 可再引发单体增长,聚合速率并不降低。但使原来活性链终止,导致相对分子质量降低,聚合度为

$$\overline{X}_n = \frac{[M]_0 - [M]}{[C]_0 + [ROH]_0}$$

8.4.3　环氧丙烷的阴离子开环聚合机理和动力学

环氧丙烷结构不对称,可能有两种开环方式,其中 β-C(CH$_2$)原子空间位阻较小,易受亲核进攻,成为主攻点。但两种开环方式最终产物的头尾结构却是相同的。

环氧丙烷开环易发生向单体转移反应,使相对分子质量降低。

$$[N] = [N]_0 + \frac{C_M}{1 + C_M}([M_0] - [M])$$

式中:$[N]_0$ 为无向单体转移时的聚合物浓度。

有、无向单体链转移时的平均聚合度分别为

$$\overline{X}_n = \frac{[M]_0 - [M]}{[N]}$$

$$(\overline{X}_n)_0 = \frac{[M]_0 - [M]}{[N]_0}$$

$$\frac{1}{\overline{X}_n} = \frac{1}{(\overline{X}_n)_0} + \frac{C_M}{1 + C_M}$$

开环聚合的 C_M 一般为 10^{-2}，比自由基聚合的 C_M 大 $10^2 \sim 10^3$ 倍。环氧丙烷聚合中链转移的影响很大，因此一般得不到高相对分子质量聚合物，通常为 $3000 \sim 4000$（聚合度 $50 \sim 70$）。

8.5　环醚的阳离子开环聚合

8.5.1　概述

除三元环醚外，能开环聚合的环醚还有丁氧环、四氢呋喃、二氧五环等。七、八元环醚也能开环聚合，但研究得较少。六元环四氢吡喃和二氧六环都不能开环聚合。环醚的活性次序为：环氧乙烷＞丁氧环＞四氢呋喃＞七元环醚＞四氢吡喃（不能开环聚合）。

$$
\begin{array}{c}
\text{O—CH}_2 \\
| \quad\quad | \\
\text{H}_2\text{C—CH}_2
\end{array}
\qquad
\begin{array}{c}
\text{O—CH}_2 \\
| \quad\quad\quad | \\
\text{H}_2\text{C—C(CH}_2\text{Cl})_2
\end{array}
$$

丁氧环　　　　3,3-二（氯甲基）丁氧环　　　四氢呋喃　　二氧五环　　四氢吡喃　　二氧六环

8.5.2　丁氧环和四氢呋喃的阳离子开环聚合

1. 丁氧环（四元环醚）

在 0℃ 或较低温度下，丁氧环经路易斯酸引发，易开环聚合成聚（氧化三亚甲基）。但有应用价值的单体却是 3,3-二（氯甲基）丁氧环（俗称氯化聚醚），机械强度比氟树脂好，可用作工程塑料。

$$
\begin{array}{c}
\text{O—CH}_2 \\
| \quad\quad\quad | \\
\text{CH}_2\text{—C—CH}_2\text{Cl} \\
| \\
\text{CH}_2\text{Cl}
\end{array}
\xrightarrow{\text{BF}_3}
\left[\text{O—CH}_2\text{—}\underset{\underset{\text{CH}_2\text{Cl}}{|}}{\overset{\overset{\text{CH}_2\text{Cl}}{|}}{\text{C}}}\text{—CH}_2 \right]_n
$$

2. 四氢呋喃

四氢呋喃（tetrahydrofuran）为五元环，环张力较小，对引发剂选择和单体精制要求高。以五氟化磷为催化剂，相对分子质量 30×10^4 左右；以五氯化锑作催化剂，聚合速率和相对分子质量低得多。少量环氧乙烷可作四氢呋喃开环聚合促进剂。路易斯酸直接引发四氢呋喃开环速率较慢，但易引发高活性的环氧乙烷开环，形成氧鎓离子，氧鎓离子能加速，其开环聚合方式为

$$
\text{H}^+\text{A}^- + \text{H}_2\text{C} \underset{\text{O}}{\overset{\text{O}}{\diagdown\diagup}} \text{CH}_2 \longrightarrow \text{HO} \underset{\underset{\text{CH}_2}{\diagdown}}{\overset{\overset{\text{CH}_2}{\diagup}}{\text{A}}} \xrightarrow{\text{THF}} \text{HOCH}_2\text{CH}_2\text{—}\underset{\text{A}}{\overset{+}{\text{O}}} \xrightarrow{\text{THF}} \text{PTHF}
$$

8.6　羰基化合物和三氧六环的阳离子开环聚合

8.6.1　羰基化合物的阳离子聚合

羰基化合物中的羰基经极化后,有异裂倾向,适合离子聚合。

甲醛(formaldehyde)结构简单,既可阴离子聚合又可阳离子聚合,是这类化合物的代表。但其精制困难,往往先制成预聚物三聚甲醛,再开环聚合。

乙醛(aldehyde)以上的高级醛类,由于烷基位阻效应,聚合热降低,如乙醛聚合上限温度仅-31℃,产物相对分子质量很低,无实用价值。另外,甲基的诱导效应使羰基氧上电子云密度增加,降低活性种稳定性。乙醛以上的高级醛类均不能聚合。

丙酮(acetone)分子上两个甲基导致的位阻效应和诱导效应,使其不能聚合。

醛上氢被卤素原子取代,卤素的吸电子性使氧上的负电荷密度分散,活性种稳定,易被弱碱引发阴离子聚合,如三氯乙醛、三氟乙醛都易聚合。

8.6.2　三氧六环(三聚甲醛)的阳离子开环聚合

三氧六环是甲醛的三聚体,易受 $H^+(BF_3OH)^-$ 或 H^+A^- 引发进行阳离子聚合。

$$\xrightarrow{(CH_2O)_3} \sim\sim\sim(OCH_2)_3OCH_2OCH_2OCH_2\overset{+}{O} \cdots$$

$$\longrightarrow \sim\sim\sim(OCH_2)_3OCH_2OCH_2OCH_2^+ A^-$$

三聚甲醛开环聚合的聚合上限温度较低,存在聚甲醛-甲醛平衡现象,诱导期相当于产生平衡甲醛的时间,可通过添加适量甲醛消除诱导期,减少聚合时间。

$$\sim\sim\sim OCH_2OCH_2OCH_2^+ \rightleftharpoons \sim\sim\sim OCH_2OCH_2^+ + HCHO$$

聚合结束后,聚甲醛-甲醛平衡仍然存在,若条件改变打破平衡,使聚甲醛不断解聚,失去使用价值。

改进方法:聚合结束前加入酸酐类物质,使端羟基乙酰化,防止其从端基开始解聚,称为均聚甲醛。与少量二氧五环共聚,在主链中引入—CH_2CH_2O—链节,使聚甲醛降解至此,即停止,称为共聚甲醛。

$$\sim\sim\sim(CH_2O)_nCH_2OH \xrightarrow{(RCO)_2O} RCOO(CH_2O)_nCH_2OCOR$$

$$\sim\sim\sim(CH_2O)_n—CH_2CH_2O \!\mid\! CH_2O—CH_2OH$$

8.7　己内酰胺的阴离子开环聚合

8.7.1　概述

己内酰胺是七元杂环,有开环聚合的倾向。最终产物中线形聚合物与环状单体并存,构成平衡,其中环状单体占 8%~10%。

己内酰胺可用酸、碱或水引发开环聚合。阳离子聚合引发时,转化率和相对分子质量都不高,无实用价值。

工业上主要采用两种引发剂:水,合成尼龙-6 纤维,属逐步聚合机理;碱金属或其衍生物,属阴离子开环聚合机理,引发后的预聚物直接浇铸入模内制成铸件,故称为铸型尼龙。

8.7.2　己内酰胺的阴离子开环聚合的机理

首先,己内酰胺与碱金属或其衍生物反应,形成己内酰胺阴离子活性种(Ⅰ)。该反应为平衡反应,须真空除去副产物 BH,使平衡向右移动。

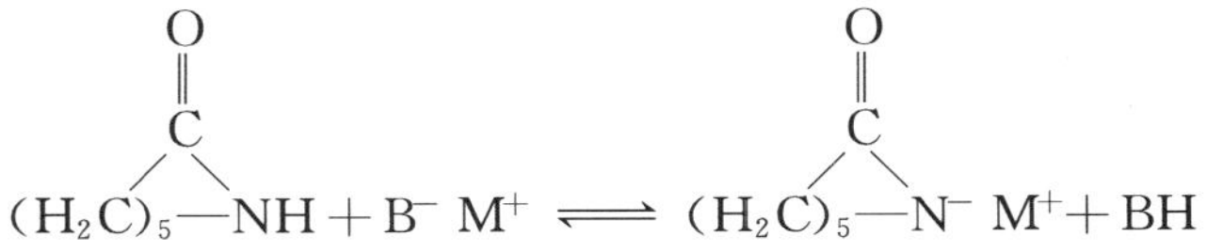

（Ⅰ）

己内酰胺阴离子与单体反应开环,生成活泼的胺阴离子(Ⅱ)。

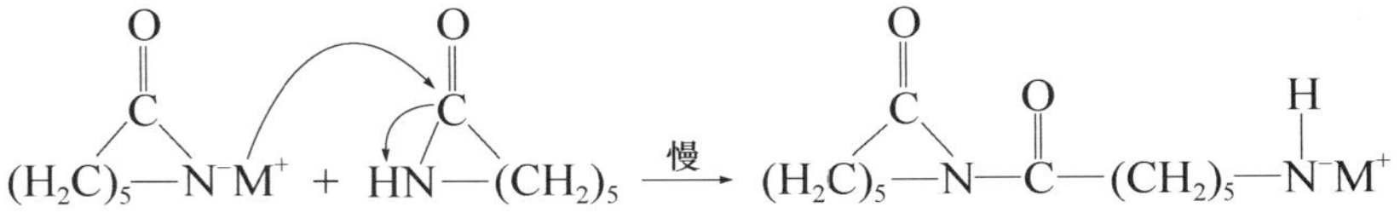

（Ⅰ）　　　　　　　　　　　　　（Ⅱ）二聚体胺阴离子

二聚体胺阴离子(Ⅱ)无共轭作用,较活泼,很快夺取另一单体己内酰胺分子上的一质子,生成二聚体,同时再生成己内酰胺阴离子。

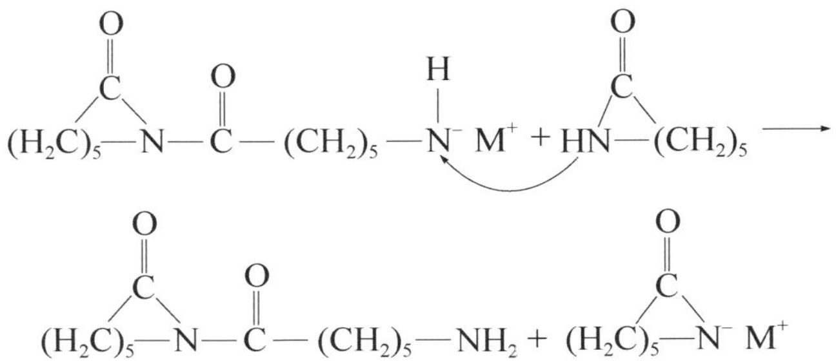

（Ⅰ）

增长反应首先是活性较高的 *N*-酰化己内酰胺与己内酰胺阴离子反应,使 *N*-酰化己内酰胺开环。反应产物很快再与单体发生质子交换反应,再生成己内酰胺阴离子(Ⅰ)。

$$(H_2C)_5-N-C-(CH_2)_5-N^-HM^+ \quad + \quad (H_2C)_5-NH \quad \underset{快}{\rightleftharpoons}$$
（Ⅱ）

$$(H_2C)_5-N-C-(CH_2)_5-NH_2 \quad + \quad (H_2C)_5-N^-M^+ \quad \longrightarrow$$
（Ⅲ）

$$(H_2C)_5-N-C-(CH_2)_5-\overset{M^+}{N}-C-(CH_2)_5NH\cdots \quad \xrightarrow{己内酰胺}$$
（Ⅳ）

$$(H_2C)_5-N-C-(CH_2)_5-\overset{H}{N}-C-(CH_2)_5-NH\cdots \quad + \quad (H_2C)_5-N^- M^+$$
（Ⅰ）

己内酰胺阴离子聚合的特点:活性中心不是自由基、阴离子或阳离子,而是酰化的环酰胺键;不是单体加成到活性链上,而是单体阴离子加成到活性链上。己内酰胺的开环聚合速率与单体浓度无关,而与活化单体(己内酰胺阴离子)浓度有关,即与引发剂碱性物质浓度有关。酰化的己内酰胺较活泼,为活性中心,可采用酰氯、酸酐、异氰酸酯等酰化剂与单体反应,使己内酰胺先形成 *N*-酰化己内酰胺,消除诱导期,加速反应,缩短聚合周期。

8.8 聚 硅 氧 烷

聚硅氧烷属半无机高分子,具有耐高温、耐化学品的特点,主要产品有硅油、硅橡胶和硅树脂。原料是氯硅烷,如二甲基二氯硅烷。

$$Cl-\underset{CH_3}{\overset{CH_3}{Si}}-Cl \quad \xrightarrow{H_2O,\,-HCl} \quad \left[HO-\underset{CH_3}{\overset{CH_3}{Si}}-OH \right] \quad \xrightarrow{-H_2O}$$

$$\begin{array}{c} H_3C-\underset{O}{\overset{CH_3}{Si}}-O-\underset{O}{\overset{CH_3}{Si}}-CH_3 \\ | \quad\quad\quad | \\ H_3C-\underset{CH_3}{\overset{|}{Si}}-O-\underset{CH_3}{\overset{|}{Si}}-CH_3 \end{array}$$

$$\xrightarrow{\text{碱或酸}} \left. \begin{array}{c} CH_3 \\ | \\ \!\!-\!\!\!-\!O\!\!-\!\!Si\!\!-\!\! \\ | \\ CH_3 \end{array} \right]_n$$

氯硅烷水解速率很快,生成的中间产物硅醇难以分离。碱性条件下水解有利于形成相对分子质量较高的线形聚合物;酸性条件下水解有利于形成环状或低相对分子质量线形聚合物。

酸性条件下水解形成的环状硅氧烷一般为八元环(八甲基环四硅氧烷,D4)或六元环(六甲基环三硅氧烷,D3),再经过阳离子或阴离子开环聚合,可得到超高相对分子质量的聚硅氧烷,用作硅橡胶。

$$n\text{SiR}_2\!\!-\!\!(\text{OSiR}_2)_3\!\!-\!\!O \longrightarrow \left. \begin{array}{c} R \\ | \\ \!\!-\!\!Si\!\!-\!\! \\ | \\ R \end{array} \right]_{4n}$$

碱金属的氢氧化物是环硅氧烷开环聚合常用的阴离子引发剂,可使硅氧键断裂,形成硅氧阴离子活性种,环状单体插入硅氧阴离子键而增长。强质子酸或路易斯酸也可使环硅氧烷开环聚合,活性种是硅阳离子,环状单体插入硅阳离子键而增长;也可能先形成氧鎓离子,而后重排成硅阳离子。

$$RO^-K^+ + SiR_2(OSiR_2)_3O \longrightarrow RO(SiR_2O)_3SiR_2O^-K^+$$

$$\sim\!\!\sim\!\!\sim SiR_2O^-\ K^+ + SiR_2(OSiR_2)_3O \longrightarrow \sim\!\!\sim\!\!\sim(SiR_2O)_4SiR_2O^-K^+$$

8.9　聚磷氮烯

聚磷氮烯又称聚磷腈,主链由 P、N 交替而成,磷原子上有两个侧基,相对分子质量很大。

$$\left. \begin{array}{c} R \\ | \\ \!\!-\!\!N\!\!=\!\!P\!\!-\!\! \\ | \\ R \end{array} \right]_n \qquad \left. \begin{array}{c} CH_3 \\ | \\ \!\!-\!\!O\!\!-\!\!Si\!\!-\!\! \\ | \\ CH_3 \end{array} \right]_n$$

聚磷氮烯的分子结构与聚硅氧烷类似,氮原子上留有一对孤电子对,可供其他分子配位。氮 p 轨道上的其他电子则与磷 d 轨道上的电子构成 π 键,P═N 键能很大,因而稳定。氮磷键角大,又无侧基,主链内旋自由度很大,因此玻璃化转变温度很低,柔性大,多数是弹性体。

8.10　聚氮化硫

聚氮化硫由八元环氮化硫(四聚体)经过多步复杂反应而成。

$$\text{（环状 S-N 结构）} \xrightarrow[\text{0.01Torr①}]{200\sim300℃} \text{（四元环 S-N 结构）} \xrightarrow{25℃} +S\!=\!N\frac{}{n}$$

典型例题

例 8-1 写出开环聚合反应简式、聚合机理，并写出环氧丙烷开环聚合的聚合反应简式。

答 开环聚合反应简式可表示如下：

$$n\ \boxed{\begin{matrix}R\\Z\end{matrix}} \longrightarrow +R\!-\!Z\frac{}{n}$$

在环状单体中，R 为烷基，Z 为杂原子 O、S、N、P、Si 或—CONH—、—COO—、—CH＝CH—基团等。

绝大多数环状单体的开环聚合是按离子聚合机理进行的，有少数环状单体的开环聚合是按水解聚合机理进行的。

环氧丙烷进行开环聚合的聚合反应简式为

$$n\mathrm{H_2C}\underset{}{\overset{}{-\!\!-\!\!-}}\mathrm{CH}\!-\!\mathrm{CH_3} \longrightarrow +\mathrm{CH_2}\!-\!\mathrm{CH}\!-\!\mathrm{O}\frac{}{n}$$
$$\underset{O}{} \qquad\qquad\qquad \underset{\mathrm{CH_3}}{}$$

例 8-2 简述环状单体的种类及其聚合能力。

答 环状单体的聚合能力与其结构有关。环烷烃的聚合能力较低，环烷烃中的碳原子被杂原子如 O、S、N 取代后，则这些杂环化合物的聚合能力变化大，它们在适当的引发剂作用下可形成高分子化合物。环中含一个杂原子的环状单体有环醚、环硫化合物和环亚胺等；含有两个杂原子的有环缩醛；含有一个杂原子和一个羰基的有环酯、环酰胺和环脲等。此外，还有含磷的环状化合物，如六氯环三聚磷腈；含硅的环状化合物，如 $1,1',3,3'$-四甲基-$1,3$-二硅环丁烷和 $2,2',4,4',6,6',8,8'$-八甲基-$2,4,6,8$-四硅氧杂环辛烷($D4$)。

例 8-3 试讨论环状单体环的大小与开环聚合反应倾向的关系。

答 环状单体能否转变为聚合物，取决于聚合过程中自由能的变化情况，与环状单体和线形聚合物的相对稳定性有关。以环烷烃为例，由液态的环烷烃转变为无定形的聚合物(C)：

$$n\ \boxed{(\mathrm{CH_2})_x} \longrightarrow +(\mathrm{CH_2})_x\frac{}{n}$$
$$（\mathrm{I}） \qquad\qquad\qquad (\mathrm{C})$$

聚合过程中的自由能变化：$\Delta G=\Delta H-T\Delta S\leqslant 0$。

---

① 1Torr＝1mmHg＝$1.333\,22\times10^2\mathrm{Pa}$。

除六元环外,其他环烷烃的 ΔG 均小于 0,开环聚合在热力学上是有利的。除六元环烷烃外,其他环烷烃的聚合可行性为:二元环、四元环>八元环>五元环、七元环。对于三元环、四元环来说,ΔH 是决定 ΔG 的主要因素,是开环聚合的主要推动力;而对于五元环、六元环和七元环来说,ΔH 和 ΔS 对 ΔG 的贡献都重要。随着环节数的增加,熵变对自由能变化的贡献增大,十二元环以上的环状单体,熵变是开环聚合的主要推动力。

以上仅是通过热力学分析的结果,事实上环烷烃的开环聚合通常难于进行,主要是因为环烷烃的结构中不存在容易被引发物种进攻的键,这是动力学原因。其他的环状单体如内酰胺、内酯、环醚等杂环单体与环烷烃不同,由于杂原子的存在提供了可接受引发物种亲核或亲电进攻的部位,从而能够进行开环聚合。

例 8-4　什么是开环聚合? 以氢氧化钠为引发剂、水为链终止剂,写出环氧乙烷开环聚合合成端羟基聚氧化乙烯基醚有关的化学反应方程式。

答　开链聚合是指具有环状结构的单体经引发聚合,将环打开形成高分子化合物的一类聚合反应。

合成端羟基聚氧化乙烯基醚有关的化学反应方程式:

$$CH_2\text{—}CH_2 + NaOH \longrightarrow HOCH_2CH_2O^{-\,+}Na$$
$$\underset{O}{}$$

$$HOCH_2CH_2O^{-\,+}Na + nCH_2\text{—}CH_2 \longrightarrow H\text{[}OCH_2CH_2\text{]}_n OCH_2CH_2O^{-\,+}Na$$
$$\underset{O}{}$$

$$H\text{[}OCH_2CH_2\text{]}_n OCH_2CH_2O^{-\,+}Na + H_2O \longrightarrow H\text{[}OCH_2CH_2\text{]}_{n+1}OH + NaOH$$

例 8-5　写出五节环醚——四氢呋喃的开环聚合有关聚合反应方程式。

答　四氢呋喃(THF)为五节环醚。五节环醚的开链聚合都是按照阳离子机理进行的。除直接加入引发剂外,THF 还可以发生电解开环聚合。电解开环聚合是在电解中形成阳离子引发 THF 的聚合过程,在所有温度下,THF 的开环聚合都为平衡聚合反应。选择适宜的引发剂可进行活性聚合,形成活性聚合物。

THF 阳离子开环聚合的引发剂较多,主要有质子酸、路易斯酸、三苯甲烷碳阳离子和氧离子等。

用质子酸(如 H_2SO_4、$HClO_4$ 和 FSO_3H 等)引发 THF 聚合,一般所得的聚合物相对分子质量不太高。质子酸的引发反应是首先质子酸与单体形成氢键配合物,然后转变为仲离子,仲离子再与单体反应进行链增长:

$$HX + O\!\!\!\square \longrightarrow HO\overset{+}{\underset{-}{\square}}{}^{X}\ (仲离子)$$

$$HO\overset{+}{\underset{-}{\square}}{}^{X} + nO\!\!\!\square \longrightarrow H\text{[}O(CH_2)_4\text{]}_{n-1}OCH_2CH_2CH_2CH_2O\overset{+}{\underset{-}{\square}}{}^{X}$$

THF 经链引发、链增长形成仲离子活性增长链,用 H_2O 作终止剂,使链末端为羟基,形成端羟基聚四氢呋喃,其为聚醚型聚氨酯的原料:

$$H \overline{\left[O(CH_2)_4 \right]}_{n-1} OCH_2CH_2CH_2CH_2 - O \underset{X}{\overset{+}{\diagdown}} \xrightarrow[\text{H}_2\text{O}]{\text{NaOH}}$$

$$HOH_2CH_2CH_2CH_2C \overline{\left[O(CH_2)_4 \right]}_{n-1} OCH_2CH_2CH_2CH_2OH + NaX$$

例 8-6 简述环缩醛开环聚合机理,并写出环缩醛 1,3-二氧五环聚合反应简式。

答 大环中含有—CH₂O—基团的环状化合物称为环缩醛。这类单体中最小的环为五节环,即 1,3-二氧五环,它是研究得最多的一种单体,它的聚合相当于氧亚甲基和氧乙烯基的交替共聚。近年来,对大环缩醛和二环缩醛的研究也有很多报道。

环缩醛只能发生阳离子开环聚合,聚合机理与单体引发剂的种类以及聚合条件有关。对二氧五环的聚合机理已进行了长期的研究,但还未得到完全统一的认识。环缩醛 1,3-二氧五环的开环聚合反应简式可表示为

$$n \left[\begin{matrix} CH_2 \\ CH_2O{-}CH_2O \end{matrix} \right] \longrightarrow \overline{\left[CH_2{-}CH_2O{-}CH_2O \right]}_n$$

例 8-7 选择匹配的单体和引发体系。单体:氧化丙烯、ε-吡啶烷酮(ε-己内酰胺)、δ-戊内酰胺、乙烯亚胺、八甲基环四硅氧烷、硫化丙烯、三氧六环、氧杂环丁烷。引发体系:$n\text{-}C_4H_9Li$、$BF_3 + H_2O$、H_2SO_4、$NaOC_2H_5$、H_2O。

答 (1) $n\text{-}C_4H_9Li$ 能引发氧化丙烯、δ-戊内酰胺、八甲基环四硅氧烷、硫化丙烯、三氧六环等进行阴离子开环聚合。

(2) 能够以 $BF_3 + H_2O$ 和 H_2SO_4 引发聚合的单体为氧化丙烯、ε-吡啶烷酮(ε-己内酰胺)、δ-戊内酰胺、乙烯亚胺、八甲基环四硅氧烷、硫化丙烯、三氧六环、氧杂环丁烷。

(3) 能够以 $NaOC_2H_5$ 引发聚合的单体为氧化丙烯、八甲基环四硅氧烷、硫化丙烯、三氧六环等。

(4) H_2O 能引发 ε-吡啶烷酮(ε-己内酰胺)、δ-戊内酰胺聚合。以 ε-己内酰胺为例,主要存在三种反应:

a. 内酰胺的水解反应,形成氨基酸。

b. 氨基酸本身的缩聚反应。

c. 氨基对内酰胺的亲核进攻,引发的开环聚合反应。

例 8-8 指出下列化合物各进行什么类型的聚合反应。

(1) 四氢呋喃　　　　　　　(2) 2-甲基四氢呋喃

(3) 1,4-二氧六环　　　　　(4) 三氧六环

(5) γ-丁内酯　　　　　　　(6) 环氧乙烷

(7) 三氧六烷

答 (1) 四氢呋喃:可进行阳离子聚合。

(2) 2-甲基四氢呋喃:不能聚合。

(3) 1,4-二氧六环:不能聚合。

(4) 三氧六环:可进行阳离子聚合。

(5) γ-丁内酯:不能聚合。

(6) 环氧乙烷:可进行阴、阳离子及配位离子聚合。

(7) 三氧六烷:可进行阳离子聚合。

例 8-9 写出三聚甲醛以 BF_3 为引发剂,阳离子开环聚合有关聚合反应方程式。

答 三聚甲醛在工业上主要用来生产聚甲醛。

甲醛加成聚合和三聚甲醛开环聚合均可形成高相对分子质量的聚甲醛。三聚甲醛在升华时发生聚合,这是由微量甲酸杂质的存在引起的。

能释出质子的化合物以及缺电子的化合物或称亲电试剂都能引发三聚甲醛迅速聚合。

能释出质子的引发剂有 H_3PO_4、H_2SO_4、$HClO_4$ 和 RSO_3H 等。作为引发剂的亲电试剂有 BF_3 及其配合物、$SnCl_4$、$FeCl_3$、$TiCl_4$、PCl_5 和 PCl_3 等。上述引发剂中比较好的是三氟化硼配合物,特别是三氟化硼-乙醚配合物或三氟化硼-丁醚配合物,不仅其活性高,而且易从聚合物中除去。BF_3 和甲醛形成配合物,配合物开环后产生碳阳离子,碳阳离子为聚合反应的活性中心。碳阳离子进攻单体的氧原子形成离子,离子开环后又生成碳阳离子,如此反复进行链增长,其聚合的全过程表示为

例 8-10 简述三聚甲醛共聚的方法和意义。

答 三聚甲醛经阳离子开环聚合所得到的聚甲醛,其链末端为半缩醛结构,它热稳定性差,易发生分解而放出甲醛,致使这类聚合物失去其实用价值,即

$$\text{~~~~OCH}_2\text{OCH}_2\text{OCH}_2\text{OH} \longrightarrow \text{~~~~OCH}_2\text{OCH}_2\text{OH} + \text{CH}_2\text{O}$$

为了提高聚甲醛的热稳定性,工业上采用酯化或共聚的方法进行改进。酯化的方法通常是在聚合体系中加入酸酐等一类物质,将活泼的半缩醛基转为不活泼的酯基,这样即使在 T_c 温度以上也不会发生解聚,即

$$\text{~~~~OCH}_2\text{OCH}_2\text{OCH}_2\text{OH} + \text{RCOOOCR} \longrightarrow$$
$$\text{~~~~OCH}_2\text{OCH}_2\text{OCH}_2\text{OOCR} + \text{RCOOH}$$

另一种方法是将三聚甲醛和二氧五环或环氧乙烷共聚,在共聚物中引入热稳定性较好的 $-\text{OCH}_2\text{CH}_2-$ 基团,可阻止聚合物链进一步分解,即

在聚甲醛中含有百分之几的—OCH_2CH_2—结构单元即可以达到热稳定的目的。另外，—OCH_2CH_2—结构单元在共聚物中的分布对聚甲醛的热稳定性有较大的影响，共聚物不仅提高了热稳定性，同时改善了成型加工性能。

测试题

一、名词解释

1. 开环聚合　　　2. 环醚　　　3. 环氧化合物
4. 环缩醛　　　5. 内酯　　　6. 内酰胺

二、填空题

1. 制备聚甲醛往往将甲醛首先制备成三聚甲醛，这是因为（　　）。

2. 三氯乙醛的聚合上限温度是 $-31℃$，要得到高相对分子质量的聚三氯乙醛，反应温度应该（　　）（提高或降低）。

3. 从热力学角度看，三、四元环状单体聚合的主要推动力是（　　），而十二元以上环状单体的聚合能力比环烷烃的聚合能力（　　）（大或小）；从动力学角度看，杂环单体的聚合能力比环烷烃的聚合能力（　　）（大或小）。

4. 开环聚合的机理，大部分属于（　　）机理，小部分属于（　　）机理，己内酰胺以水作引发剂制备尼龙-6 的开环聚合机理是（　　）。

5. 环状单体能否发生开环聚合取决于（　　）和（　　）因素，主要是（　　）因素，包括（　　）、（　　）、（　　）、（　　）等。

6. 环烷烃在热力学上的开环容易程度为 3，4（　　）8（　　）7，5（大于或小于）。

7. 环上的取代基对于开环聚合会带来（　　）的影响。例如，四氢呋喃（　　）聚合而 2-甲基四氢呋喃（　　）聚合。

8. 杂环中杂原子的存在（　　）开环聚合，是因为（　　）。

9. 开环聚合按照单体和聚合物结构可大致分为三种类型，一种是线形聚合物的重复单元和单体开裂时的结构相同，一种是（　　），一种是（　　）。

10. 目前工业上高相对分子质量的环氧乙烷、环氧丙烷的聚合物是采用（　　）得到的。

11. 工业上用发烟硫酸和乙酸酐-过氯酸来引发四氢呋喃聚合，由于活性中心是（　　），活性比（　　）低，聚合速率（　　），因此只能得到相对分子质量 1000～2000 的端羟基聚醚。

12. 氯化聚醚是单体（　　）通过阳离子开环聚合而成，是一种优良的工程塑料。

13. 采用配位聚合制备的环氧氯丙烷的均聚物以及环氧乙烷的共聚物是（　　），具有良好的耐油性和耐热性。

14. 三聚甲醛和二氧五环或环氧乙烷共聚，可以防止（　　），这是因为在共聚物中引入（　　），另外还可以起到改善（　　）性能的作用。这样的聚甲醛俗称（　　）。

15. 环酰胺可发生阴、阳离子开环聚合以及（　　）。

16. 浇铸尼龙是在（　　）存在下，环酰胺可以形成（　　），并且能很快聚合，生成

相对分子质量高达 10^5 以上的聚合物。

三、简答题

 1. 简述开环聚合反应的特征。

 2. 用氢氧根离子或烷氧基负离子引发环氧化物的聚合反应常在醇的存在下进行，为什么？醇是如何影响相对分子质量的？

 3. 什么是环醚？写出环醚的主要品种，并说明其最佳的机理聚合。

 4. 为什么乙醛的聚合能力不如甲醛？

 5. 为什么三元环醚工业上采用配位阴离子聚合，而四、五元环醚一般采用阳离子聚合？

测试题参考答案

一、名词解释

 1. 具有环状结构的单体经引发聚合后将环打开形成高分子化合物的一类聚合反应。

 2. 环中含有—O—的环状化合物称为环醚。

 3. 三节环醚又称环氧化合物或氧化物，如环氧乙烷又称氧化乙烯，环氧丙烷又称氧化丙烯。

 4. 在环中含有—CH_2O—基团的环状化合物。

 5. 环中含有酯基—COO—的环状化合物称为内酯或环酯。

 6. 环中含有酰胺基—CONH—的环状化合物称为内酰胺或环酰胺。

二、填空题

 1. （甲醛精制困难）

 2. （降低）

 3. （聚合自由焓、聚合热）、（小）、（大）

 4. （连锁聚合）、（逐步聚合）、（逐步聚合）

 5. （热力学）、（动力学）、（热力学）、（环和线性结构的相对稳定性）、（环的大小）、（构成环的元素）、（环上的取代基）

 6. （大于）、（大于）

 7. （不利）、（能）、（不能）

 8. （有利于）、（提供了引发剂亲核或亲电进攻的位置）

 9. （开环消去聚合）、（开环异构化聚合）

 10. （配位聚合）

 11. （氧鎓离子）、（碳阳离子）、（慢）

 12. ［3,3-二(氯甲基)丁氧环]

 13. （弹性体）

 14. （解聚）、（热稳定性好的—OCH_2CH_2—基团）、（成型加工）、（共聚甲醛）

 15. （水解聚合）

 16. （强碱）、（阴离子）

三、简答题

 1. 开环聚合既不同于连锁聚合，也不同于逐步聚合。其特征如下：

 (1) 聚合过程中只发生环的破裂，基团或杂原子由分子内连接变为分子间连接，并没有新的化学键和新的基团产生。

（2）与连锁聚合比较：连锁聚合的推动力是化学键键型的改变，虽然大多数环状单体是按离子型聚合机理进行的，但开环聚合的推动力是单体的环张力，这一点与连锁聚合不同；开环聚合所得的聚合物，其结构单元的化学组成与单体的化学组成完全相同，这一点与连锁聚合相同。

（3）与逐步聚合反应比较：开环聚合虽然也是制备杂链聚合物的一种方法，但聚合过程中并无小分子缩出；开环聚合的推动力是单体的环张力，聚合条件比较温和，而逐步聚合的推动力是官能团性质的改变，聚合条件比较苛刻。所以，用缩聚难以合成的聚合物，用开环聚合较易合成，开环聚合所得的聚合物中，其基团是单体分子中所固有的，而逐步聚合所得的聚合物中，其基团是在聚合反应中，单体分子间官能团的相互作用而形成的；除此之外，开环聚合可自动保持着官能团等物质的量，容易制得高相对分子质量的聚合物，而缩聚反应只有在两种单体的官能团等物质的量时才能制得高相对分子质量的聚合物；开环聚合所得的聚合物的相对分子质量随时间的延长而增加，与逐步聚合反应相同。

2. 许多环氧化物的开环聚合，如醇盐或氢氧化物等引发的聚合，是在醇（常采用醇盐相应的醇）的存在下进行的。醇可以溶解引发剂，形成均相体系，同时能明显地提高聚合反应的速率。这可能是醇增加了自由离子的浓度，同时将紧密离子对变为松散离子对的缘故。

在醇存在下，增长链与醇之间可发生交换反应生成聚合醇，新生成的聚合醇也会与增长链发生类似交换反应，这些交换反应可引起相对分子质量的降低及相对分子质量分布的变宽。

3. 环中还有醚键—O—的环状化合物称为环醚。三节环醚又称环氧化合物或氧化烯，如环氧乙烷又称氧化乙烯，环氧丙烷又称氧化丙烯。

开环聚合中，对环醚的研究比较详细，尤其是对三节和五节环醚研究的最多。按环的大小，环醚单体主要有下列几种：环氧乙烷、环氧丙烷、氧杂环丁烷、3,3-二（氯甲基）氧杂环丁烷、氧杂环庚烷、氧杂环辛烷和四氢呋喃等。环氧化合物按引发剂不同可发生阳离子开环聚合、阴离子开环聚合和配位聚合，用配位聚合可得到结晶的高相对分子质量的聚合物。

4. 乙醛中的甲基有位阻效应，聚合热低，仅29kJ/mol，聚合上限温度也低，甲基还有诱导效应，使得羰基上氧的电荷密度增加，也不利于聚合。

5. 含氧杂环都可以采用阳离子引发剂来开环聚合，但是三元环醚环张力大，因此也可以通过阴离子引发剂来开环聚合，由于阳离子开环聚合容易引起链转移等副反应，因此能用阴离子引发聚合的，工业上都不会采用阳离子聚合。所以工业上三元环醚采用阴离子聚合。而配位阴离子聚合中，单体配位于具有空配位位置的金属原子上，除了提高单体的活性之外，还可以控制增长链的立体规整性，因此要得到高相对分子质量和高度立体规整的环醚聚合物，宜采用配位阴离子聚合。

四、五元环醚环张力小，阴离子不足以进攻极性较弱的碳原子，多采用阳离子进攻极性较强的氧原子，所以一般采用阳离子聚合。

第 9 章　聚合物的化学反应

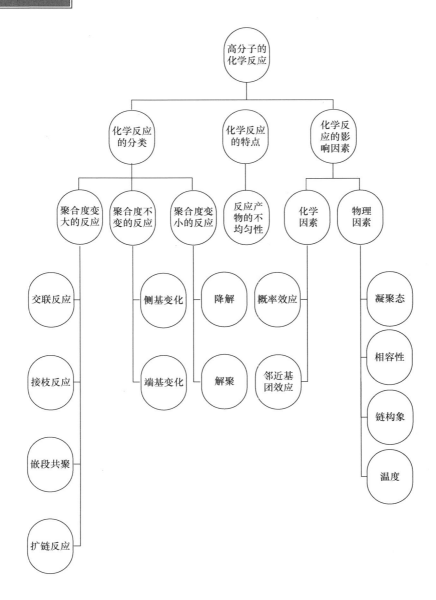

9.1　引　　言

高分子的化学反应：聚合物分子链上或分子链间官能团相互转化的化学反应过程。

研究高分子化学反应的意义：①扩大高分子的品种和应用范围，且通过聚合物化学改性合成具有特殊功能的高分子；②在理论上研究和验证高分子的结构；③研究影响老化的因素和性能变化之间的关系；④研究高分子的降解，有利于废聚合物的处理和利用。

高分子化学反应的分类：①聚合度不变的反应（聚合物基团反应），即聚合度及总体结构基本不变的反应，只是侧基和端基变化，也称相似转变，许多功能高分子也可归属基团反应；②聚合度变大的反应，如交联、接枝、嵌段、扩链等；③聚合度变小的反应，如降解、解聚。

9.2　聚合物化学反应的特征

高分子基团可以发生各种化学反应，基团间反应后，引入基团或转变成另一基团，形成新的聚合物或其衍生物。

9.2.1　大分子基团的活性

参加化学反应的主体是大分子的某部分（如侧基或端基），而非整个分子，一个高分子链上含有未反应和反应后的多种不同基团，类似共聚产物。

反应不能用小分子的"产率"一词来描述，只能用基团转化率来表征，即指起始基团生成各种基团的百分数。基团转化率不能达到百分之百，是由高分子反应的不均匀性和复杂性造成的。

9.2.2　物理因素对基团活性的影响

1. 凝聚态的影响

（1）晶态高分子：

a. 低分子很难扩散入晶区，晶区不能反应。

b. 高分子基团反应通常仅限于非晶区。

（2）无定形高分子：

a. 玻璃态：链段运动冻结，难以反应。

b. 高弹态：链段活动增大，反应加快。

c. 黏流态：可顺利进行。

即使均相反应，高分子的溶解情况发生变化时，反应速率也会发生相应变化。

（3）轻度交联的聚合物：须适当溶剂溶胀，才易进行反应。例如，苯乙烯-二乙烯基苯共聚物，用二氯乙烷溶胀后才易磺化。

2. 相容性的影响

聚合物化学反应中涉及的相容性包括两个方面：一是参加反应的聚合物与生成的组成和结构已经发生改变的聚合物之间的相容性；二是参加反应的聚合物和生成的聚合物分别与溶剂之间的相容性。一般来说，化学组成和结构比较接近的聚合物之间的相容性较好；极性接近的聚合物之间的相容性较好；与合成聚合物的单体具有比较接近的溶度参数的溶剂与该聚合物的相容性较好。

一般相容性好对反应有利。但若沉淀的聚合物对反应试剂有吸附作用，则会使聚合物上的反应试剂浓度增大，从而使反应速率增大。

3. 链构象的影响

高分子链在溶液中可呈螺旋形或无规线团状态。溶剂改变，链构象也改变，基团的反应性会发生明显的变化。

4. 温度的影响

一般温度升高有利于反应速率的提高，但温度太高可能导致不期望发生的氧化、裂解等副反应。

9.2.3　化学因素对基团活性的影响

1. 概率效应

高分子链上的相邻侧基团进行无规成对反应时，中间往往留有孤立基团，最高转化率受到概率的限制，称为概率效应。例如，PVC 与锌粉共热脱氯，按概率计算只能达到 86.5%，与实验结果相符。

2. 邻近基团效应

高分子链上的原有基团及反应后形成的新基团的位阻效应及电子效应都可改变邻近基团活性，称为邻近基团效应。

（1）邻近基团位阻的影响：当聚合物分子链上参加的化学反应邻近体积较大的基团时，往往会由于位阻效应，低分子反应物难以接近化学活性部位从而无法继续进行反应。

（2）邻近基团的静电效应：当聚合物化学反应涉及酸碱催化过程，或者有离子态反应物参与反应，或者有离子态基团生成时，在化学反应进行到后期，未反应基团的进一步反应往往会受到邻近带电基团的静电作用而改变速率。凡有利于形成五元或六元环状中间体的，邻近基团都有加速作用；如果化学试剂与反应后的基团所带电荷相同，则静电相斥，使反应速率降低，基团的转化程度也低于 100%。

（3）凡有利于形成五元或六元环中间体，邻近基团都有加速作用。

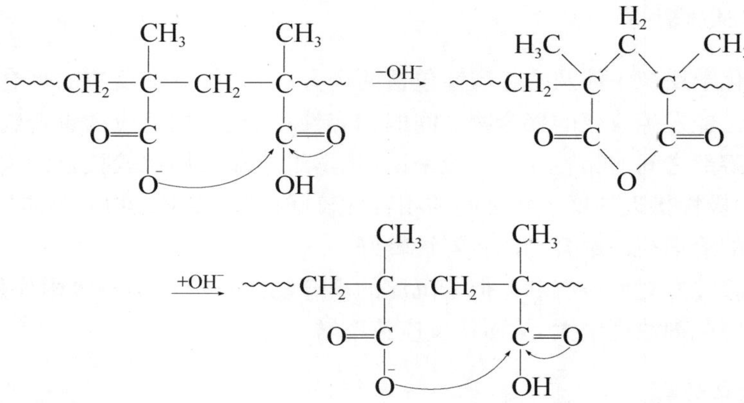

（4）构型的影响：邻基效应还与高分子的构型有关，在具有不同立构异构体的聚合物参加反应中，反应速率并不相同。例如，全同 PMMA 比无规、间同水解快，因为全同结构的基团位置易于形成环酐中间体。

（5）基团的隔离作用（孤立化、概率效应）：在聚合物化学反应中，如果参加反应的聚合物官能团是两个或两个以上，当反应进行到后期时，一个官能团的周围可能已经没有能够与之协同反应的第二个官能团，则这个官能团就好像被"隔离"或"孤立"起来而无法继续进行反应，从而使最高转化程度受到限制。

9.3 聚合物的基团反应

9.3.1 聚二烯烃的加成反应

二烯类橡胶分子中含有双键，也可以进行加成反应，如加氢、氯化和氢氯化，从而引入新的原子或基团。

1. 加氢反应

顺丁橡胶、天然橡胶、丁苯橡胶、SBS 等大分子链中留有双键，易氧化和老化，但经加氢成饱和橡胶，玻璃化转变温度和结晶度均有改变，可提高耐候性，部分氢化的橡胶可作电缆涂层。

加氢的关键是寻找加氢催化剂（镍或贵金属类），并关注与氢扩散传递相关的化工问题，因为气体扩散成为控制步骤。

$$\sim\sim\sim CH_2CH = CHCH_2 \sim\sim\sim + H_2 \longrightarrow \sim\sim\sim CH_2CH_2 - CH_2CH_2 \sim\sim\sim$$

2. 氯化和氢氯化

天然橡胶的氯化可在四氯化碳或氯仿溶液中于 80～100℃ 下进行，产物氯含量可高达 65%，除在双键上加成外，还可能在烯丙基位置取代和环化，甚至交联。

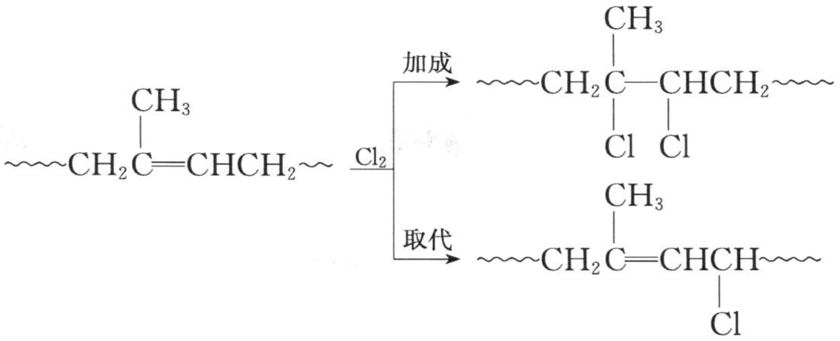

氯化橡胶不透水,耐无机酸、碱和大部分化学品,可用作防腐蚀涂料和胶黏剂,如混凝土涂层。

9.3.2 聚烯烃和聚氯乙烯的氯化

1. 聚乙烯的氯化和氯磺化

在适当温度下或经紫外光照射,聚乙烯(PE)容易被氯化,形成氯化聚乙烯(CPE),释放出 HCl。总反应式:

$$\sim\sim CH_2—CH_2\sim\sim \ +Cl_2 \longrightarrow \ \sim\sim CH_2—CHCl\sim\sim \ +HCl$$

氯化反应属自由基连锁机理。氯气吸收光量子后,均裂成氯自由基。氯自由基向聚乙烯转移成链自由基和氯化氢。链自由基与氯反应,形成氯化聚乙烯和氯自由基。

高相对分子质量聚乙烯氯化后可形成韧性弹性体,低相对分子质量聚乙烯的氯化产物易加工。含 30%～40%(质量分数)氯的氯化聚乙烯为弹性体,阻燃,可作聚氯乙烯(PVC)抗冲改性剂。

聚乙烯还可以进行氯磺化。聚乙烯的四氯化碳悬浮液与氯、二氧化硫的吡啶溶液进行反应,则形成氯磺化聚乙烯。

氯磺化聚乙烯是弹性体,−50℃时仍保持有柔性。氯磺化聚乙烯耐化学药品、耐氧化,在较高温度下仍能保持较好的机械强度,可用作特殊场合的填料和软管,也可用作涂层。

2. 聚丙烯的氯化

聚丙烯(PP)含叔氢原子,更易被氯原子取代。氯化后结晶度降低,并降解,力学性能变差。但氯原子的引入增加了极性和黏结力,可用作聚丙烯的附着力促进剂。

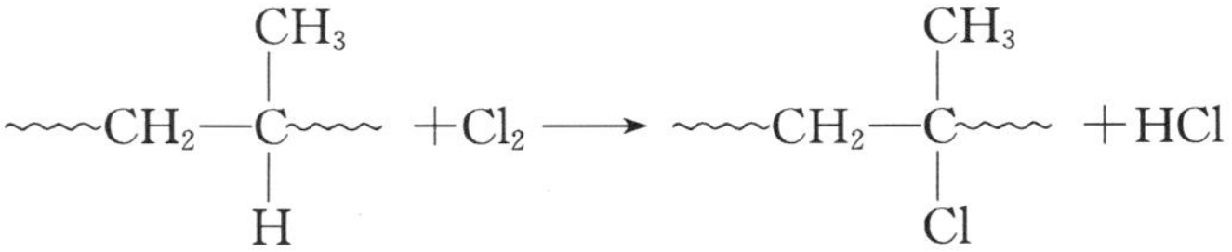

常用的氯化聚丙烯(CPP)含有 30%～40%(质量分数)氯,软化点为 60～90℃,能溶于弱极性溶剂(如氯仿),不溶于强极性的甲醇和非极性的正己烷。

3. 聚氯乙烯的氯化

聚氯乙烯的氯化可以水作介质在悬浮状态下于 50℃进行,亚甲基氢被取代。

$$\sim\sim\sim CH_2CH\sim\sim\sim + Cl_2 \longrightarrow \sim\sim\sim CHCH\sim\sim\sim + HCl$$
$$\qquad\qquad | \qquad\qquad\qquad\qquad\qquad | \quad |$$
$$\qquad\qquad Cl \qquad\qquad\qquad\qquad\qquad Cl \quad Cl$$

聚氯乙烯是通用塑料,但其热变形温度低(约 80℃)。经氯化,氯含量从原来的 56.8%提高到 62%~68%,耐热性可提高 10~40℃,溶解性、耐候性、耐腐蚀性、阻燃性等性能也相应改善,因此氯化聚氯乙烯(CPVC)可用于热水管、涂料、化工设备等方面。

9.3.3　聚乙酸乙烯酯的醇解

聚乙烯醇只能从聚乙酸乙烯酯的水解得到。

$$\sim\sim\sim CH_2—CH\sim\sim\sim + CH_3OH \xrightarrow{NaOH} \sim\sim\sim CH_2—CH\sim\sim\sim + CH_3COOCH_3$$
$$\qquad\qquad\quad | \qquad\qquad\qquad\qquad\qquad\qquad\qquad\qquad\quad |$$
$$\qquad\qquad OCOCH_3 \qquad\qquad\qquad\qquad\qquad\qquad\qquad OH$$

聚乙烯醇缩醛化反应可得到重要的高分子产品,如缩甲醛、维尼纶、缩丁醛等可用作安全玻璃夹层的胶黏剂。

9.3.4　聚丙烯酸酯类的基团反应

与丙烯腈、丙烯酰胺的水解相似,聚丙烯酸甲酯、聚丙烯腈、聚丙烯酰胺经水解,最终均能形成聚丙烯酸。

聚丙烯酸或部分水解的聚丙烯酰胺可用作锅炉水的防垢和水处理的絮凝剂,水中有铝离子时,聚丙烯酸成絮状,与杂质一起沉降除去。

9.3.5　苯环侧基的取代反应

聚苯乙烯及其共聚物带有苯环侧基,苯环上的氢原子容易进行取代反应,几乎可进行芳烃的所有反应。

9.3.6　环化反应

有多种反应可在大分子链中引入环状结构,如聚氯乙烯与锌粉共热、聚乙烯醇缩醛等的环化。环的引入使聚合物刚性增加,耐热性提高。有些聚合物,如聚丙烯腈或黏胶纤维,经热解后还可能环化成梯形结构,甚至稠环结构,制备碳纤维。

9.3.7　纤维素的化学改性

纤维素是第一个进行化学改性的天然高分子。纤维素有许多重要衍生物,如黏胶纤维和铜氨纤维、硝化纤维素和醋酸纤维素等酯类,甲基纤维素和羟丙基纤维素等醚类。

(1)再生纤维素:黏胶纤维和铜氨纤维。

a. 黏胶纤维:纯净纤维素(α-纤维)在稀碱溶液中溶胀后溶解在二硫化碳中,生成纤维素的黄原酸盐溶液,该溶液纺丝后可得到黏胶纤维,也称人造纤维。

b. 铜氨纤维：利用纤维素能在铜氨溶液中溶解以及在酸中凝固的性质，也可以制备再生纤维素。铜氨法比较简单，但铜和氨的成本较高。

（2）纤维素的酯化。

a. 硝化纤维素：纯净纤维素在硝酸和硫酸的作用下可以得到硝化度不同（不同含氮量）的硝化纤维素，常用作火药、涂料、塑料和赛璐珞的原料。

b. 醋酸纤维素：在纤维素中加入冰醋酸或乙酸酐，在硫酸的催化下可以得到不同酯化度（如三醋酸纤维素、二醋酸纤维素）和不同用途的产品。

（3）纤维素的醚化。

纤维素醚类品种很多，如甲基纤维素、乙基纤维素、羟乙基纤维素、羟丙基纤维素、羟丙基甲基纤维素、羧甲基纤维素等。

制备纤维素醚类时，首先需要用碱液使纤维素溶胀，然后由碱纤维素与氯甲烷、氯乙烷等氯代烷（RCl）反应，就形成甲基纤维素或乙基纤维素。

9.4　反应功能高分子

9.4.1　概述

功能高分子按应用功能可分为以下几种：

（1）反应功能高分子，如高分子试剂、高分子药物、高分子催化剂等。

（2）分离功能高分子，如吸油树脂、吸水树脂、离子交换树脂、螯合树脂等。

（3）电功能高分子，如导电、光致导电、压电等高分子。

（4）光功能高分子，如光固化涂料、光致抗蚀剂、光致变色、光能转换等高分子。

（5）液晶高分子。

多数功能高分子由骨架和特殊基团组成，合成方法可分为以下几种。

（1）高分子功能化：在高分子骨架（母体）上键接功能基团。交联聚苯乙烯常选作母体，因为苯环容易接上各种基团。

（2）功能基团高分子化：主要由功能单体聚合而成，如丙烯酸聚合成聚丙烯酸。

反应功能高分子主要包括高分子试剂和高分子催化剂两大类。高分子药物可以归入高分子试剂，离子交换树脂兼有试剂和催化功能，固定化酶则类似于高分子催化剂。

9.4.2　高分子试剂

定义：键接有反应基团的高分子。

高分子试剂优点：不溶，稳定；对反应的选择性高；可就地再生重复使用；生成物容易分离提纯。

将药物共价结合或络合在聚合物上，或将带有药效基团的单体聚合，就成了高分子药物。在生物体内，基团通过体液水解或酶解，产生药效，具有长效和副作用小的优点。

缓释放或控制释放药剂：将低分子药物高分子化，处理方法有化学结合和物理隔离两类，物理隔离又有外包膜和微胶囊等方法。

9.4.3　高分子催化剂

高分子催化剂由高分子母体Ⓟ和催化基团 A 组成,催化基团不参与反应,只起催化作用;或参与反应后恢复原状。

$$Ⓟ—A+低分子反应物⟶Ⓟ—A+产物$$

制备方法:

(1) 化学结合法。将具有催化作用的基团以化学结合形式接到高分子上。

(2) 吸附法。利用正、负离子的吸附作用,将催化基团吸附在高分子载体上。

(3) 内包藏法。反应基团包在高分子载体内。

9.5　接 枝 共 聚

接枝反应:通过化学反应,在某一聚合物主链上接上结构、组成不同的支链。

接枝共聚物的性能取决于主、支链的组成结构和长度及支链数。

接枝方法大致分为两类:聚合法和偶联法(coupling)。

按接枝点产生方式,分成长出支链(graft from)、嫁接支链(graft onto)、大单体共聚接枝(graft through)三大类。

9.5.1　长出支链

1. 乙烯基聚合物的接枝

根据链转移原理,可在某聚合物的主链上接上另一单体单元的支链,形成接枝共聚物。要求母体聚合物含有易被转移的原子,如聚丙烯酸丁酯、乙丙二元胶等乙烯基聚合物中的叔氢。

引发剂选用:以 PSt-MMA 体系为例,用 BPO 作引发剂,可产生相当量的接枝共聚物;用过氧化二叔丁基时,接枝物很少;用 AIBN 就很难形成接枝物;因为叔丁基和异丁腈自由基活性较低,不容易链转移。

温度对接枝效率的影响:升高聚合温度,一般使接枝效率提高。因为链转移反应活化能比增长反应高,温度对链转移速率常数影响比较显著。

2. 二烯烃聚合物上的接枝

聚丁二烯、丁苯橡胶、天然橡胶等主链中都含有双键,其接枝行为与乙烯基聚合物不同,关键是双键和烯丙基氢成为接枝点。

链转移接枝法的缺点:

(1) 接枝效率低。

(2) 接枝共聚物与均聚物共存。

(3) 接枝数、支链长度等结构参数难以定量测定和控制。

3. 侧基反应长出支链

通过侧基反应,产生活性点,引发单体聚合长出支链,形成接枝共聚物。

配位阴离子聚合、阳离子聚合、缩聚等都可能用于侧基反应,产生接枝点。

9.5.2　嫁接支链

预先裁制主链和支链,主链中有活性侧基 X,支链中有活性端基 Y,两者反应就可将支链嫁接到主链上。这类接枝并不一定是链式反应,也可以是逐步缩聚反应。

主链和支链可以预先裁制和表征,因此这一方法为接枝共聚物的分子设计提供了基础。

带酯基、酐基、苄卤基等亲电侧基的大分子很容易与活性聚合物阴离子偶合,进行嫁接,接枝效率可达 80%～90%。例如,活性阴离子聚苯乙烯,一部分氯甲基化,另一部分羧端基化,两者反应就形成预定结构的接枝共聚物。

$$\text{~~CH}_2\text{CH~~} \quad +K^{+-}OOC\text{—PSt} \xrightarrow{\text{冠醚}} \text{~~CH}_2\text{CH~~}$$
$$\downarrow \qquad\qquad\qquad\qquad\qquad\qquad\qquad \downarrow$$
$$\text{CH}_2\text{Cl} \qquad\qquad\qquad\qquad\qquad\qquad \text{CH}_2\text{OOC—PSt}$$

离子聚合最宜用于这一方法。

9.5.3　大单体共聚接枝

大单体(多半是带有双键端基的齐聚物,或带有较长侧基的乙烯基单体)与乙烯基单体共聚可形成接枝共聚物。大单体的长侧基成为支链,而乙烯基单体成为主链。

该法避免了链转移法的效率低和混有均聚物的缺点。

$$\text{CH}_2\text{=CH} +\text{CH}_2\text{=CH} \longrightarrow \text{~~CH}_2\text{CH—CH}_2\text{CH—CH}_2\text{CH~~}$$
$$\downarrow\text{R} \qquad\qquad \downarrow\text{X} \qquad\qquad\qquad \downarrow\text{X} \quad\downarrow\text{R} \quad\downarrow\text{X}$$

大单体一般由活性阴离子聚合制得,可控制链长、链长分布和端基,有利于分子设计、裁制预定接枝共聚物。若大单体取代基不很长,与普通乙烯基单体共聚后,可形成梳状接枝共聚物。

9.6　嵌 段 共 聚

嵌段共聚物的主链至少由两种单体单元构成足够长的链段组成,常见的有 AB、ABA 型。

嵌段共聚物的性能与链段种类、长度、数量有关。有些嵌段共聚物中两种链段不相容,将分离成两相,一相可以是结晶或无定形玻璃态分散相,另一相是高弹态的连续相。

嵌段共聚物的合成方法:

(1) 某单体在另一活性链段上继续聚合,增长成新的链段,最后终止成嵌段共聚物。活性阴离子聚合应用得最多。

$$A_n \cdot \xrightarrow{B} A_nB \cdot \xrightarrow{B} A_nB_2 \cdot \xrightarrow{B} \cdots \xrightarrow{B} A_nB_m \cdot \xrightarrow{\text{终止}} A_nB_m$$

(2) 两种组成不同的活性链段键合在一起,包括链自由基的偶合、双端基预聚体的缩合以及缩聚中的交换反应。

$$A_n \cdot + B_m \cdot \xrightarrow{\text{终止}} A_nB_m$$

9.6.1 活性阴离子聚合

热塑性弹性体 SBS 中 S 代表苯乙烯链段,相对分子质量为 $1\times10^4 \sim 1.5\times10^4$;B 为丁二烯链段,相对分子质量为 $5\times10^4 \sim 10\times10^4$。常温下 SBS 反映出 B 段高弹性,S 段处于玻璃态微区,起到物理交联的作用。温度升至 PS 玻璃化转变温度(约 95℃)以上,SBS 具流动性。

9.6.2 力化学

聚合物塑炼时,当剪切力大到一定程度,主链将断裂成自由基,两种聚合物共同塑炼时,形成两种自由基,偶合成嵌段共聚物。

9.6.3 缩聚反应

通过缩聚中的交换反应,如将两种聚酰胺或聚酯和聚酰胺共热至熔点以上,有可能形成新聚酯或聚酯-聚酰胺嵌段共聚物。

9.7 扩 链

相对分子质量不高的预聚物,以适当的方法使得两大分子端基键接在一起,相对分子质量成倍增加,这一过程称为扩链。

(1) 自由基聚合:带官能团端基的偶氮类或过氧类引发剂引发丁二烯、异戊二烯、苯乙烯等聚合,经偶合终止,即成带官能团端基的预聚物。

$$\text{HO(CH}_2)_2\underset{\underset{CN}{|}}{\overset{\overset{CH_3}{|}}{C}}-N{=}N-\underset{\underset{CN}{|}}{\overset{\overset{CH_3}{|}}{C}}\text{(CH}_2)_2\text{OH}$$

$$\text{HOOC(CH}_2)_2\underset{\underset{CN}{|}}{\overset{\overset{CH_3}{|}}{C}}-N{=}N-\underset{\underset{CN}{|}}{\overset{\overset{CH_3}{|}}{C}}\text{(CH}_2)_2\text{COOH}$$

$$\text{HOOC(CH}_2)_2\underset{O}{\overset{}{C}}O{-}O\underset{O}{\overset{}{C}}\text{(CH}_2)_2\text{COOH}$$

（2）阴离子聚合：以萘钠为引发剂，合成双阴离子活性高分子。聚合末期，加环氧乙烷或 CO_2 作终止剂，即成带端羟基或端羧基的遥爪预聚物。

（3）缩聚：二元酸和二元醇缩聚，酸或醇过量时，可制得端羧基或端羟基的预聚物。

9.8　交　　联

交联包括物理交联（physical crosslinking）与化学交联（chemical crosslinking）。

化学交联：大分子间用共价键结合。

物理交联：大分子间用氢键、极性键等物理力结合。

线形高分子之间进行化学反应，形成网状高分子，经过交联，可以提高橡胶的高弹性及塑料的玻璃化转变温度和耐热性。但有些聚合物由于交联而老化，其性能变差。

9.8.1　二烯类橡胶的硫化

橡胶硫化就是使具有弹性的线形橡胶分子交联的过程。

顺丁、异戊二烯类橡胶：主链上有双键的高相对分子质量线形聚合物。

因用硫或硫化物交联，故硫化和交联是同义语，硫化机理还很复杂，基本认为是离子反应机理。

橡胶和极化后的硫或硫离子对反应生成锍离子，锍离子夺取聚二烯烃中的氢原子，形成烯丙基碳阳离子，碳阳离子与大分子双键加成，产生交联，通过氢转移，继续与大分子反应，如此反复，形成大网络结构。

聚烯烃（聚乙烯、乙丙橡胶）在过氧化物、高能辐射作用下可发生交联，属于自由基机理。

9.8.2　过氧化物自由基交联

过氧化物受热分解成自由基，夺取大分子链中的氢（尤其是叔氢），形成大分子自由基，而后偶合交联。

9.8.3　辐射交联

辐射交联与过氧化物交联的机理相似，都属于自由基反应。

此外，光也能使聚合物交联。应用光交联原理，发展了光固化涂料和光刻胶。

9.9　降解与老化

聚合物在使用中，受众多环境因素综合影响，性能变差，如外观上变色发黄、变软发黏、变脆发硬，物化性质增减，力学性能上强度、弹性消失，均是降解和/或交联的结果，总称老化。

降解是聚合物相对分子质量变小的化学反应的总称，包括解聚、无规断链、侧基和低分子物的脱除等反应。

影响聚合物降解的因素:

（1）化学因素:水、醇、酸。

（2）物理因素:热、光、辐射、机械力。

（3）物理-化学因素:热氧、光氧。

9.9.1　热降解

高分子在热的作用下发生降解是一种常见现象,高分子的热稳定性与其结构有关。

热降解是指聚合物在单纯热的作用下发生的降解反应,主要分为解聚、无规断链和侧基脱除三类。

1. 解聚

聚合物在降解反应中完全转化为单体的过程称为解聚。解聚可看成链增长的逆反应。

高分子发生解聚的难易与其结构有关,主链带有季碳原子的高分子易发生解聚,原因是:无叔氢原子,难以转移,如 PMMA、聚 α-甲基苯乙烯、聚异丁烯。

2. 无规断链

聚合物受热时,主链发生随机断裂,相对分子质量迅速下降,产生各种低相对分子质量的产物,单体回收率极低,这类热降解反应为无规断链反应。

碳碳键断裂后生成的自由基不稳定,且 α-碳原子上具有活泼氢原子聚合物易发生这种无规断链反应。所以,聚乙烯、聚丙烯、聚氧化乙烯等热降解主要是无规断链。

3. 侧基脱除

一些聚合物分子在较高温度条件下会发生基团的消去、成环等复杂反应,如聚乙酸乙烯酯、聚氯乙烯、偏二氯乙烯、聚氟乙烯、聚丙烯腈等。

聚氯乙烯在 $180 \sim 200 ℃$ 下会发生非氧化热降解,脱除 HCl,聚合物颜色变黄,强度下降。

聚丙烯腈在 $200 ℃$ 以上可能发生有 O_2 参与的消去反应,同时发生主链和侧基参与的环化反应。聚氯乙烯和聚丙烯腈在高温条件下脱 HCl 和成环是它们不能在高温熔融条件下加工的原因。

9.9.2　力化学降解

高分子在机械力和超声波作用下,都可能使大分子断链而降解。

受机械力的场合:固体聚合物的粉碎;橡胶塑炼;熔融挤出;纺丝聚合物溶液的强力搅拌。

力化学降解产生的高分子自由基在单体存在时,可生成接枝共聚物,近年来发展的反应性挤出就是利用这一原理。

9.9.3　水解、化学降解和生化降解

研究这类降解问题的目的如下：一是聚合物使用过程中，希望耐降解；二是在进行废聚合物循环利用时，希望快速降解。

杂链聚合物容易发生化学降解，缩聚物的化学降解可看作缩聚的逆反应，化学降解中大量是水解，酸、碱是水解的催化剂。

利用化学降解原理，可使缩聚物降解成单体或低聚物，进行废聚合物循环利用。例如，废涤纶加过量乙二醇，可醇解成对苯二甲酸乙二醇酯。相对湿度 70％以上的温湿气候有利于微生物对天然高分子和有些合成高分子的生化降解，从而减少高分子材料对环境的污染。

聚乳酸极易水解，可制成外科缝合线，术后无需拆线。

9.9.4　氧化降解

聚合物在加工和使用过程中，免不了接触空气而被氧化。热、光、辐射等对氧化都有促进作用。

1. 氧化弱键

经验表明，二烯类橡胶和聚丙烯易氧化，而无支链的线形聚乙烯和聚苯乙烯却比较耐氧化。聚合物的氧化活性与结构有关，碳碳双键、烯丙基和叔碳上的碳氢键都是弱键，易受氧的进攻。碳碳双键氧化，多形成过氧化物；碳氢键氧化，则形成氢过氧化物；两者分解都形成自由基，而后进行一系列连锁反应。

氧化降解反应受聚合物的化学结构、结晶度、支化度等影响。以下列出了聚合物氧化降解由易到难的顺序：

低密度聚乙烯（LDPE）＞高密度聚乙烯（HDPE）

烯丙基氢＞叔碳氢＞仲碳氢＞伯碳氢

不饱和橡胶＞饱和橡胶

抗氧化剂（如位阻较大的酚类和胺类）可防止聚合物氧化降解。

聚烯烃耐氧化，但极易燃烧，燃烧是氧化的极限。

2. 氧化机理

聚合物氧化是自由基反应过程，可以粗分为两个阶段：第一阶段，相当于引发阶段，聚合物 RH 与氧反应，直接产生初始自由基 R·，或先形成过氧化物，而后分解成自由基。聚合物中残留的引发剂或包埋自由基都促进引发。第二阶段是增长阶段，初始自由基一旦形成，就迅速地增长、转移，进入连锁氧化过程。

9.9.5　光降解和光氧化降解

聚合物在室外使用,受日光照射,紫外和近紫外光可能使多数聚合物的化学键断裂,引起光降解和光氧化降解,导致老化。

根据聚合物对光降解的稳定程度,可将其分成三类:

(1) 稳定聚合物,如 PMMA、HDPE。

(2) 中等稳定聚合物,如涤纶聚酯和聚碳酸酯。

(3) 不稳定聚合物,如聚丙烯、橡胶、聚氯乙烯、尼龙等,使用时须添加光稳定剂。

含大量羰基或双键的聚合物对光照敏感。例如,涤纶在紫外光作用下降解成 CO、H_2 和 CH_4;不饱和橡胶受日光照射,降解和交联同时发生,从而发黏变硬。

为防止或减缓聚合物的光降解和光氧化,通常在聚合物加工成型时加入光稳定剂(炭黑、氧化铁粉、氧化锌、二氧化钛、邻羟基二苯甲酮、二价镍的有机螯合剂等)。

光稳定剂分为紫外光屏蔽剂、紫外光吸收剂、紫外光猝灭剂三类。

9.9.6　老化和耐候性

大多数高分子材料处在大气中、浸在(海)水中或埋在地下使用,在热、光、氧、水、化学介质、微生物等的作用下,聚合物的化学组成和结构会发生变化,如降解和交联;物理性能也会相应变坏,如变色、发黏、变脆、变硬、失去强度等,材料老化。

在高分子选材问题上,有一重要措施是添加各种助剂和采取防老措施。防老剂有热稳定剂、抗氧剂和助抗氧剂、紫外光吸收剂和屏蔽剂、防霉剂和杀菌剂等,可根据需要选用。

9.9.7　聚合物的可燃性和阻燃

可燃物、氧和温度是燃烧的三要素。有机聚合物基本上都是可燃物,但可燃性能是有差异的。通常用(最低)氧指数[limited oxygen index (LOI),保证稳定燃烧的最低氧含量]来表征材料的燃烧性能,氧指数越高,材料越难燃烧。

可在聚合物中加阻燃剂(如有机溴、氧化锑、氢氧化铝、碳酸钠、磷化合物、硼化合物等)制备阻燃高分子材料。

阻燃原理如下:

(1) 减弱放热,加速散热,冷却降温,减少热解和可燃气体的产生,抑制气相燃烧。

(2) 释放不可燃气体(N_2、CO_2、H_2O)或促进炭化,隔离氧,减弱传热和传质。

(3) 捕捉自由基,终止连锁氧化反应。

典型例题

例 9-1　讨论影响聚合物反应性的因素。

答　影响聚合物反应的因素主要有物理因素和化学因素两大类。物理因素包括反应过程中溶解度的变化、聚合物的结晶性、空间位阻效应等,这些因素使得聚合物上的官能团在开始或反应过程中所处的环境不同,使得化学试剂进入各反应点的速率不同(扩散控速),从而使官能团在空间和时间上具有不同的反应活性。化学因素主要包括邻近基团效应和概率效应。邻近基团效应是指相邻的官能团参与反应,使官能团的反应活性增强或降低。概率效应是指在一些由相邻基团参与的不可逆反应中,由于反应概率的原因,中间的一些基团不能参与反应,造成各官能团的反应性不同。

例 9-2 试述聚甲基丙烯酸甲酯、聚乙烯、聚苯乙烯、聚氯乙烯和聚丙烯腈五种聚合物热解的特点和差异。

答 聚甲基丙烯酸甲酯:热解的主要产物为单体 MMA(270℃),如温度过高,则有部分无规断链发生。

聚乙烯:热解主要是无规断链,断链形成的自由基易发生链转移反应,产物为不同聚合度的低分子,几乎无单体产生。

聚苯乙烯:热解时既有单体产生,又有无规断链发生,如在 300℃加热,有 42%单体形成。

聚氯乙烯:受热时主要是脱 HCl,形成带有烯丙基结构的聚合物,长期受热则发生环交联和炭化反应。

聚丙烯腈:热解时首先发生主链环化,然后脱氢生成梯形聚合物,进一步热解脱氢后生成碳纤维。

例 9-3 为什么聚氯乙烯加工中一定要加入稳定剂? 叙述聚氯乙烯的热稳定机理。

答 在高分子材料的加工或使用过程中能防止因受热而发生的降解或交联,从而达到延长高分子材料使用寿命的添加剂称为热稳定剂,简称稳定剂。

PVC 的流动温度为 165~190℃,而分解温度为 140℃,因而不加入稳定剂就不能加工,加入稳定剂升高了聚合物的分解温度。

PVC 受热极易发生消除反应,HCl 的脱除在主链上产生了共轭双键,使树脂变黄,甚至成为棕色,这一过程伴随着断链、分子间的交联反应和环化反应等,产生的 HCl 又会进一步催化分解反应。能起催化作用的还有由加工设备混入的铁盐和金属氯化物。因此,稳定剂的作用机理都是围绕着消除这些因素。主要有以下几类热稳定机理:

(1)大多数稳定剂为弱酸与金属组成的盐类,具有碱性,能吸收和中和 HCl,减少游离 HCl 的催化作用。

(2)与 PVC 偶合,阻止脱 HCl。

(3)用较稳定的取代基置换活性的氯原子,如叔碳原子上和烯丙位上的氯原子。

(4)与金属氯化物反应,如亚磷酸(烷基或芳基)酯,这类化合物又称螯合剂,能与金属氯化物反应形成配合物,不再催化分解。

(5)破坏链中的共轭双键结构,阻止变色。

例 9-4 什么是邻近基团效应及概率效应? 举例说明。

答 概率效应:聚合物分子内的邻近官能团在进行无规的、不可逆的反应时,转化率往往有一个上限,最大不超过 86.5%,有些单个的官能团往往不能参加反应。例如,聚氯乙烯与锌粉的反应,环化率只有 86.5％。

邻近基团效应:有些聚合物的反应中,相邻基团会对官能团的反应性产生影响,使其反应能力增加或降低。例如,丙烯酸与甲基丙烯酸对硝基苯酯共聚物的碱催化水解反应,其中对硝基苯酯的水解速率比甲基丙烯酸对硝基苯酯均聚物快,这是由于邻近的羧酸根离子参与形成酸酐环状过渡态,促进水解反应的进行。

例 9-5 聚合物的化学反应习惯上分为哪三类? 每类举两个例子。

答 (1)聚合度不变或变化较小的相似转变,如基团的加成、取代、消去、环化等。实例为聚乙酸乙烯酯的醇解、聚苯乙烯的磺化。

(2)聚合度变大,如接枝、嵌段、扩链、交联等。实例为 ABS、HIPS 的制备。

(3)聚合度变小,如解聚、无规断链等降解。实例为聚氯乙烯的老化、聚苯乙烯的氧化。

例 9-6 什么是聚合物的无规降解? 无规降解与聚合物的结构有什么关系? 举例说明容易发生无规降解的聚合物,并写出 PE 无规降解的化学反应方程式。

答 对于一般聚合物,其使用温度的最高极限为 150℃,如超过 150℃可能发生降解反应。聚合物在热的作用下大分子链发生任意断裂,使聚合度降低,形成低聚体,但单体产率很低(一般小于 3％),这种热降解称为无规降解。

含有容易转移的氢原子的聚合物易发生无规降解,如 PE、PP、PIB、PIP 和 PB 等。

PE 无规降解的化学反应方程式如下:

例 9-7　写出聚乙烯氯化反应及氯磺化反应,说明产物的用途。

答　聚乙烯的氯化:

$$\sim\sim\sim CH_2CH_2\sim\sim\sim + Cl_2 \longrightarrow \sim\sim\sim CHClCH_2\sim\sim\sim + HCl$$

氯化聚乙烯可用来提高聚氯乙烯的抗冲击强度。

聚乙烯的氯磺化反应:

$$\sim\sim\sim H_2C—CH_2\sim\sim\sim \xrightarrow[-HCl]{Cl_2,SO_2} \begin{matrix} Cl & SO_2Cl \\ | & | \\ \sim CH—CH\sim \end{matrix}$$

氯磺化聚乙烯为橡胶体,经金属氧化物如氧化铅等交联后得到的材料在高温下仍具有良好的力学性能、耐化学品性、耐氧化性,可用作衬垫和软管。

例 9-8　举例说明连锁阻断型抗氧剂、防护型抗氧剂及光稳定剂,写出其作用机理。

答　连锁阻断型抗氧剂:这类抗氧剂通常是一些位阻较大的酚类和芳香族仲胺类。例如,酚类与过氧自由基反应,使过氧自由基终止,酚本身变为酚氧自由基,进一步变为醌型结构。

防护型抗氧剂:这类抗氧剂在热氧化降解的引发步骤发生作用,其过程可表示如下:

$$ROOH \xrightarrow{\text{防护型抗氧剂}} 无活性(非自由基)产物$$

防护型抗氧剂通常是一些硫及磷的化合物,它们可以诱导氢过氧化物按非自由基机理分解,不形成自由基,因此该诱导机理不会产生新的氧化降解链。 例如,含磷化合物与氢过氧化物按非自由基机理反应,机理如下:

$$(RO)_3P + ROOH \longrightarrow (RO)_3P{=}O + ROH$$

光稳定剂:光稳定剂通常是一些紫外光吸收剂,如邻羟基二苯甲酮、水杨酸酯、苯并三唑等。 常用的紫外光吸收剂如下:

2-羟基-4-十二烷氧基二苯甲酮　　　　　　　水杨酸对辛烷基苯酯

在这些化合物中,邻位的羟基与羰基氧或氮之间形成六元环的氢键。紫外线可通过光致互变异构,将能量转化为热量释放出去,避免聚合物的光降解:

例 9-9　举例说明高分子试剂、高分子催化剂和高分子基质有什么不同。

答　高分子试剂和高分子催化剂是将功能性基团或催化剂基团接到聚合物载体上。例如

例如，高分子试剂可与烯烃等反应，制备环氧化合物。

又如，磺化聚苯乙烯（高分子催化剂）可用于酯化、烯烃的水合反应等。

高分子基质是指结合有准备反应的低分子基质（或底物）的聚合物。例如，以氯甲基化聚苯乙烯为载体的氨基酸取代物：

$$P—C_6H_4CH_2—OCO—CHR—HN—Boc$$

用作合成多肽的高分子基质。

例 9-10　从聚合物结构出发，分析天然橡胶和丁基橡胶的耐氧化性。

答　聚合物的氧化活性与结构有关，C＝C键、烯丙基和叔碳原子上的C—H键都是弱键，易受到氧的进攻，而一级、二级C—H键则较难氧化。

天然橡胶中有C＝C键，易氧化，而丁基橡胶中主要的结构单元是异丁烯结构，仅有少量异戊二烯，C＝C键含量少，单元中没有烯丙基和叔碳原子这样的C—H弱键，并且主链上的二级C—H处于旁边四个甲基的包围中，自由基难以进攻，因此稳定性提高。

测 试 题

一、名词解释

 1. 聚合物化学反应 2. 功能高分子 3. 高分子试剂 4. 高分子催化剂

 5. 低分子基质 6. 高分子基质 7. 接枝 8. 嵌段

 9. 扩链 10. 交联 11. 交联剂 12. 降解

 13. 老化

二、填空题

 1. 聚乙烯醇是由聚乙酸乙烯酯在酸和碱的催化下，在甲醇中醇解得，该反应属于（　　）。

 2. 影响大分子化学反应的化学因素有（　　）效应和（　　）效应。

 3. 二烯烃类橡胶的交联反应通常是利用橡胶大分子链上的（　　）反应而实现，常用单质硫来交联，因此该交联反应又称（　　）。

 4. 聚烯烃类橡胶和聚硅氧烷类橡胶的交联是通过（　　）共热实现的。

 5. 聚合物的化学反应根据（　　）的变化，可以分成为（　　）、（　　）和（　　　）

三类。

　　6. 维尼纶是聚乙烯醇与（　　　）反应制备的，维尼纶中孤立羟基的存在是由于（　　　）。

　　7. 聚合物的降解反应有（　　　）、（　　　）、（　　　）等，降解方式有（　　　）、（　　　）和（　　　）。

　　8. 氯化聚乙烯成为弹性体是因为（　　　），氯化反应属于（　　　）机理。

　　9. 二烯烃类橡胶的氢化可以提高（　　　）。

　　10. 聚合物的氧化活性与结构有关，碳碳双键、（　　　）和（　　　）上的碳氢键都是弱键，易受到氧的进攻。

　　11. 聚合物的平均聚合度变大的化学反应有（　　　）、（　　　）和（　　　）等。

　　12. 聚合物的化学反应中，聚合度变小的化学反应有（　　　）、（　　　）、（　　　）和（　　　）四类。

　　13. 聚合物降解的方式有（　　　）、（　　　）、（　　　）和（　　　）四种。

三、简答题

　　1. 聚合物化学反应有哪些特征？与低分子化合物化学反应相比有哪些差别？

　　2. 聚合物化学反应有哪三种基本类型？

　　3. 聚合物降解有几种类型？热降解有几种情况？评价聚合物的热稳定性的指标是什么？

　　4. 什么是解聚？与聚合物的结构有什么关系？写出 PMMA 解聚的化学反应方程式。

　　5. 聚合物老化的原因有哪些？

　　6. 什么是聚合物官能团的化学转化？在聚合物官能团的化学转化中，影响官能团转化的因素是什么？官能团的转化率一般是多少？

　　7. 什么是离子交换树脂？主要有几种类型？如何制备强酸型阳离子交换树脂和强碱型阴离子交换树脂？

　　8. 欲改善 PP 与聚酰胺-1010、$CaCO_3$ 等极性物质间的相容性，试选用一种化学改性的方法。

　　9. 从乙酸乙烯酯单体到维尼纶纤维，需经哪些反应？每一反应的要点和关键是什么？写出反应式。作纤维使用与作悬浮聚合分散剂使用的聚乙烯醇有什么差别？

　　10. 写出强酸型聚苯乙烯离子交换树脂的合成和交换反应式。用作离子交换反应和催化反应时有什么差别？

　　11. 试说明离子交换树脂在水的净化和海水淡化方面的应用。

　　12. 为什么橡胶要经过塑炼后再进一步加工？

　　13. 为什么聚乳酸 $\overline{}OC(CH_3)_2CO\overline{}_n$ 可以作为外科缝合线，伤口愈合后不必拆除？

　　14. 聚乙烯、乙丙二元共聚物大分子中无双键，说明其交联方法和交联的目的，并写出有关的化学反应方程式。

　　15. 哪些基团是热降解、氧化降解、光（氧化）降解的薄弱环节？

测试题参考答案

一、名词解释

1. 研究聚合物分子链上或分子链间官能团相互转化的化学反应过程。聚合物的化学反应根据聚合物的聚合度和基团的变化(侧基和端基)可分为相似转变、聚合度变大的反应及聚合度变小的反应。

2. 具有传递、转换或储存物质、能量和信息的高分子,其结构特征是聚合物上带有特殊功能基团,其中聚合物部分起着载体的作用,不参与化学反应。按功能的不同,可分为化学功能高分子、物理功能高分子和生物功能高分子。

3. 也称反应性高分子,即高分子试剂上的基团起化学试剂的作用,它是各类高分子的化学试剂的总称。

4. 将能起催化剂作用的基团接到高分子母体上,高分子本身不发生变化,但能催化低分子反应。这种催化剂称为高分子催化剂。

5. 低分子反应物中的特定基团与保护试剂作用后受到保护不再参与主反应,这种受到保护的低分子反应物称为低分子基质。

6. 将要准备反应的低分子化合物以共价键形式结合到聚合物载体上,得到高分子基质。

7. 通过化学反应,在某些聚合物主链上接上结构、组成不同的支链,这一过程称为接枝,形成的产物称为接枝共聚物。

8. 形成嵌段共聚物的过程。

9. 相对分子质量不高的聚合物,通过适当的方法使多个大分子连接在一起,相对分子质量增大的过程称为扩链。

10. 聚合物在光、热、辐射或交联剂作用下,分子链间形成共价键,产生凝胶或不溶物,这一过程称为交联。交联有化学交联和物理交联。交联的最终目的是提高聚合物的性能,如橡胶的硫化等。

11. 使聚合物交联的试剂。

12. 降解是聚合度相对分子质量变小的化学反应的总称。它是高分子链在机械力、热、超声波、光、氧、水、化学药品、微生物等作用下,发生解聚、无规断链及低分子物脱除等反应。

13. 聚合物及其制品在加工、储存及使用过程中,物理化学性质及力学性能逐步变坏,这种现象称为老化。橡胶的发黏、变硬或龟裂,塑料制品的变脆、破裂等都是典型的聚合物老化现象。导致老化的物理因素是热、光、电、机械力等。化学因素是氧、酸、碱、水以及生物真菌的侵袭,实际上老化是上述各因素综合作用的结果。

二、填空题

1. (聚合度不变的反应)

2. (概率)、(邻近基团)

3. (双键)、(硫化)

4. (过氧化物)

5. (聚合度或相对分子质量)、(聚合度不变的反应)、(聚合度变大的反应)、(聚合度变小的反应)

6. (甲醛)、(概率效应)

7. (解聚)、(无规断链)、(侧基或低分子物脱除)、(热降解)、(力化学降解)、(生化降解)

8. (氯的取代破坏了聚乙烯原有的结晶结构)、(自由基)

9. (耐候性或抗老化性能)

10. (烯丙基)、(叔碳原子)

11.（嵌段）、（扩链）、（接枝）

12.（化学降解）、（机械降解）、（热降解）、（聚合物的老化）

13.（热降解）、（化学降解）、（机械降解）、（聚合物的老化）

三、简答题

1. 与低分子化合物相比,由于聚合物相对分子质量高,结构和相对分子质量又有多分散性,因此聚合物在进行化学反应时有以下几方面特征:

（1）如反应前后聚合物的聚合度不变,由于原料的原有官能团往往和产物在同一个分子链中,也就是说分子链中官能团很难完全转化,因此这类反应需以结构单元作为化学反应的计算单元。

（2）如反应前后聚合物的聚合度发生变化,则情况更为复杂。这种情况常发生在原料聚合物主链中有弱键,易受化学试剂进攻的部位,由此导致裂解或交联。

（3）与低分子反应不同,聚合物化学反应的速率还受到大分子在反应体系中的形态和参加反应的相邻基团等的影响。

（4）对均相的聚合物化学反应,反应常为扩散控制,溶剂起着重要的作用。非均相反应则情况更为复杂。

2. 聚合物化学反应主要有三种类型:相对分子质量基本不变的反应、相对分子质量变大的反应和相对分子质量变小的反应。

3. 聚合物的降解有热降解、机械降解、超声波降解、水解、化学降解、生化降解、光氧化降解、氧化降解等。

热降解有解聚、无规断链和侧基脱除等。

评价聚合物热稳定性的指标为半寿命温度 T_h,聚合物在该温度下真空加热 $40 \sim 45$（或 30）min,其质量减少一半的时间。

4. 聚合物在热的作用下发生热降解,但降解反应是从链的末端开始,降解结果变为单体,单体产率可达 $90\% \sim 100\%$,这种热降解称为解聚。凡是含有季碳离子且季碳原子上的取代基在加热时不易发生化学反应的聚合物,受热时将发生解聚,如聚甲基丙烯酸甲酯、聚 α 甲基苯乙烯和聚四氟乙烯等。

聚甲基丙烯酸甲酯的解聚反应可表示为

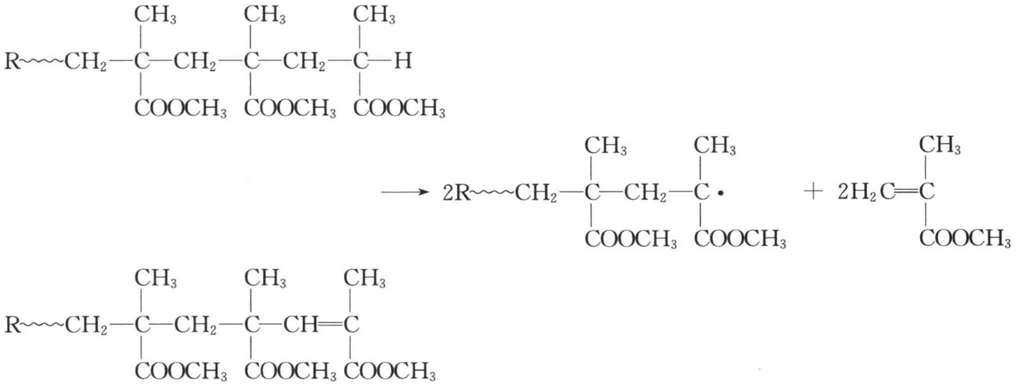

5. 聚合物或其制品在使用或储存过程中,由于环境的影响,其性能逐渐变坏（变软发黏或变硬发脆）的现象统称老化。导致老化的原因主要是力、光、热、氧、潮气、霉及化学试剂的侵蚀等许多因素的综合作用。

6. 由于高分子的化学反应是通过官能团的化学转化而实现的,所以又可以将聚合物的化学反应称为聚合物官能团的化学转化。

　　由于聚合物的化学反应的复杂性,官能团的转化率一般为 86.5%。这主要是由于扩散因素的影响、邻近基团的影响和相邻官能团对反应的限制。

　　7. 离子交换树脂是指具有反应性基团的轻度交联的体形无规聚合物,利用其反应性基团实现离子交换反应的一种高分子试剂。

　　离子交换树脂有强酸型、弱酸型、强碱型和弱碱型四种类型;合成离子交换树脂首先用苯乙烯和少量二乙烯基苯采用悬浮共聚合,合成轻度交联的体形无规聚苯乙烯(母体),再利用聚合物的化学反应制备强酸型或强碱型离子交换树脂。

　　8. PP 属于极性小的聚合物,因此与极性大的聚酰胺和无机物 $CaCO_3$ 相容性差,可采用 PP 接枝马来酸酐,将马来酸酐引入 PP 侧链,增加 PP 的极性,提高其与聚酰胺、$CaCO_3$ 等极性物质的相容性。

　　9. (1) 需经自由基聚合反应、醇解反应及缩醛化反应。

　　(2) 各步反应要点和关键如下:

　　a. 自由基聚合反应

$$n H_2C{=}CH{-}OCOCH_3 \xrightarrow[\triangle]{AIBN} {-}[CH_2CH]_n{-}OCOCH_3$$

　　要点:用甲醇为溶剂进行溶液聚合以制取适当相对分子质量的聚乙酸乙烯酯溶液。

　　关键:选择适宜的反应温度,控制转化率,用甲醇调节相对分子质量以制得适当相对分子质量,且基本不存在不能被醇解的乙酸乙烯酯侧基。

　　b. 醇解反应

$${-}[CH_2CH]_n{-}OCOCH_3 \xrightarrow{CH_3OH} {-}[CH_2CH]_n{-}OH$$

　　要点:用醇、碱或甲醇钠作催化剂,在甲醇溶液中醇解。

　　关键:控制醇解度在 98% 以上。

　　c. 缩醛化反应(包括分子内和分子间)

$$\sim\!\!\sim\!\!CH_2CH{-}OH \quad CH{-}OH \xrightarrow[-H_2O]{HCHO} \sim\!\!\sim\!\!CH_2CH \cdots CH \sim\!\!\sim$$

　　要点:用酸作催化剂在甲醛水溶液中反应。

　　关键:缩醛化程度必须接近 90%。

　　纤维用和悬浮聚合分散剂用的聚乙烯醇的差别在于醇解度不同。前者要求醇解度高(98%～99%),以便缩醛化。后者要求醇解度中等(87%～89%),以使水溶性好。

　　10. 合成原理:首先使苯乙烯和少量二乙烯基苯经悬浮聚合方法得到珠状苯乙烯-二乙烯基苯交联共聚物,以其作母体经磺化反应使苯环上引入—SO_3H 基团,从而制得强酸性阳离子交换树脂。

$$n H_2C{=}CH + m CH_2{=}CH{-}\bigcirc{-}CH{=}CH_2 \longrightarrow$$

交换原理:含—SO_3H基团的上述产物在溶液中解离后能与溶液中的碱金属阳离子进行交换。例如

$$R—SO_3^-H^+ + Na^+ \rightleftharpoons R—SO_3^-Na^+ + H^+$$

用作离子交换反应和催化反应时的区别在于前者反应前后发生了化学变化,必须通过新的化学反应才能还原;后者反应前后没有发生化学变化,只经过物理处理即可还原。

11. 离子交换树脂可以净化水和使海水淡化,因为当水或溶液通过阳离子交换树脂后,水中的阳离子(Na^+、Ca^{2+}、Mg^{2+} 等)进入树脂,树脂上的 H^+ 进入水中或溶液中,因而水中的阳离子只剩下 H^+;再将水通过阴离子交换树脂,水中的阴离子(Cl^-、CO_3^{2-}、SO_4^{2-} 等)进入树脂,树脂上的 OH^- 进入水中或溶液中,因而水中的阴离子只剩下 OH^-,从而使水净化、海水淡化。用离子交换树脂处理过的水称为去离子水,它在工业、实验室和锅炉用水方面得到了广泛应用。用离子交换树脂处理水比用蒸馏方法效率高、设备简单、节约电能。

12. 由于橡胶相对分子质量通常很大,为了使它易与配合剂混合均匀以便后续成型加工,所以要先进行塑炼以达到降低相对分子质量提高塑性的目的。

13. 聚乳酸主链含有易于水解的脂肪族酯基,可以在生理条件下发生水解、酶促降解,降解后的产物对人体无毒无害,并通过机体代谢排出体外,因此可用来制备外科手术缝合线,伤口愈合后不必拆除。

14. 聚乙烯、乙丙二元共聚物可以用过氧化物作交联剂与其共热而交联。聚乙烯交联后,可增加强度,升高使用温度,乙丙二元共聚物交联后成为有用的弹性体。

交联机理如下:

15. 热降解:烯丙基氯等。
氧化降解:碳碳双键、羟基、烯丙基和叔碳原子上的碳氢键。
光(氧化)降解:醛、酮等羰基以及双键、烯丙基、叔氢原子。

参 考 文 献

何旭敏，董炎明. 2007. 高分子化学学习指导. 北京:科学出版社.

焦书科. 2004. 高分子化学习题及解答. 北京:化学工业出版社.

潘祖仁. 2011. 高分子化学. 5 版. 北京:化学工业出版社.

师奇松,于建香. 2009. 高分子化学试题精选与解答. 北京:化学工业出版社.

王久芬. 2004. 高分子化学. 哈尔滨:哈尔滨工业大学出版社.

王久芬. 2009. 高分子化学学习指南. 北京:国防工业出版社.

喻湘华,鄢国平,李亮. 2011. 高分子化学习题与解答. 北京:化学工业出版社.